高等学校环境类专业规划教材

物理化学

丁庆伟　主　编
刘晓娜　王　婷　副主编

化学工业出版社
·北京·

本书是根据环境科学相关专业教学改革的形势和要求以及“教育部高等学校理科化学编审委员会”的有关文件和精神进行组织编写的。全书重点阐述了物理化学的基础概念和基本理论，内容包括绪论，热力学第一定律，热力学第二定律，化学平衡，溶液，相平衡，电化学基础，化学动力学基础，界面化学等。书中编入部分例题，便于读者巩固和理解所学知识，提高解题能力和应用能力；每章末列有习题，供读者练习。

本书可作为环境科学与工程、化学工程及相关专业的本科生、研究生教材或教学参考书，也可供环境安全、化学工程等领域的工程技术人员、科员人员和管理人员参考。

图书在版编目（CIP）数据

物理化学/丁庆伟主编．—北京：化学工业出版社，2016.3
ISBN 978-7-122-26174-8

Ⅰ．①物…　Ⅱ．①丁…　Ⅲ．①物理化学　Ⅳ．①O64

中国版本图书馆 CIP 数据核字（2016）第 018257 号

责任编辑：刘兴春　　　文字编辑：林　丹
责任校对：王素芹　　　装帧设计：孙远博

出版发行：化学工业出版社（北京市东城区青年湖南街 13 号　邮政编码 100011）
印　　刷：北京永鑫印刷有限公司
装　　订：三河市宇新装订厂
787mm×1092mm　1/16　印张 14¾　字数 331 千字　2017 年 1 月北京第 1 版第 1 次印刷

购书咨询：010-64518888（传真：010-64519686）　售后服务：010-64518899
网　　址：http://www.cip.com.cn
凡购买本书，如有缺损质量问题，本社销售中心负责调换。

定　　价：49.80 元

前言

本书是根据环境科学相关专业教学改革的形势和要求以及“教育部高等学校理科化学编审委员会”的有关文件和精神进行组织编写的。

20 世纪以来，环境科学越来越受到全世界的关注并取得了辉煌的成就。在环境科学的发展历程中，化学成为环境科学持续发展的重要基础学科。物理化学作为化学学科中的一个重要分支，承担着建立化学科学基础理论的重要任务。物理化学课在环境类专业人才培养过程中发挥着极其重要的作用，面临着巨大的机遇和挑战。

当前，国内外大多数高校将化学专业使用的“物理化学”教材直接为环境类本科学生使用，使得学生感觉公式太多、内容难理解，尤其在相对较少的授课时间里难于接受该课程的内容。因此本书针对环境专业特点，对物理化学的化学基本理论和基本公式等教材内容进行了改编；对环境专业本科阶段使用较少的理论和公式进行了简化。并确保可以从热力学和动力学基本原理诠释物理化学的宏观物理量及规律性，使其成为一本“简单易学”的环境类专业使用的物理化学教材。

本书的编写主旨是力求把基本概念、基本定理和基本公式叙述完整、确切且透彻，使整个理论系统脉络清晰，宏观理论与微观理论并重启发读者的创新思维和创新能力。本书各章通过安排适量的习题，有利于学生对所学知识和教学内容的理解。其中所用的物理化学单位均采用国际单位制（SI）。本书是笔者在参阅了近年来国内外有关物理化学的最新科研和教学成果，并根据笔者为环境科学专业讲授《物理化学》十几年的教学经验编写成的。

本书的编写是“山西省特色专业建设项目”的成果，是在太原科技大学环境科学教研室的全体教师努力下完成的。本书共九章，由丁庆伟任主编，刘晓娜、王婷任副主编，其中第一章、第九章由钱天伟执笔，第七章由刘晓娜执笔，第八章由王婷执笔，其余各章由丁庆伟执笔；全书最后由丁庆伟统稿、定稿。

限于编者水平和时间，书中疏漏和不当之处在所难免，望读者不吝指正，以便再版时修改和提高。

编者

2016 年 6 月

目 前言

第1章　绪论

1.1　物理化学的学科概念及作用

人类认识自然，改造自然，最先是从认识“火”，即燃烧现象开始的。从提出“燃素说”到“能量守恒及其转化定律”，差不多经历了两个世纪，而物理化学就是在18世纪开始萌芽的。18世纪中叶，俄国科学家罗蒙诺索夫（1711—1765）最早曾使用过“物理化学”这一术语。到1887年，德国科学家奥斯特瓦尔德（1853—1932）和荷兰科学家范霍夫（1852—1911）合办的德文《物理化学杂志》创刊，从此，“物理化学”这一名称逐渐普遍被采用。

物理化学是化学科学的理论基础，是从物质变化的物理现象和化学现象的联系入手，应用物理学的观察、测量和数学的处理方法来研究 p、V、T 变化、相变化、化学变化等物质变化的普遍性规律的一门分支学科。

现代物理化学是研究所有物质系统的化学行为的原理、规律和方法的学科。涵盖从宏观到微观性质的关系规律、化学过程机理及其控制的研究。它是化学以及在分子层次上研究物质变化的其他学科领域的理论基础。对环境专业的学生来说，物理化学是一门重要的基础课程，是除无机化学、分析化学、有机化学以外的一门专业基础课程，同时又为其他专业课程的学习提供方法和理论指导，在基础课程和专业课程之间起着承上启下的枢纽作用。

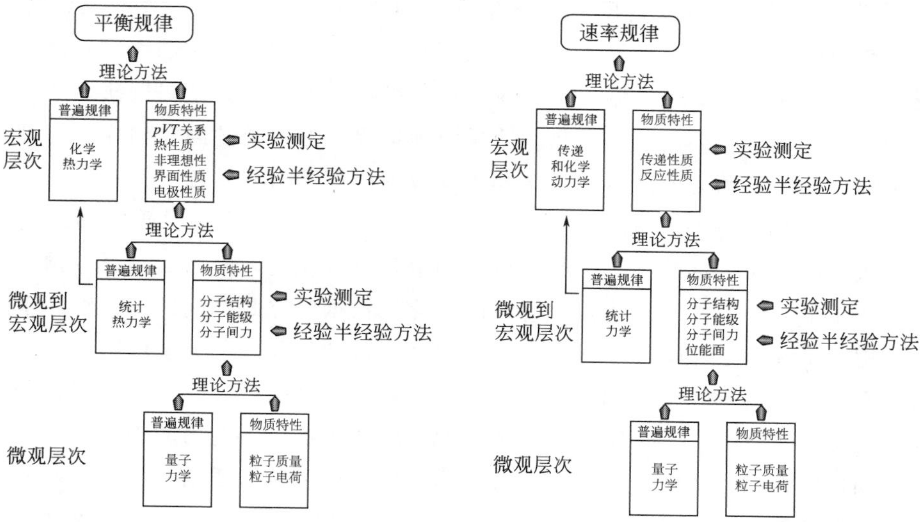

图1-1　平衡规律和速率规律的研究方法

物理化学研究的两大规律是平衡规律和速率规律，这是物理化学的研究核心。

平衡规律：当系统的平衡态改变时，能量、体积和各物质的数量变化的规律。

速率规律：热量、动量和物质的传递以及化学反应中各物质的数量随时间变化的规律。

平衡规律和速率规律的研究方法如图 1-1 所示。

1.2 物理化学研究的目的和内容

一切学科都是为了适应一定社会生产的需要而发生和发展起来的。不同的历史时期则有不同的要求。在当今众多的研究学科中，化学已经成为一门中心学科，它与社会多方面的发展需要密切相关。作为化学的一个分支学科，物理化学自然也与其他学科（如生命科学、材料科学、环境科学等）之间有着密不可分的联系。物理化学亦可称为理论化学，它综合了研究化学反应规律的一系列基础理论知识，重点在于培养学生的科学思想方法及正确的逻辑推理能力。它的成就（包括理论和实验方法）大大充实了其他学科的研究内容和研究方法。这些学科的深入发展离不开物理化学。因此，研究物理化学的目的在于探讨物质变化的基本规律，并用以解决生产实践和科学实验中的有关问题。

（1）物理化学研究的目的和任务　物理化学所担负的主要任务是探讨和解决下列几个方面的问题。

① 化学变化的方向和限度问题　化学反应在指定的条件下能否朝着预定的方向进行？如果该反应能够进行，则它将达到什么限度？外界条件如温度、压力、浓度等对反应有什么影响？如何控制外界条件使我们所设计的新的反应途径能按所预定的方向进行？对于一个给定的反应，能量的变化关系怎样？它究竟能为我们提供多少能量？这一类问题是属于化学热力学的范畴，它主要解决变化的方向性问题，以及与平衡有关的一些问题。所以，化学热力学为设计新的反应、新的反应路线提供理论上的支持。

② 化学反应的速率和机理问题　化学反应的速率究竟有多快？反应是经过什么样的机理（或历程）进行的？外界条件（如温度、压力、浓度、催化剂等）对反应速率有什么影响？怎样才能有效地控制化学反应、抑制副反应的发生，使之按我们所需要的方向和适当的速率进行？如何利用催化剂使反应加速等。这一类的问题构成了物理化学中的另一个部分即化学动力学。它主要是解决反应的速率和历程问题。

③ 物质结构和性能之间的关系　物质的性质从本质上说是由物质内部的结构所决定的。深入了解物质内部的结构，不仅可以理解化学变化的内因，而且可以预见到在适当外因的作用下，物质的结构将发生怎样的变化。根据研究此类问题的方法和手段，又可分为结构化学和量子化学两个分支。结构化学的目的是要阐明分子的结构。比如研究物质的表面结构、内部结构、动态结构等。由于新的测试手段不断出现，测试的精度日新月异，为探索生物大分子、细胞、固体表面的结构等提供了有力的工具。量子化学是量子力学和化学相结合的学科，对化学键的形成理论以及对物质结构的认识起着十分重要的作用。特别是在有了电子计算机之后，通过对模型进行模拟计算，了解成键过程，从而可完成分子设计等任务。

以上三个方面的问题往往是相互联系、相互制约，而不是孤立无关的，本教材主要介绍前两个方面的内容。

（2）物理化学研究的主要内容　物理化学研究的内容主要分成四大部分。

① 化学热力学——研究物质变化（p、V、T 变化，相变化，化学变化）的能量效应（热和功）和变化的方向和限度，即有关能量守恒和物质平衡的规律。

② 化学动力学——研究各种因素（浓度、温度、催化剂等）对化学反应速率的影响规律及反应机理。

③ 量子力学——物质结构，即物质性质与其结构关系。

④ 统计力学——利用统计分析方法研究各种因素（浓度、温度、催化剂、溶剂、光、电等）对化学反应速率的影响规律及反应机理（反应的具体步骤、元反应）。

此外还有结构化学、界面现象、胶体分散系统与粗分散系统、电解质溶液与电化学系统，其内容范畴和研究方法则从属于以上四大部分。

（3）近代物理化学的发展趋势和特点　近几十年来，各类自然科学发展十分迅速而深入。化学与相邻学科间的关系起了根本性变化。物理学为人们提供了一些基本原理、方法和强有力的测试手段，大大扩展了化学的实验领域。化学理论在计算机科学发展的帮助下迅速发展。分子生物学的进展向化学提出了许多挑战性的问题，要求化学从分子水平上加以解释。诸如此类的新问题使得近代物理化学表现为下列发展趋势和特点。

① 从宏观到微观　量子力学发展使化学反应能够真正深入到了分子、原子的微观层次。微观领域的研究使得合成化学、结构化学和量子化学结合得更加密切。

② 从体相到表象　高分辨电镜技术的发展使人们有可能了解 5～10 个分子或原子层的表面层的状态，促进了表面化学和催化化学的发展。

③ 从静态到动态　激光技术和分子束技术的出现可以定量地研究具有指定量子态的反应粒子到指定量子态的产物粒子所发生的能量传递和跃迁等基元过程速率的动态信息。目前，分子反应动态学已成为非常活跃的学科。

④ 从定性到定量　测试手段的进步和计算机的出现使人们能用更精确的定量关系来描述物质的运动规律。

⑤ 从单一学科到边缘学科　学科的相互渗透和交叉使物理化学学科的研究领域不断扩大。

⑥ 从平衡态的研究到非平衡态的研究　由于在生物学、气象学、天体物理学等研究中事物的发生和发展都是不可逆过程，将热力学方法推广到不可逆过程将有广阔的发展前景。目前非平衡热力学已成为当前理论化学发展的前沿之一。

1.3　物理化学的研究方法

物理化学是探求化学内在的、普遍规律性的一门学科，是自然学科中的一个分支，其研究方法和一般的科学研究方法有着共同之处。物理化学理论的发展完全符合辩证唯物主义的认识论，注重实践，按照实践-认识-再实践的形式，往复循环，以致无穷。科学的研究方法，首先是观察客观现象，在已有知识基础上，进行有计划地重现实验，这种重现实验可以人为地控制一些因素和条件，忽略次要因素抓住主要矛盾，从复杂的现象中找出规律性的东西。这是初步实践，然后根据实验数据，分析，归纳出若干经验定律。当然这种定律还只是客观事物规律性的描述，还不能了解这种规律性的本质和内在原因，这是初步认识或者叫感性认识。为了揭示这种定律的内在原因，就必须根据已知试验事实，通过归纳，演绎，提出假说或模型，根据假说作出逻辑性的推理，还可以预测客观事物新的现象和规律，如果这种预测能为多方面的实验所证实，则假说就成为理论，这可以看成是理性认识。但随着人们时间范围的扩大从及人们认识客观世界工具的改造（新的科学仪器）又会不断提出新的问题和观察到新的现象，这就是再实践。如果新的事实与旧的理论发生矛盾，不能为旧理论所解释时，则必须对旧理论加以修正，甚至抛弃旧理论，建立新的理论，这就是再认识。这样人们对客观世界的认识又深入一步。任何一门科学都是由感性认识，积累经验，总结归纳提高到理性认识，理性认识又反过来指导实践成了推求未知事物的根据。物理化学的定律、理论较多，可以充分体会到辩证唯物主义的认识论，体会科学的研究方法。这些递进的循环使物理化学学科不断深入发展。

物理化学的研究方法除一般的科学方法外，还有自己特有的研究方法，这就是热力学方法、量子力学方法、统计热力学方法、化学动力学方法。可把它们归纳如下。

（1）宏观方法　热力学方法属于宏观方法。热力学是以由大量粒子组成的宏观系统作为研究对象。从很多质点构成的客观系统为研究对象，以热力学第一定律和热力学第二定律为基础，经过严密的逻辑推理，建立了一些热力学函数，用来解决化学反应的方向和平衡，以及能量交换问题。在处理问题时采取宏观的办法，不需要知道系统的微观运动，不需要知道变化细节，只需知道起始和终了状态，通过宏观热力学量的改变就可以得到许多普遍性结论。采取热力学方法研究化学平衡、相平衡、反应热效应、电化学等都非常成功，结论可靠，是研究化学的最基本方法。

这一方法的特点是不涉及物质系统内部粒子的微观结构，只涉及物质系统变化前后状态的宏观性质。

（2）微观方法　量子力学方法属于微观方法。量子力学是以个别的电子、原子核组成的微观系统作为研究对象，考察的是个别微观粒子的运动状态。将量子力学方法应用于化学领域，得到了物质的宏观性质与其微观结构关系的清晰图象。量子力学与经典力学完全不同。构成分子的电子和原子核不遵从经典力学而服从量子力学规律。能量有一个很小单位。量子化物质具有波粒二象性，遵守薛定谔方程，用来研究分子内电子的运动规律。

（3）微观方法与宏观方法间的桥梁　统计热力学方法属于从微观到宏观的方法。统计热力学方法是在量子力学方法与热力学方法即微观方法与宏观方法之间架起的一座金桥，把二者有效地联系在一起。从单个或少数粒子的运动规律来推断大量粒子所组成的系统规律，把构成宏观系统的各个微粒的运动做出一定的模型进行统计处理，从而解释宏观现象，认识其微观性质。例如，气体压力是一个宏观可测量，从微观角度看，它是大量分子与器壁碰撞后动量改变的统计平均结果。统计力学的方法把大量粒子构成的系统的微观运动和宏观表现联系起来，根据分子的性质计算宏观热力学性质，使我们加深对热力学定律的认识。

（4）化学动力学方法　主要研究反应速率和机理。任何反应总是通过分子间的瞬时接触交换能量或传递电子而完成的，过去由于实验手段的限制，人们很难追踪分子反应的细节，只能从总体上了解反应速率，得到动力学方程式来解释一些反应的规律，这属于客观反应动力学。近年来，实验手段的提高，X射线、激光器和大型计算机的应用，能够检测到百万分之一秒，甚至 10^{-12} s 的反应速率。许多快速反应，化学异构，光分解都可以进行测量；还可以设计成单个分子的碰撞，来检测产物，使研究水平达到了分子级，形成了分子反应动力学。

1.4　物理化学学习的要求和方法

物理化学内容较多，理论性较强，概念比较抽象，公式多。学好物理化学除需有较好的无机化学、有机化学及分析化学基础知识外，还必须掌握足够的物理及数学知识。具体学习方法有以下几个方面。

① 联系实际勤于思考，同一概念要反复学习。

② 主要公式自行推导，掌握公式和定律的使用条件和范围。

③ 注意领会解决实际问题的科学抽象方法。

④ 勤做练习，重视实验。

第2章　热力学第一定律

2.1　概论

19世纪中叶，热力学的科学理论在实验的基础上得以建立。Joule（焦耳 James Prescott Joule，1818—1889，英国人）大约在1850年建立了能量守恒定律，在宏观系统的热现象领域中称为热力学第一定律。Kelvin（开尔文 Lord Kelvin，原名 William Thomson，1824—1907，英国人）和 Clausius（克劳修斯 Rudolf Clausius，1822—1888，德国人）分别于1848年和1850年建立了热力学第二定律。这两个定律组成一个系统完整的热力学，是热力学的理论基础。

热力学第一定律和热力学第二定律是热力学的主要基础，是人类经验的总结，有着牢固的实验基础和严密的逻辑推理方法，也是物理化学中最基本的定律。在20世纪初又建立了热力学第三定律和热力学第零定律，使热力学更加严密完整。

热力学是解决实际问题的一种非常有效的重要工具。在生产实践中发挥着巨大的作用。例如氮肥是用量最多的一种化肥，但空气中大量的游离氮却无法直接利用。多少年来人们不得不在高温、高压下来合成氨，可是小小的豆科植物却具有固氮的本领。人们希望知道植物的固氮过程是如何进行的？了解其历程，就有可能把植物的固氮作用工业化。人工模拟生物固氮技术在理论上是可能的，但它是一个较为复杂的问题，需要做出巨大的努力，才能使可能性变为现实性。又例如在20世纪末进行了从石墨制造金刚石的尝试，所有的实验都以失败而告终。后来通过热力学的计算知道，只有当压力超过大气压力15000倍时，石墨才有可能转变成金刚石，现在已经成功地实现了这个转变过程。近年来，通过耦合反应，在低压下人工合成金刚石也取得了成功。

另外，利用热力学基本原理还可以指导超临界领域的萃取与反应，指导功能材料的合成等。这些例子都说明热力学在解决实际问题中的重要性。

2.1.1　热力学的研究对象

热力学是研究能量相互转换过程中所应遵循的规律的科学。其研究对象主要如下。

① 各种物理变化、化学变化中所发生的能量效应。热力学发展初期，只涉及热和机械功间的相互转换关系，这是由蒸汽机的发明和使用引起的。现在，其他形式的能量如电能、化学能、界面能、辐射能等也纳入热力学研究范围。

② 一定条件下某种过程能否自发进行，若能进行，则进行到什么程度为止，即变化的方向和限度问题。

2.1.2　热力学的应用特性

① 广泛性：只需知道系统的起始状态、最终状态，过程进行的外界条件，就可进行相应计算，而无需知道反应物质的结构、过程进行的机理，所以能简易方便地得到广泛应用。

② 局限性：当然用热力学的方法来解决问题也有其局限性。主要表现在以下几个方面。

a. 由于热力学无需知道过程的机理，只研究宏观性质，所以它对过程自发性的判断只能是知其然而不知其所以然，只能停留在对客观事物表面的了解而不知其内在原因。

b. 由于热力学无需知道物质的结构，只对有大量质点的系统做研究，因而对系统的微观性质，即个别或少数分子、原子的行为，热力学无法解答。

c. 热力学所研究的变量中，没有时间的概念，不涉及过程进行的速度问题。热力学无法预测过程什么时候发生、什么时候停止以及过程的快慢问题。

2.2　基本概念和术语

2.2.1　系统和环境

在采用观察、实验等方法进行科学研究时，把确定的所要研究的对象，称为系统（以前也称作体系）。系统以外与系统密切相关并且可以与系统相互影响的部分叫做“环境”。系统是将某一事物的一部分划分出来作为研究对象的，系统和环境之间存在实际的或虚构的界面。如图 2-1 所示，我们可以把反应瓶内物质称“系统”，瓶子及其外部环境称“环境”；也可以把反应瓶内（包括反应瓶）物质称“系统”，瓶子外部环境称“环境”。“系统”与“环境”之间的“边界”可以是真实的物理界面［图 2-1（b）、（c）］，亦可以是虚构的界面［图 2-1（a）中反应瓶口的虚线］。

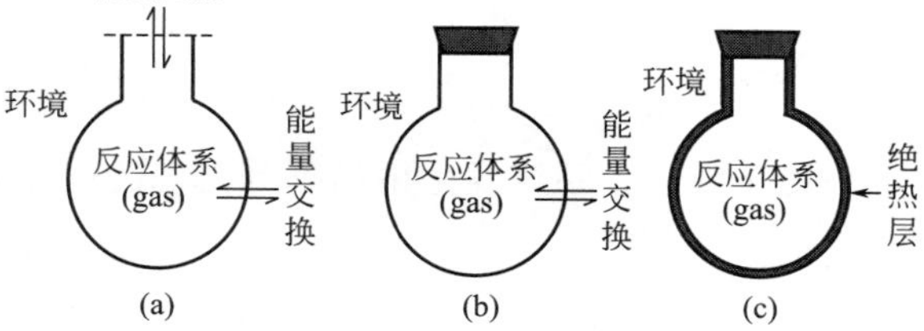

图 2-1　系统与环境示意

2.2.2　系统的分类

根据系统与环境的关系，系统可分三类。

（1）敞开系统　系统与环境间既有物质交换，也有能量交换［图 2-1（a）］。

（2）封闭系统　系统与环境间没有物质交换，只有能量交换［图 2-1（b）］。

（3）隔离（孤立）系统：系统与环境间既无物质交换，也无能量交换［图 2-1（c）］。

2.2.3 系统的性质

（1）广延性质（或称容量性质） 数值上与系统中物质的数量成正比，有加和性，如体积、质量、热力学能等。

（2）强度性质 数值与系统中物质的数量无关，无加和性，取决于系统自身的特性，整个系统的强度性质值与各部分性质值相同，如温度、密度、浓度、压力等。

2.2.4 状态和状态函数

（1）状态 是指某一热力学系统的物理性质和化学性质的综合表现。当我们说系统处于一定的状态时（有时简称定态），系统的性质只取决于它现在所处的状态而与其过去的历史无关，这些宏观性质中只要有任意一个发生了变化，我们就说系统的热力学状态发生了变化。

（2）状态函数 确定（规定）系统状态的性质称为系统的状态函数。若外界条件不变，系统的各种性质就不会发生变化。而当系统的状态发生变化时，它的一系列性质也随之而改变，改变多少，只取决于系统开始和终了的状态，而与变化时所经历的途径无关。无论经历多么复杂的变化，只要系统恢复原状，则这些性质也恢复原状，在热力学中，把具有这种特性的物理量叫做状态函数，如质量（m）、温度（T）、压力（P）、体积（V）、浓度（c）、黏度（η）、折射率（n）等。即系统在不同状态下有不同的状态函数，相同的状态下有相同的状态函数。状态函数在数学上具有全微分的性质，可以按全微分的关系来处理。

2.2.5 状态方程

系统状态函数之间的定量关系式称为系统的状态方程，例如 $PV=nRT$ 就是理想气体的状态方程。热力学定律虽具有普遍性，但却不能导出系统的状态方程，它必须由实验来确定。人们可以根据对系统分子内的相互作用的某些假定，用统计的方法，推导出近似的状态方程，其正确与否仍要由实验来验证。

2.2.6 过程与途径

（1）过程 在一定环境条件下，系统发生由始态到终态的变化，我们称系统发生了一个热力学过程，简称过程。

常见的过程如下。

① 等温过程 系统的状态在变化“过程”中，从状态 1 变到状态 2，变化始态和终态的温度不变，且等于环境温度。

② 等压过程 系统的状态在变化“过程”中，从状态 1 变到状态 2，变化始态和终态的压力保持不变，且等于环境压力。

③ 等容过程 系统的状态在变化“过程”中，从状态 1 变到状态 2，变化始态和终态的体积保持不变。

④ 绝热过程 系统在变化过程中与环境间没有热的交换，或者是由于有绝热壁的存在，

或者是因为变化太快而与环境间来不及热交换，或热交换量极少可近似看作是绝热过程。

⑤ 循环过程　系统由某一起始状态（始态）出发，经过一系列的状态变化过程，最终又回到原来的始态（即所有的状态函数都回到始态），这叫循环过程。

（2）途径　系统由某一状态（始态）变化到另一状态（终态），可以经过不同的方式（变化线路），称为不同的“途径”。与“过程”相比，“途径”通常意味着状态函数变化线路的多种选择性。

例如，封闭系统中，从状态 A→状态 B 的变化：

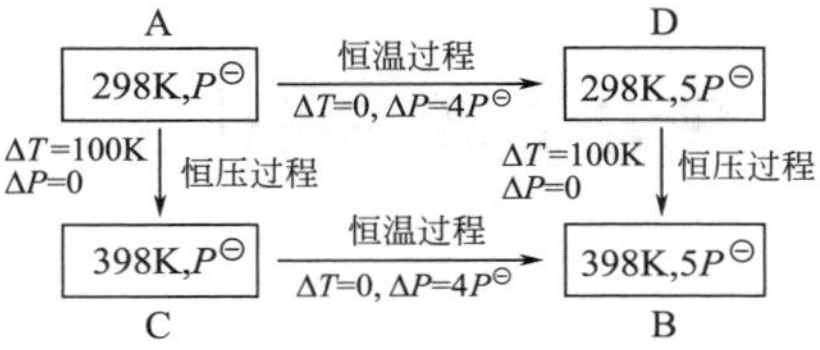

状态 A→状态 B 可以有不同的变化“途径”，如 A→C→B；A→D→B。

2.2.7　热力学平衡

如果系统中各状态函数均不随时间而变化，我们称系统处于热力学平衡状态。严格意义上的热力学平衡状态应当同时具备 4 个平衡。

（1）热动平衡　在系统中没有绝热壁存在的情况下，系统的各个部分温度相等。

（2）力学平衡　系统中各部分之间没有不平衡力的存在，即不考虑重力场影响的情况下，系统各部分的压力相等。

（3）化学平衡　当个物质之间有化学反应时，系统各部的组成不随时间而变化，处于化学动态平衡。

（4）相平衡　当系统不止一个相时，各相之间的物质分布达到动态平衡，各相的组成和数量不随时间而改变。

2.2.8　热和功

人们经过长期的探索，对热的本质从“热质说”到现在统一的认识经历了较长期的时间。现在我们知道热是物质运动的表现形式之一，它与分子的无规则运动相关，当温度不同的物体相接处时，就可能通过分子无规则运动的分子碰撞而交换能量，经由这种方式传递的能量就是热，用符号 Q 表示。热力学的研究规定当系统吸热时，Q 取正值，反之 Q 取负值。

热力学中，把除热以外的其他各种形式被传递的能量都叫做功，如体积功、表面功、电功等，用符号 W 表示。功的取号采用 IUPAC[1]1990 年推荐的方法：系统得到功时，W 取正值，反之取负值。

热和功都是被传递的能量，都具有能量的单位，热和功的单位都是能量单位 J（焦耳），但都不是状态函数，它们的变化值与具体的变化途径有关。所以，微小的变化值用符号“δ”

[1] 这是 International Union of Pure and Applied Chemistry 的字首缩写，即国际纯粹与应用化学联合会，成立于第一次世界大战结束后的次年，即 1919 年。中国化学会于 1979 年正式加入该协会。

表示，以区别于状态函数用的全微分符号“d”。几种功的意义和表达式见表 2-1。

表 2-1 几种功的意义和表达式

功的种类	强度性质	广延性质的改变	功的表示式 δW
机械功	F(力)	dl(位移)	Fdl
电功	E(外加电位差)	dQ(通过的电量)	EdQ
反抗地心引力的功	mg(质量×重力加速度)	dh(高度的改变)	$mgdh$
膨胀功	P_e(外压)	dV(体积的改变)	$-P_edV$
表面功	γ(表面张力)	dA(面积的改变)	γdA

2.3 热力学第零定律和热平衡

温度的概念最初来源于生活，但仅凭肢体的主观感觉在判断物体的冷热程度时常常得出错误的结果。例如，冬天在室外用手触摸铁器和木器会感到铁器比木器更冷，其实两者的温度是一样的。这就需要对温度给出严格的定义，从而定量地表示物体的温度。

设想把三个系统 A、B 和 C 放在一起，先把 A 和 B 用绝热壁（刚性不导热的界壁）隔开，而它们分别通过导热壁（理想的导热界壁）与 C 接触，直到 A、B 分别和 C 建立热平衡［如图 2-2（a）］；然后，在 A 和 B 之间换成导热壁，A、B 与 C 之间换成绝热壁［如图 2-2（b）］，则观察不到 A、B 的状态发生任何变化，表明这两系统也已处于热平衡。

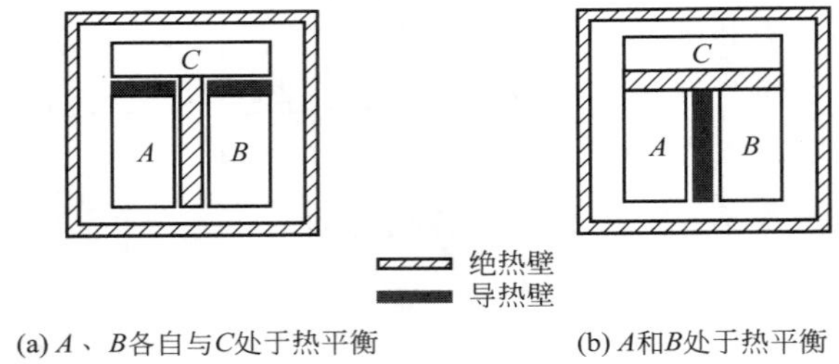

图 2-2 热力学第零定律示意

经过大量的实验事实的总结和概括得出：如果两个系统分别和处于确定状态的第三系统达到热平衡，则这两个系统彼此也将处于热平衡。这个热平衡的规律就成为热平衡定律或热力学第零定律。

热力学第零定律的实质是指出了温度这个状态函数的存在，它非但给出了温度的概念，而且给出了比较温度的方法。在比较各个物体的温度时，不需要将各物体直接接触，只需将一个作为标准的第三系统分别与各个物体相接触达到热平衡，这个作为第三物体的标准系统就是温度计。

2.4 热力学第一定律

能量不能凭空产生，也不能凭空消灭，这一原理早就为人们所认识。但在 19 世纪中叶以前，能量守恒这一原理还只是停留在人们的直觉之上，一直没有得到精确的实验证实。焦耳（Joule）从1840年开始，做了大量实验，证实了热和功之间有一定的转换关系。经过精确实验测量得出1cal＝4.184J，即著名的热功当量。到1850年，能量守恒已经是科学界公认的自然界规律之一。

“自然界的一切物质都具有能量，能量有各种不同形式，能够从一个物体转移到其他物体，或者从一种形式转化为另一种形式，在转移和转化中，能量的总值不变”。换言之，即“在隔离的系统中，能量的形式可以转化，但能量的总值不变”。这就是能量守恒与转化定律。

通常情况下，系统的总能量由系统整体运动的动能、系统在外力场中的位能和热力学能（也称为内能）组成，在化学热力学中，主要研究宏观的系统，无整体运动，并且一般没有特殊的外力场存在（如电磁场、离心力场等）。所以，我们只关注热力学能。热力学能是指系统内分子运动的平动能、转动能、振动能、电子及核的能量，以及分子与分子相互作用的位能等能量的总和。假设系统由状态1变化到状态2，在过程中，系统吸收热量为Q，同时从环境中得到功为W，那么根据能量守恒定律，系统的热力学能的变化为：

$$\Delta U = U_2 - U_1 = Q + W \tag{2-1}$$

系统若发生微小变化，则有：

$$dU = \delta Q + \delta W \tag{2-2}$$

公式（2-1）或公式（2-2）就是热力学第一定律的数学表达式，其中Q、W、ΔU均为代数值，可负，可正；U是状态函数，可用全微分dU表示其微小变量，而Q、W不是状态函数，只能用δQ、δW表示其微小变量。

热力学第一定律既说明了热力学能、热和功可以互相转化，又表述了它们转化时的定量关系，所以这个定律是能量守恒定律在热现象领域中所具有的特殊形式，确切地说，这个定律与能量守恒定律不能完全等同，热力学第一定律是能量守恒定律在涉及热现象的宏观过程中的具体表述，或者说，对于宏观系统而言，能量守恒原理即热力学第一定律。

热力学第一定律也可以表述为：“第一类永动机是不可能存在的。”第一类永动机是指人们假想的一种既不靠外界供给能量，本身也不减少能量，却能不断地对外工作的机器。在热力学第一定律建立之前，人们梦寐以求希望能建立永动机，可事与愿违，总是以失败而告终，直到热力学第一定律建立后，人们认识到这种机器显然与能量守恒定律矛盾，才从理论上接受第一类永动机是造不成的事实。这也表明理论对实践的指导意义。反过来，由于实践中永动机永远不能造成，也就证明了能量守恒定律的正确性。

热力学能是系统内部能量（不包含系统整体运动的动能和系统在外力场中的位能）的总和。由于人们对物质运动形式的认识有待于继续不断深入探讨，认识永无止境。所以热力学能的绝时值是无法确定的，但这一点对于解决实际问题并无妨碍，只需要知道在变化中的改变量就行了。热力学正是通过外界的变化来衡量系统状态函数的变化量，这也是热力学解决问题的一种特殊方法。

热力学能是系统自身的性质，只取决于系统的状态，是系统状态的单值函数，在定态下有定值。它的改变值也只取决于系统的始末态，而与系统的变化途径无关。这也是所有状态函数所具有的性质。

对于简单的系统（例如，只含有一种化合物的单相系统），经验证明，在 P、V、T 中任选两个独立变数，再加上物质的量 n 就可以决定系统的状态。

例如，$U=U(T, P, n)$

对于 n 为定值的封闭系统，热力学能的微小变化为

$$dU=\left(\frac{\partial U}{\partial T}\right)_P dT+\left(\frac{\partial U}{\partial P}\right)_T dP \tag{2-3}$$

同理，对于 n 为定值的单相封闭系统，也有：

$$U=U(T,V)$$

$$dU=\left(\frac{\partial U}{\partial T}\right)_V dT+\left(\frac{\partial U}{\partial V}\right)_T dV \tag{2-4}$$

$$U=U(P,V)$$

$$dU=\left(\frac{\partial U}{\partial P}\right)_V dP+\left(\frac{\partial U}{\partial V}\right)_P dV \tag{2-5}$$

2.5 功与过程

2.5.1 功

热力学能只由状态决定，而功却不是状态函数，它与变化的具体途径有关。功的概念最初来源于机械功，它等于力 F 乘以在力的方向上所发生位移 dl 的乘积，即

$$\delta W=F\,dl \tag{2-6}$$

我们把系统（以理想气体为例）在膨胀过程中从环境所得到的功叫膨胀功（也叫体积功）。则有

$$\delta W_{膨胀}=-F\,dl=-P_e A\,dl=-P_e dV \tag{2-7}$$

在本教材热力学的研究中如无特别说明，所指的功就是膨胀功，不考虑其他形式的功（式中下标“e”是 external 的缩写，系外压之意）。

膨胀过程是指设在定温下，一定量理想气体在活塞筒中克服外压，经 4 种不同途径，体积从 V_1 膨胀到 V_2。

（1）自由膨胀　若外压 P_e 为零，这种膨胀过程称为自由膨胀。系统得到的功为

$$\delta W_e=-P_e dV=0 \tag{2-8}$$

（2）等外压膨胀（P_e 保持不变）

若外压 P_e 保持恒定不变，这种膨胀过程称为等外压膨胀。系统从状态 1 到状态 2 所得的功为

$$W_e=-P_e(V_2-V_1) \tag{2-9}$$

系统所做的功如图 2-3 阴影面积所示。

（3）多次等外压膨胀　若系统从状态 1 膨胀到状态 2 由多个等外压膨胀过程组成，称为多次等外压膨胀，以两个等外压过程组成的膨胀过程为例，系统所得到的功为：

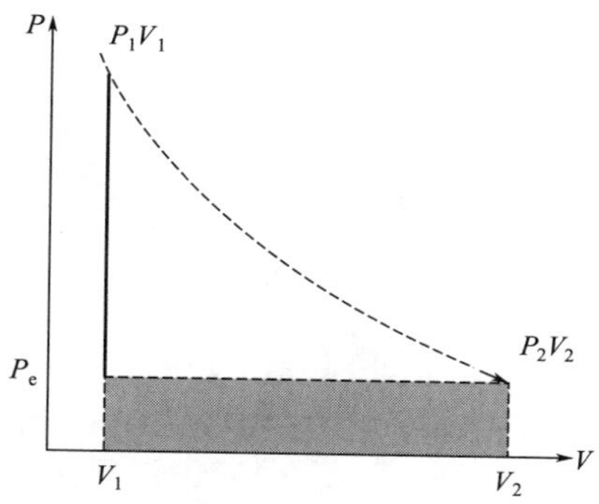

图 2-3 等外压膨胀 P-V 图

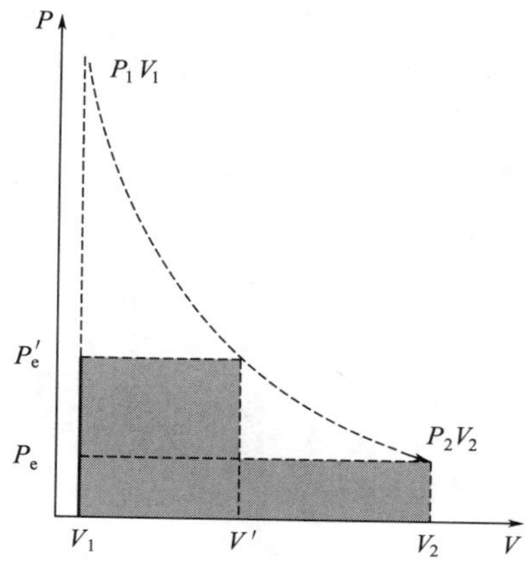

图 2-4 多次等外压膨胀膨胀 P-V 图

$$W = W_1 + W_2 = -P_e'(V' - V_1) - P_e(V_2 - V') \tag{2-10}$$

系统所做的功如图 2-4 阴影面积所示。显然，在始态、终态相同时，系统对环境分步等外压膨胀做的功比上一步等外压膨胀的功多。依此类推，分步越多系统对外所做的功也就越大。

（4）外压比内压小一个无穷小的值的膨胀过程　外压相当于一杯水，水不断蒸发，这样的膨胀过程是无限缓慢的，每一步都接近于平衡态。所做的功为：

$$W_{e,4} = -\sum P_e \mathrm{d}V = -\sum(P_i - \mathrm{d}P)\mathrm{d}V = -\int_{V_1}^{V_2} P_i \mathrm{d}V = -\int_{V_1}^{V_2} \frac{nRT}{V}\mathrm{d}V = nRT\ln\frac{V_1}{V_2} \tag{2-11}$$

系统所做的功如图 2-5 阴影面积所示。这种过程所做的功最大。

由此可见，从同样的始态到同样的终态，由于过程不同，环境所得到功的数值并不一样，功与变化途径有关，它是一个与过程有关的量。所以说，功不是状态函数，不是系统自身的性质，因此不能说系统统中含有多少功。同理，Q 的数值也与变化的途径有关，也不能说“系统中含有多少热”。

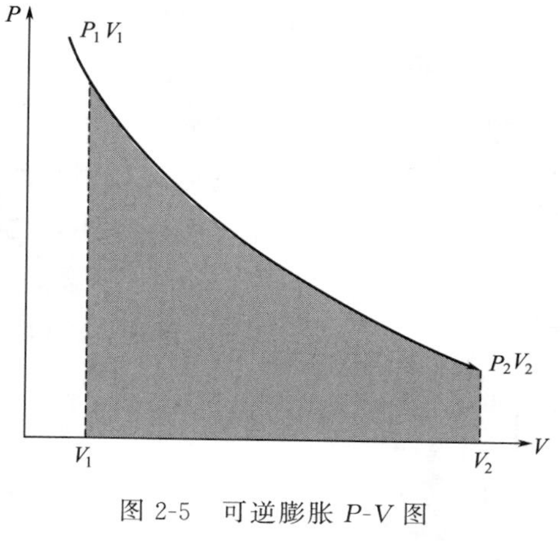

图 2-5 可逆膨胀 P-V 图

2.5.2 准静态过程和可逆过程

（1）准静态过程　从 2.5.1 部分可看出系统经由不同的过程从 V_1 膨胀到 V_2，过程不同，系统对外所做的功也不同。显然过程 4 对环境所做的功最大。在此过程进行的每一瞬间，系统都无限接近于平衡状态，整个过程可以看成是由一系列极接近平衡的状态所构成，这种过程称为准静态过程。

准静态过程是一种理想过程，实际上是办不到的。无限缓慢地压缩或无限缓慢地膨胀过程可近似看作为准静态过程。

（2）可逆过程（reversible process）　以膨胀过程的系统为例进行压缩。

① 等外压压缩（P_e 恒等于 P_1），系统从状态 1 到状态 2 所得的功为

$$W_e = -P_e(V_2 - V_1) \tag{2-12}$$

系统所得到的功如图 2-6 阴影面积所示。

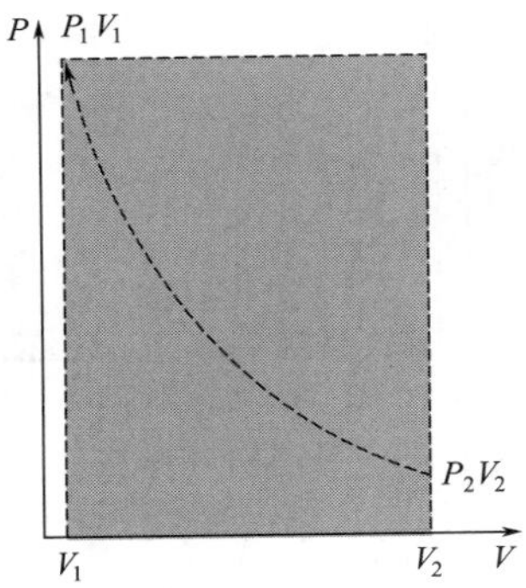

图 2-6　一次等外压压缩做功示意

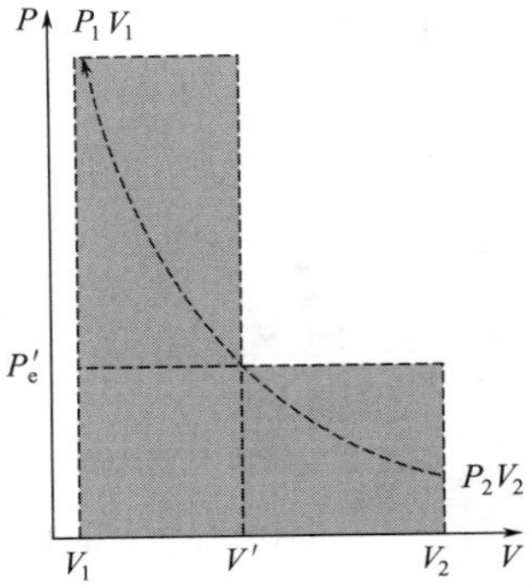

图 2-7　多次等外压压缩做功示意

② 多次等外压压缩　以两个等外压过程组成的压缩过程为例，系统所得到的功为：

$$W = W_1 + W_2 = -P_e{}'(V' - V_2) - P_e(V_1 - V')$$

系统所得到的功如图 2-7 阴影面积所示。

显然，在始态、终态相同时，环境对系统分步等外压压缩做的功比上一步等外压压缩的功小。依此类推，分步越多环境对系统所做的功也就越小。

③ 外压比内压小一个无穷小的值的压缩过程　以 2.5.1 部分的过程 4 的逆过程，无限缓慢的压缩，使得每一步都接近于平衡态。所做的功为：

$$W_{\varepsilon,3} = -\int_{V_2}^{V_1} P_i \mathrm{d}V = nRT\ln\frac{V_2}{V_1} \tag{2-13}$$

系统所得到的功如图 2-8 阴影面积所示。

对照 2.5.1 部分的膨胀过程，可以看出，压缩过程 3 也是准静态过程，环境对系统做功最小，系统经过膨胀过程 4 中对环境做的功等于压缩过程 3 中环境对系统做的功，这样经过某一过程从状态 1 变到状态 2 之后，如果能使系统和环境都恢复到原来的状态而未留下任何变化，则该过程称为热力学可逆过程，否则为不可逆过程。

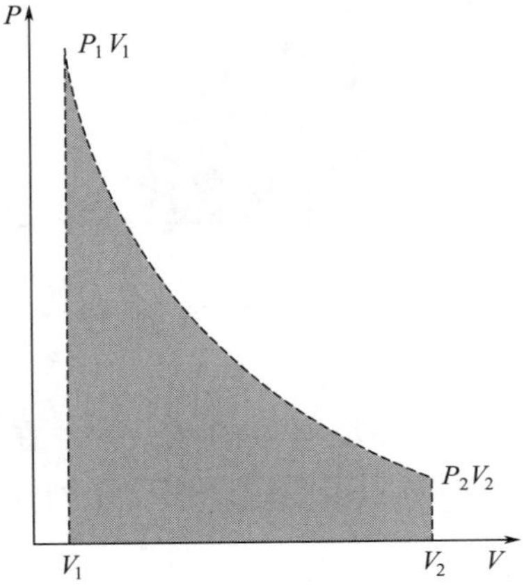

图 2-8　可逆压缩做功示意

上述准静态膨胀过程若没有因摩擦等因素造成能量的耗散，可看作是一种可逆过程。过程中的每一步都接近于平衡态，可以向相反的方向进行，从始态到终态，再从终态回到始态，系统和环境都能恢复原状。

接近于可逆过程的实际变化还有很多。例如，液体在其沸点时的蒸发；固体在其熔点时的熔化；可逆电池在外加电动势与电池电动势近似相等情况下的充电和放电；化学反应通过适当的

安排也可以使之在可逆情况下进行。

然而，也不要把不可逆过程理解为系统根本不能复原的过程。一个不可逆过程发生后，也可以使系统恢复原态，但当系统回到原来的状态后，环境必定会发生某些变化。上述膨胀的过程就是不可逆过程，当系统复原后，环境发生了不可逆转的变化（即环境失去功，而得到了热）。

④ 可逆过程的几个特点

a. 可逆过程是以无限小的变化进行的，整个过程是由一连串非常接近于平衡态的状态所构成。

b. 在逆过程中，按照原来过程的逆过程，可以使系统和环境都完全恢复到原来的状态，而对环境不会有任何耗散效应。

c. 在等温可逆膨胀过程中系统对环境做最大功，而使系统复原的等温可逆压缩过程中环境对系统做最小功，它们数值上相等，符号相反。

可逆过程是一种理想的过程，自然界的一切宏观过程都是不可逆过程，实际过程只能无限地趋近于可逆过程，但是可逆过程的概念却很重要。可逆过程是在系统接近于平衡的状态下发生的，因此它和平衡态密切相关。从消耗及获得能量的观点看，可逆过程是效率最高的过程（当然不包含时间的观点），是提高实际过程效率的最高限度。

2.6　焓

2.6.1　焓的定义

假设系统在变化过程中只做膨胀功而不做其他功（$W_{非}=0$），又因为本章内容中所讨论的问题均不包括其他功，所以习惯上仍将膨胀功写为 W。由热力学第一定律$\Delta U=Q+W$，当系统的变化是等压过程（等压过程与恒压过程尽管不严格相同，但其热效应相同，都为ΔH，所以通常不严格区分恒压、等压热效应）时，即 $P_1=P_2=P_{外}=$常数，则有：

热力学第一定律：$\mathrm{d}U=\delta Q-P_{外}\mathrm{d}V$

$$
\begin{aligned}
Q_P &= \Delta U + P\Delta V \\
&= (U_2-U_1)+P(V_2-V_1) \\
&= (U_2+PV_2)-(U_1+PV_1)
\end{aligned}
$$

（等压热效应用 Q_P 表示）。

因为 $P_1=P_2=P_{外}=$常数，令 $H=U+PV$　　　　(2-14)

则有，$Q_P=\Delta H$　或 $\mathrm{d}Q_P=\mathrm{d}H$（封闭系统，等压，$W'=0$）

由于 P、V、U 都是系统的状态函数，所以其组合（$U+PV$）也是一个状态函数，它的变化值仅仅取决于系统的始态和终态。我们把（$U+PV$）这一新的状态函数取名为“焓”，用 H 表示。

在等压、不做非膨胀功的条件下，焓变等于等压热效应，因而通过焓变可求其他热力学函数的变化值。同理，当系统的变化是等容（恒容）过程时，$W=0$，$Q_V=\Delta U$（等容热效应用 Q_V 表示），适用条件为封闭系统、$W_f=0$、等容（恒容）过程。

等压（恒压）过程中，系统所吸收的热 Q_P 等于此过程中系统“焓”的增加 ΔH。因为 ΔH 是状态函数的变量，只取决于系统的始、终态，所以恒压（等压）下的热效应 Q_P 也只取决于系统的始、终态，而与变化途径无关。

2.6.2 理想气体的内能和焓

（1）热力学第一定律对理想气体的应用　盖·吕萨克在 1807 年，焦耳在 1843 年分别做了如下实验：将两个容量相等的容器，放在水浴中，左球充满气体，右球为真空[图 2-9（a）]。打开活塞，气体由左球冲入右球，达平衡[图 2-9（b）]水浴温度没有变化，即 $Q=0$；由于系统的体积取两个球的总和，所以系统没有对外做功，$W=0$；根据热力学第一定律得该过程的 $\Delta U=0$。

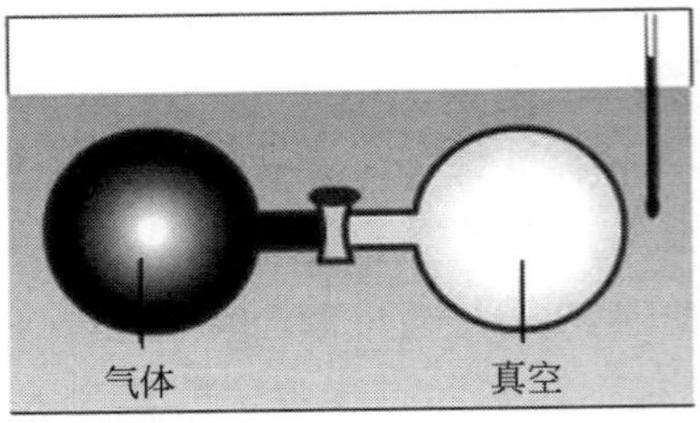

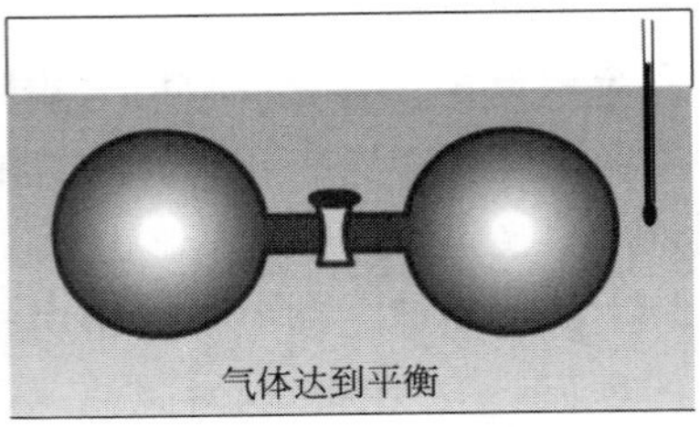

图 2-9　盖·吕萨克-焦耳实验装置示意

因此，纯物质单相封闭系统：$U=U(T,V)$，而 U 的全微分：

$$dU=\left(\frac{\partial U}{\partial T}\right)_V dT+\left(\frac{\partial U}{\partial V}\right)_T dV \qquad (2\text{-}15)$$

经焦耳实验：

$$dU=0, dT=0, dV>0$$

$$\Rightarrow\left(\frac{\partial U}{\partial V}\right)_T=0 \qquad \text{（理想气体，或压力不高时）} \qquad (2\text{-}16)$$

上式表示：“气体在恒温条件下，如果改变体积，其内能不变”或“气体内能仅是温度的函数，与体积无关”。

以上结论只对理想气体才严格成立。精确的焦耳实验证明，实际气体（气体压力足够大时）向真空膨胀时，仍有微小的温度变化，而且这种温度变化随气体起始压力的增加而增加。只有气体的行为趋于理想状态时（即压力趋于零），温度变化才严格为零。所以说，“只有理想气体的内能才只是温度的函数，与体积（或压力）无关”。

对于非理想气体，$\left(\frac{\partial U}{\partial V}\right)_T\neq 0$。实际气体分子的内能必须考虑分子间的引力，在温度一定条件下，气体体积增大，即分子间的平均距离变远时，分子间的势能增加，导致系统内能的增加。所以对实际气体来说，体积增加则内能增加，即：

$$\left(\frac{\partial U}{\partial V}\right)_T>0 \quad \text{（实际气体）}$$

$$\text{而} \quad \left(\frac{\partial U}{\partial P}\right)_T=\left(\frac{\partial U}{\partial V}\right)_T\left(\frac{\partial V}{\partial P}\right)_T$$

$$由于\left(\frac{\partial U}{\partial V}\right)_T>0,\left(\frac{\partial V}{\partial P}\right)_T<0$$

$$故\quad\left(\frac{\partial U}{\partial P}\right)_T<0\quad（实际气体）$$

而理想气体忽略分子间的引力，

$$\left(\frac{\partial U}{\partial V}\right)_T=0\ （理想气体）$$

$$\left(\frac{\partial U}{\partial P}\right)_T=0\ （理想气体）$$

（2）理想气体的焓

$$H\equiv U+PV$$

$$\Delta H\equiv \Delta U+\Delta(PV)$$

对于理想气体的恒温过程：

$$\Delta U=0$$

又恒温下理想气体：

$$PV=nRT=常数$$

故

$$\Delta\ (PV)\ =0$$

所以理想气体在恒温过程中：$\Delta H=0$

即理想气体的焓（H）也仅仅是温度的函数，与体积（或压力）无关：

$$\left(\frac{\partial H}{\partial V}\right)_T=0（理想气体）$$

$$\left(\frac{\partial H}{\partial P}\right)_T=0（理想气体）$$

$$H=H(T)（理想气体）$$

所以，理想气体恒温可逆膨胀（或压缩）时：

$$Q=W=nRT\ln\left(\frac{V_2}{V_1}\right)=nRT\ln\left(\frac{P_1}{P_2}\right)\tag{2-17}$$

2.7　热容

对于没有相变化和化学变化且组成不变的均相封闭系统，不考虑非膨胀功，设系统吸热 Q，温度从 T_1 升高到 T_2，则系统升高单位热力学温度时所吸收的热为热容。热容用符号 C 表示，单位是 J/K。有以下几种形式。

（1）平均热容

$$\overline{C}=\frac{Q}{T_2-T_1}\tag{2-18}$$

（2）真热容：

$$C=\frac{\delta Q}{\mathrm{d}T}\tag{2-19}$$

（3）摩尔热容 C_{m}：

$$C_m = \frac{1}{n} \times \frac{\delta Q}{dT} \tag{2-20}$$

规定物质的量为 1mol 的热容。单位 J/K·mol。

(4) 等容热容 C_V

$$C_V(T) = \frac{\delta Q_V}{dT} = \left(\frac{\partial U}{\partial T}\right)_V, \tag{2-21}$$

或
$$\Delta U = Q_V = \int C_V dT$$

(5) 等压热容 C_P

$$C_P(T) = \frac{\delta Q_P}{dT} = \left(\frac{\partial H}{\partial T}\right)_P, \tag{2-22}$$

或，
$$\Delta H = Q_P = \int C_P dT$$

(6) 热容与温度的关系　热容与温度的函数关系因物质、物态和温度区间的不同而有不同的形式。例如，气体的等压摩尔热容与 T 的关系有如下经验式：

$$C_{P,m} = a + bT + cT^2 + \cdots$$

$$C_{P,m} = a' + b'T^{-1} + c'T^{-2} + \cdots$$

式中，a，b，c，a'，…是经验常数，由各种物质本身的特性决定，可从相关热力学数据表中查找。

2.8 热力学第一定律对理想气体的应用

2.8.1 理想气体状态函数之间的关系

对于理想气体：$U=U(T)$，与 P、V 等无关，即任何过程，包括恒容、恒压、绝热等过程。理想气体内能变化为：

$$(dU)_{理想气体} = C_V dT$$

$$(dH)_{理想气体} = C_P dT$$

理想气体的 C_V、C_P 关系如下。

对于（无非体积功）1mol 物质系统，热力学第一定律：

$$\delta Q_m = dU_m + P_{外} dV_m \text{（理想气体、无非体积功）} \tag{2-23}$$

容量性质 Q、U、V 的下标“m”表示物质的量容量性质。对于理想气体：

$$dU_m = C_{V,m} dT \text{（理想气体）} \tag{2-24}$$

且　$PV_m = RT$，$V_m = RT/P$

恒压条件下：$P = P_{外}$

$$(dV_m)_P = d\left(\frac{RT}{P}\right) = \left(\frac{R}{P}\right) dT = \left(\frac{R}{P_{外}}\right) dT \tag{2-25}$$

将式（2-24）、式（2-25）代入式（2-23）：

$$\delta Q_{P,m} = C_{V,m} dT + R dT$$

$$\Rightarrow \qquad \frac{\delta Q_{P,m}}{dT}=C_{V,m}+R$$

$$\Rightarrow \qquad C_{P,m}=C_{V,m}+R$$

或　　$C_{P,m}-C_{V,m}=R$　（理想气体、无非体积功）

也即　　$C_P-C_V=nR$　（理想气体、无非体积功）

2.8.2　绝热过程

如果系统在状态变化过程中，与环境没有热量交换，这种过程叫绝热过程。气体做了绝热膨胀或压缩后，系统的温度和压力就会随着其体积的变更而自动调节到新的平衡位置。

绝热过程可以可逆地进行，即气体无限缓慢地绝热膨胀或压缩[图 2-10(a)]；绝热过程也可以是不可逆过程，例如气体的快速绝热膨胀或压缩[图 2.10(b)]。

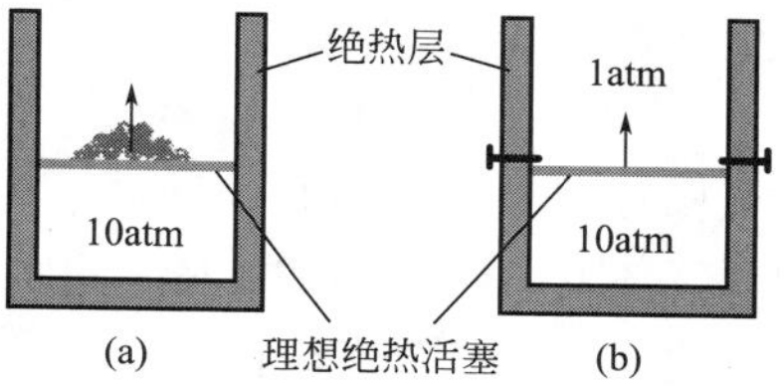

图 2-10　绝热膨胀或压缩示意

(1atm=101325Pa)

(1) 绝热过程与恒温过程的区别　恒温过程为保持系统温度恒定，系统与恒温环境之间必然要有热量的交换；绝热过程系统与环境间没有热交换，所以系统温度就有变化。

① 绝热膨胀时，系统对环境做功，而又无法从环境获得热量，膨胀使分子间势能增加，这就必然要降低分子的动能，导致系统降温（温度是分子动能的宏观体现，统计热力学知识）。

② 绝热压缩时，系统得到功，无热量释放，内能增加；压缩使分子间势能降低，必然会增加分子的动能，导致系统升温。

在绝热过程中，$Q=0$，根据热力学第一定律，在不做非膨胀功时，得

$$dU=dW \quad \text{或}\ dU+PdV=0 \tag{2-26}$$

已知

$$dU=\left(\frac{\partial U}{\partial T}\right)_V dT+\left(\frac{\partial U}{\partial T}\right)_T dV$$

对理想气体

$$dU=C_V dT,\Delta U=\int_{T_1}^{T_2} C_V dT$$

若 C_V 为常数，则

$$W=\Delta U=C_V(T_2-T_1) \tag{2-27}$$

由上式可以计算理想气体在绝热过程中的功（不一定非是绝热可逆过程不可，因为热力学能是状态函数，仅取决于始态与终态。只是绝热过程的可逆与不可逆，其终态的温度是不同的）。

(2) 理想气体绝热可逆过程的“过程方程”

由热力学第一定律：

$$dU=\delta Q+\delta W$$

绝热：$$\delta Q=0$$

所以 $$dU=\delta W\ (绝热) \tag{2-28}$$

上式表明，系统绝热膨胀所做的功（$-\delta W>0$），等于系统内能的减少值（$dU<0$）。

对于理想气体：

$$dU=C_V dT=nC_{V,m}dT(理气) \tag{2-29}$$

可逆过程，无非体积功：

$$\delta W=P_{外}\,dV=P\,dV \tag{2-30}$$

将式（2-29）、式（2-30）代入式（2-28）：

$$nC_{V,m}dT=-P\,dV=-\left(\frac{nRT}{V}\right)dV \quad 或\ C_{V,m}\left(\frac{dT}{T}\right)=-R\left(\frac{dV}{V}\right) \tag{2-31}$$

（理想气体，$\delta W_f=0$，绝热可逆）

所以，理想气体的 $C_{V,m}$ 在相当的温度变化范围不大时可看作是一常数，单原子分子理想气体 $C_{V,m}=$（3/2）R，双原子分子理想气体 $C_{V,m}=$（5/2）R。

将式（2-31）两边定积分：

$$\int_{T_1}^{T_2}C_{V,m}d\ln T=C_{V,m}\int_{T_1}^{T_2}d\ln T=-R\int_{V_1}^{V_2}d\ln V$$

$$\Rightarrow \qquad C_{V,m}\ln\left(\frac{T_2}{T_1}\right)=-R\ln\left(\frac{V_2}{V_1}\right)$$

理想气体：$\dfrac{T_2}{T_1}=\dfrac{P_2V_2}{P_1V_1}$

$$C_{P,m}-C_{V,m}=R \tag{2-32}$$

代入上式：

$$C_{V,m}\left[\ln\left(\frac{P_2}{P_1}\right)+\ln\left(\frac{V_2}{V_1}\right)\right]=-R\ln\left(\frac{V_2}{V_1}\right)$$

则

$$\begin{aligned}&C_{Vm}\ln\left(\frac{P_2}{P_1}\right)\\&=-R\ln\left(\frac{V_2}{V_1}\right)-C_{V,m}\ln\left(\frac{V_2}{V_1}\right)\\&=-(R+C_{V,m})\ln\left(\frac{V_2}{V_1}\right)\\&=-C_{P,m}\ln\left(\frac{V_2}{V_1}\right)\\&=C_{P,m}\ln\frac{V_1}{V_2}\end{aligned}$$

则 $$C_{V,m}\ln\left(\frac{P_2}{P_1}\right)=C_{V,m}\ln\left(\frac{V_2}{V_1}\right)$$

所以 $\dfrac{P_2}{P_1}=\left(\dfrac{V_1}{V_2}\right)^{C_{P,m}/C_{V,m}}=\left(\dfrac{V_1}{V_2}\right)^{\gamma}$（式中 $\gamma=\dfrac{C_{P,m}}{C_{V,m}}=1+\dfrac{R}{C_{V,m}}>1$）

得到

$$P_1V_1^{\gamma}=P_2V_2^{\gamma}\quad 或\ PV^{\gamma}\ 常数 \tag{2-33}$$

将 $P=\dfrac{nRT}{V}$代入式（2-33）

$$TV^{\gamma-1}=常数 \tag{2-34}$$

将 $V=\dfrac{nRT}{P}$代入式（2-33）

$$\frac{T^{\gamma}}{P^{\gamma-1}}=常数 \tag{2-35}$$

式（2-33）～式（2-35）表示理想气体、绝热可逆过程、$\delta W_f=0$ 时，系统 T、V、P 之间的关系，即

$$\begin{cases} PV^{\gamma}=常数 \\ TV^{\gamma-1}=常数 \\ \dfrac{T^{\gamma}}{P^{\gamma-1}}=常数 \end{cases}$$

这组关系方程式叫作“过程方程”，只适合理想气体绝热可逆过程。这和理想气体“状态方程”$PV=nRT$（适合任何过程的热力学平衡系统）是有区别的。如图 2-11 所示，理想气体从同一状态（V，P）出发，经过绝热可逆过程与恒温可逆过程，P 与 V 关系的差别。

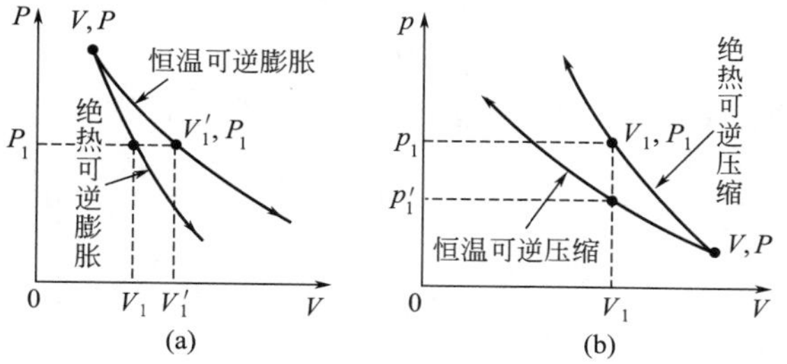

图 2-11　绝热可逆过程与恒温可逆过程对比

因此，如果从同一始态（V，P）出发，绝热可逆膨胀曲线开始时应在恒温可逆曲线下侧[图 2-11(a)]；而绝热可逆压缩曲线开始时应在恒温可逆压缩曲线的上侧[图 2-11(b)]。

（3）绝热不可逆过程——抗恒外压膨胀

$W_e=P_{外}(V_2-V_1)$（绝热，抗恒外压，$W_f=0$）

$\Rightarrow\quad \Delta U=-W_e=-P_{外}(V_2-V_1)$（同上）

由　　$(\mathrm{d}U)_{理气}=C_V\mathrm{d}T$

$$\Rightarrow\quad \Delta U=\int_{T_1}^{T_2}C_V\mathrm{d}T（理想气体，W_f=0）$$

$$=C_V\int_{T_1}^{T_2}\mathrm{d}T=C_V(T_2-T_1)（理想气体，C_V 不随温度变化）$$

$$\Delta U=C_V(T_2-T_1)=-W_e（理想气体，W_f=0，绝热）$$

而　　$$\Delta H=\Delta U+\Delta(PV)=\Delta U+nR\Delta T$$

$$C_P(T_2 - T_1) = C_V(T_2 - T_1) + nR(T_2 - T_1)$$

例 2-1 按照下面已知条件进行计算（1atm＝101325Pa）。

理气He
$C_{V,m}=(3/2)R$
$P_1=5atm$
$T_1=273K$
$V_1=1C/dm^3$

→ 绝热可逆 → W_e=? ΔU=?

$P_2=1atm$
T_2=?
V_2=?

解：

$$\gamma = \frac{C_{P,m}}{C_{V,m}} = \left[\left(\frac{3}{2}\right)+1\right] / \left(\frac{3}{2}\right) = \frac{5}{3}$$

过程方程：$T^{\gamma}/P^{\gamma-1}$＝常数

$$\Rightarrow \quad T_2 = \left(\frac{P_2}{P_1}\right)^{(\gamma-1)/\gamma} T_1 = \left(\frac{1}{5}\right)^{0.4} \times 273 = 143.5\text{K}$$

由：
$$P_1 V_1{}^{\gamma} = P_2 V_2{}^{\gamma}$$

$$\Rightarrow \quad V_2 = \left(\frac{P_1}{P_2}\right)^{1/\gamma} V_1 = \left(\frac{5}{1}\right)^{3/5} \times 10 = 26.3\text{dm}^3$$

理想气体：

$$n = \frac{P_1 V_1}{RT_1} = \frac{5 \times 101325 \times 10 \times 10^{-3}}{8.314 \times 273} = 2.23$$

$$\Delta U = nC_{V,m}(T_2 - T_1) = 2.23 \times \left(\frac{3}{2}\right) R(143.5 - 273) \approx -3600\text{J}$$

$$W_e = -\Delta U = 3600\text{J}$$

若题为理想气体抗 1atm 恒外压绝热（不可逆）膨胀，则：

$$nC_{V,m}(T_2 - T_1) = -P_{外}(V_2 - V_1) = -P_{外}\left(\frac{nRT_2}{P_2} - \frac{nRT_1}{P_1}\right)(P_2 = P_{外} = 1\text{atm})$$

$$T_2 \ \frac{\left(\frac{P_2 R}{P_1} + C_{V,m}\right)}{C_{P,m}} = 185.6\text{K}$$

$$\Delta U = nC_{V,m}(T_2 - T_1) = -2430\text{J}$$

$$W_e = 2430\text{J}$$

与绝热可逆比较，抗恒外压不可逆绝热膨胀做功较小，内能损失较少，终了温度也就稍高些。

例 2-2 有 2mol 理想气体，从 $V_1=15.0\text{dm}^3$ 到 $V_2=40.0\text{dm}^3$，经过下列 3 种不同过程，分别求出其相应过程中所做的功，并判断哪个为可逆过程。

①在 298K 时等温可逆膨胀；②在 298K 时，保持外压为 100kPa，做等外压膨胀；③始终保持气体的压力和外压不变，将气体从 $T_1=298\text{K}$ 加热到 T_2，使体积膨胀到 V_2。

解：①
$$W = -nRT\ln\frac{V_2}{V_1}$$
$$= nRT\ln\frac{V_1}{V_2}$$

$$=2\times 8.314\times 298\times \ln\frac{15.0}{40.0}$$

$$=-4.86\text{kJ}$$

② $$W=-P(V_2-V_1)=-100\times(40.0-15.0)=-2.50\text{kJ}$$

③ 气体的压力为

$$P=\frac{nRT}{V}=\frac{2\times 8.314\times 298}{15.0\times 10^{-3}m^3}=330.3\text{kPa}$$

$$W=-\int_{V_1}^{V_2}P\,\mathrm{d}V=-P(V_2-V_1)=330.3\times(40.0-15.0)=-8.26\text{kJ}$$

过程①和③是可逆过程，而过程②是不可逆过程。

例 2-3　设在 372K 和 1000kPa 时，取 10.0dm^3 理想气体。今用下列几种不同过程膨胀，终态压力为 100kPa。① 等温可逆膨胀；②绝热可逆膨胀；③在等外压 100kPa 下绝热不可逆膨胀，分别计算气体的终态体积和所做的功。设 $C_{V,\mathrm{m}}=3/2R$，且与温度无关。

解：气体的物质的量为

$$n=\frac{PV}{RT}=\frac{1000\times 10.0}{8.314\text{J}\times 273}=4.41\text{mol}$$

① $$V_2=\frac{P_1V_1}{P_2}=\frac{1000\times 10.0}{100}=100\text{dm}^3$$

$$W_1=-\int_{V_1}^{V_2}P\,\mathrm{d}V=nRT\ln\frac{V_1}{V_2}=4.41\times 8.314\times 273\times \ln\frac{10}{100}=-23.05\text{kJ}$$

② $$\gamma=\frac{C_{P,\mathrm{m}}}{C_{V,\mathrm{m}}}=\frac{\left(\frac{3}{2}R+R\right)}{\frac{3}{2}R}=\frac{5}{3}$$

$$V_2=\left(\frac{P_1}{P_2}\right)^{1/\gamma}V_1=10^{\frac{3}{5}}\times 10.0=39.8\text{dm}^3$$

$$T_2=\frac{P_2V_2}{nR}=\frac{100\times 39.8}{4.41\times 8.314}=108.6\text{K}$$

在绝热过程中

$$W_2=\Delta U=nC_{V,\mathrm{m}}(T_2-T_1)$$
$$=4.41\times 1.5\times 8.314\times(108.8-273)=-9.03\text{kJ}$$

③ 将外压骤减至 100kPa，气体在这压力下做绝热不可逆膨胀，首先要求出系统终态温度。因为是绝热过程，所以，

$$W=\Delta U=nC_{V,\mathrm{m}}(T_2-T_1)$$

对于等外压膨胀过程功的计算式为

$$W=-P_2(V_2-V_1)=P_2\left(\frac{nRT_1}{P_1}-\frac{nRT_2}{P_2}\right)$$

联系功的两个计算式得

$$C_{V,\mathrm{m}}(T_2-T_1)=P_2\left(\frac{RT_1}{P_1}-\frac{RT_2}{P_2}\right)$$

已知 $C_{V,m}=\frac{3}{2}R$，$T_1=273K$，$P_1=1000kPa$，$P_2=100kPa$，代入解得

$T_2=175K$

$W_3=nC_{V,m}(T_2-T_1)$

$=4.41\times1.5\times8.314\times(175-273)=-5.39kJ$

由此可见，系统从同一始态出发，经 3 个不同过程达到相同的终态压力，由于过程不同，终态的温度、体积不同，所做的功也不同。等温可逆膨胀系统做最大功，其中不可逆绝热膨胀做功最小。

2.9 热化学

化学变化常伴有放热或吸热现象，对于这些热效应进行精密的测定，并做较详尽的讨论，成为物理化学的一个分支，称为热化学（thermochemistry），目的在于计算物理和化学反应过程中的热效应。

在热力学第一定律建立之后，热化学中的一些规律和公式就成为热力学第一定律必然的推论。因此，热化学实质上可以看作是热力学第一定律在化学领域中的具体应用。

热化学的实验数据，具有使用和理论上的价值。例如反应热的多少，一方面与实际生产中的机械设备、热量交换以及经济价值等问题有关；另一方面，反应热的数据在计算平衡常数和其他热力学量时很有用。

原则上，测量热效应很简单，但实际上要得到精确的数据并不容易，它涉及一系列的标准化问题。由于热化学的数据与热力学基本常数有关，因此如何设计更好的量热器，如何更精确地在各种条件下（例如高温、高压、低温、微量等）测定热效应，以及由于仪器精度的提高，非但需要扩大测量的范围获得新的数据，而且原有的数据也需要不断地进行检验和修订。因而对热化学进行系统的研究，以期获得标准化的数据，仍旧是物理化学工作者当今的重要任务之一。

2.9.1 化学反应的热效应

（1）反应热效应　当系统发生化学变化之后，使系统的温度回到反应前始态时的温度，系统放出或吸收的热量，称为该反应的热效应。热的取号仍采用热力学的惯例，即系统吸热为正值，放热为负值。

（2）等压热效应与等容热效应　当系统在等压条件下进行化学变化所产生的热效应称为等压热效应，用 Q_P 表示。通常的化学反应是在恒压条件下进行的，恒容反应会导致系统的压力骤变，引起反应器的变型或破裂。所以，反应热如不特别注明，都是指等压热效应。

系统在等容条件下进行化学变化所产生的热效应称为等容热效应，用 Q_V 表示。例如用氧弹式测定燃烧热所测的热效应就是等容热效应。

如果一化学反应过程伴随有物质的量的变化，特别是在气体参与反应的情况下，恒容反应热与恒压（通常的化学反应条件）反应热的大小是不同的。

恒压下化学反应的反应热，

$Q_P = \Delta_r H$ （$dP=0$，$W_f=0$），W_f 为非膨胀功。

即一定温度和压力下，Q_P 为产物的总焓与反应物的总焓之差：

$$Q_P = \Delta_r H = (\sum H)_{产} - (\sum H)_{反} \tag{2-36}$$

反应系统恒定体积不变下的热效应，

$$\delta W_e = 0,\ Q_V = \Delta_r U\ (dV=0,\ W_f=0) \tag{2-37}$$

Q_V 可用量热计实验测量，即 Q_V 为一定温度和恒定体积下，产物总内能与反应物总内能之差：

$$Q_V = \Delta_r U = (\sum U)_{产} - (\sum U)_{反} \tag{2-38}$$

（3）等压热效应（Q_P）与等容热效应（Q_V）的关系

由 $H \equiv U + PV$

有：

$$\begin{aligned}(\Delta_r H)_P &= (\Delta_r U)_P + \Delta(PV)_P \\ &= (\Delta_r U)_P + P\Delta V \\ &\approx (\Delta_r U)_V + P\Delta V\end{aligned}$$

$$Q_P \approx Q_V + P\Delta V \text{ 或 } \Delta_r H = \Delta_r U + P\Delta V \tag{2-39}$$

上述推导过程中用到关系式：

$$(\Delta_r U)_P \approx (\Delta_r U)_V$$

严格地说，只有理想气体（即反应气和产物气都是理想气体）的恒温化学反应才有：

$$(\Delta_r U)_P = (\Delta_r U)_V$$

因为理想气体的内能只是温度的函数，恒温下与压力、体积无关。一般情况下，恒压反应的 $(\Delta_r U)_P$ 和恒容反应的 $(\Delta_r U)_V$ 值之差别与 $\Delta_r U$ 值本身相比很小，所以认为 $(\Delta_r U)_P$、$(\Delta_r U)_V$ 两者相等不会造成很大偏差。

对于理想气体：$\Delta V = \Delta n(RT/P)$

Δn 为产物气体与反应物气体物质的量之差，代入公式：

$$\begin{aligned}\Delta_r H &= \Delta_r U + R\Delta V \\ &= \Delta_r U + \Delta nRT \text{（理想气体）或 } Q_P = Q_V + \Delta nRT\end{aligned} \tag{2-40}$$

实际的化学反应热通常是用“弹式量热计”测量反应的恒容反应热 Q_V（$\Delta_r U$），然后根据公式（2-40）求算恒压热效应 Q_P（$\Delta_r H$）。

2.9.2　热化学

化学过程中热效应的研究叫“热化学”。热化学在实际工作中应用广泛，例如化工设备的设计和生产程序、平衡常数的计算等常常需要有关热化学的数据。热化学是热力学第一定律在化学过程中的应用。化学反应之所以能放热或吸热，从第一定律的观点看，是因为不同物质有着不同的内能，反应产物的总内能通常与反应物的总内能不同，所以化学反应总是伴随有能量的变化。

（1）热化学方程式　在讨论化学反应时，需要引入一个重要的物理量——反应进度（extent of reaction），用符号 ξ 表示。这个量最早是由比利时热化学家德唐德（T. de Donder）引入的，后来经 IUPAC 推荐，从而在反应焓变的计算、化学平衡和反应速率的表示式中被普遍采用。

反应进度的定义：$d\xi=\gamma_i^{-1}dn_i$（n_i 产物物质的量，γ_i 产物计量系数），单位是 mol，ξ＝1mol 表示完成了一个计量反应式。

对于化学计量反应：$aA+bB \longrightarrow gG+hH$

$$d\xi=-\frac{dn_A}{a}=-\frac{dn_B}{b}=\frac{dn_G}{g}=\frac{dn_H}{h}$$

例如，对于反应式：$H_2+I_2 \longrightarrow 2HI$

ξ＝1mol，表示由 1mol 的 H_2 和 1mol 的 I_2 完全反应生成了 2mol 的 HI，即完成了上述一个计量反应。

一个化学反应的焓变必然取决于反应的进度，不同的反应进度有不同的 $\Delta_r H$ 值。将 $\left(\frac{\Delta_r H}{\Delta\xi}\right)$ 称为反应的摩尔焓变（molar enthalpy of the reaction），并用 $\Delta_r H_m$ 表示，即：

$$\Delta_r H_m=\frac{\Delta_r H}{\Delta\xi}=\frac{\nu_B \Delta_r H}{\Delta n_B} \tag{2-41}$$

（2）热化学方程的写法

① 热化学方程中除了写出普通的化学计量方程式外，需在方程式的后面标明反应的热效应 ΔH（或 ΔU）值；即标明一定温度和压力（或恒容）下反应进程 ξ＝1mol 时系统所吸收的热量。通常用“$\Delta_r H_m$”表示反应的恒压热效应。下标“r”表示化学反应（reaction）热效应，区别于后述的生成热 $\Delta_f H$、燃烧热 $\Delta_c H$ 等。下标“m”表示以 mol 作为物质的量单位，区别于以分子（个数）作单位（微观反应研究常用）。如果反应是在特定的温度和压力下进行的，可对 $\Delta_r H_m$ 加上角标；即若反应温度为 298.15K，压力为 $P^{\ominus}$，则其热效应可写成 $\Delta_r H_m^{\ominus}$（298.15K），角标“$\ominus$”表示标准压力 $P^{\ominus}$；$\Delta_r H_m$ 的一般式为 $\Delta_r H_m$（P，T）。

② 由于反应物或产物的物态不同，其反应热效应也会改变，所以热化学方程式必须注明物态。

a. 气体用（气）或（g），并标明压力（不标通常指 $P^{\ominus}$）。

b. 液体用（液）或（l）。

c. 固体用（固）或（s），固体晶型不同时需注明，如 C（石墨）、C（金刚石）等。

d. 溶液中的溶质参加的反应，需注明溶剂，如（水）、（乙醇）等。

e. 水溶液中的溶质通常用（aq.）表示，如 NaOH（aq.）、NaCl（aq.）。

只作为水溶剂符号（aq.）的含义是：溶液已足够稀释，再加水时不再有热效应（稀释热）发生。

例如，对于溶液中盐酸和氢氧化钠的反应：

$HCl(aq.)+NaOH(aq.) \longrightarrow NaCl(aq.)+H_2O(l)$；$\Delta_r H_m^{\ominus}(298.15K)=-57.3kJ/mol$

石墨和氧生成 CO_2：

$$C(石墨)+O_2(g) \longrightarrow CO_2(g);\ \Delta_r H_m^{\ominus}(298.15K)=-393.1kJ/mol$$

氢和碘的反应：

$$H_2(g)+I_2(g) \longrightarrow 2HI(g);\ \Delta_r H_m^{\ominus}(573K)=-12.8kJ/mol$$

2.9.3　赫斯定律（Hess 定律）

在热力学发展以前，由于实际需要，热化学在实验的基础上就已经有了很大发展，并且也确立了一些定律，例如 1840 年赫斯（G. H. Hess，1803—1850）就在总结了大量实验结果的基础，提出了赫斯定律。

赫斯定律表述：化学反应不论是一步完成还是分几步完成，其总的热效应是相同的。赫斯定律是热力学第一定律在化学过程中的一个应用。赫斯定律所涉及的化学步骤都必须在无非体积功（$W_f=0$）、恒压或恒容条件下（通常恒压）下适用。赫斯定律奠定了整个热化学的基础，使热化学方程能象普通代数一样进行运算，从而可根据已经准确测定的反应热来计算难以测量或不能测量的反应的热效应。

例 2-4　计算 $C(s)+1/2O_2(g) \longrightarrow CO(g)$ 的热效应。

一般不特别指明，$\Delta_r H_m^{\ominus}$（298.15K）指 298.15K、$P^{\ominus}$标准状态下的恒压热效应。

事实上，这个反应的热效应是很难直接测量的，因为人们很难控制碳的氧化程度，即很难控制碳只氧化到 CO，而不继续氧化成 CO_2。

$$C(s)+1/2O_2(g) \longrightarrow CO(g)$$

尽管反应气氛中 $C:O_2>2:1$，但总有部分的 CO_2 生成，所以直接从该反应测不到准确的热效应；但让 C 全部氧化成 CO_2 的反应热是比较容易测定的（只要有足够的 O_2）。

（1）$C(s)+O_2(g) \longrightarrow CO_2(g)$

$\Delta_r H_{m,1}^{\ominus}(298.15K)=-392.9kJ/mol$

由其他方法制得纯 CO，由 CO 氧化成 CO_2 的反应热亦可测：

（2）$CO(g)+1/2O_2(g) \longrightarrow CO_2(g)$

$\Delta_r H_{m,2}^{\ominus}(298.15K)=-282.6kJ/mol$

上述反应都是恒压 $P^{\ominus}$ 反应，$W_f=0$，由赫斯定律：反应（1）－反应（2）得：

$C(s)+1/2O_2(g) \longrightarrow CO(g)$

所以 $\Delta_r H_m^{\ominus}=\Delta_r H_{m,1}^{\ominus}-\Delta_r H_{m,2}^{\ominus}=110.3kJ/mol$

例 2-5　已知下列反应的 $\Delta_r H_m^{\ominus}$（298.15K）

（1）$CH_3COOH(l)+2O_2(g) \longrightarrow 2CO_2(g)+2H_2O(l);\ \Delta_r H_{m,1}^{\ominus}=-208kcal/mol$

（2）$C(s)+O_2(g) \longrightarrow CO_2(g);\ \Delta_r H_{m,2}^{\ominus}=-94.0kcal/mol$

（3）$H_2(g)+\frac{1}{2}O_2(g) \longrightarrow 2H_2O(l);\ \Delta_r H_{m,3}^{\ominus}=-68.3kcal/mol$

计算反应：

4）$2C(s)+2H_2(g)+O_2(g) \longrightarrow CH_3COOH(l)$ 的反应热 $\Delta_r H_{m,4}^{\ominus}$ 是多少？

解：反应(4)＝(2)×2＋(3)×2－(1)

$\Delta_r H^{\ominus}_{m,4}$＝（－94.0）×2＋（－68.3）×2－（－208）＝－116.6kcal/mol

2.10 几种热效应

2.10.1 标准摩尔反应焓

人们规定在标准压力 $P^{\ominus}$ 下，在进行反应的温度时，化学反应由始态到末态所需要的反应焓变，称为该反应的标准摩尔反应焓。用符号 $\Delta_r H^{\ominus}_m$（B，相态，T）表示。

如前所述，反应热 $\Delta_r H$ 为产物的总焓与反应物总焓之差，即：

$$\Delta_r H=(\sum H)_{产物}-(\sum H)_{反应物}$$

已知各种物质（化合物、单质）的焓的绝对值，只要把焓值代入即可方便地计算 $\Delta_r H$；但是焓的绝对值无法求得（这与内能 U 一样，$H=U+PV$），焓同样也包含有分子振动、转动、电子能级、核内能等，其绝对值无法确定。于是可采用一种相对标准来确定焓的相对值。因为热化学通常只关心焓的变化值（如反应热 $\Delta_r H$）。

如果反应 A→B 的 $\Delta_r H$ 是可测量的，令物质 A 的焓值 $H_A=0$，则 $\Delta_r H=H_B-H_A=H_B$，即物质 B 的相对焓值也就确定了。依此类推，在规定了某些物质的相对焓值为零的条件下，可利用各种反应热来求其他物质的相对焓值。进而根据所知物质的相对焓值，来计算任何反应的焓变 $\Delta_r H$。因此令所有温度下最稳定的单质的焓值为零，引入了生成焓。

2.10.2 标准摩尔生成焓

人们规定在标准压力 $P^{\ominus}$ 下，在反应的温度 T 下，由最稳定状态的单质生成 $P^{\ominus}$ 下 1mol 某种物质 B 的反应焓变，称为该物质 B 在该温度 T 下的标准摩尔生成焓，用符号 $\Delta_f H^{\ominus}_m$（T）表示。当某些单质有几种稳定存在形态时，选定一个在所有温度下相对最稳定的单质形态的焓值为零。

例如：298K、$P^{\ominus}$ 下反应：

$$\frac{1}{2}H_2(g)+\frac{1}{2}Cl_2(g)\longrightarrow HCl(g),\ \Delta_r H^{\ominus}_m(298.15K)=-92.0kJ/mol$$

反应生成了 1mol HCl（g），且反应物是稳定的单质，其反应焓即为 HCl（g）在 298.15K、$P^{\ominus}$ 下的生成焓：

$$\Delta_r H^{\ominus}_m(298.15K)=\Delta_f H^{\ominus}_m[298.15K,\ HCl(g)]$$

由生成焓估算反应焓：

例如：(1) $Cl_2(g)+2Na(s)\longrightarrow 2NaCl(s)$；$\Delta_r H^{\ominus}_{m,1}=2\Delta_f H^{\ominus}_m(NaCl)$

(2) $Cl_2(g)+Mg(s)\longrightarrow MgCl_2(s)$；$\Delta_r H^{\ominus}_{m,2}=\Delta_f H^{\ominus}_m(MgCl_2)$

令（1）－（2）得：

(3) $2Na(s)+MgCl_2(s)\longrightarrow Mg(s)+2NaCl(s)$

由赫斯定律：

$$\Delta_r H_{m,3}^{\ominus} = \Delta_r H_{m,1}^{\ominus} - \Delta_r H_{m,2}^{\ominus}$$
$$= 2\Delta_f H_m^{\ominus}(NaCl) - \Delta_f H_m^{\ominus}(MgCl_2)$$

所以，任意反应的反应热 $\Delta_r H$ 等于产物的总生成焓（热）减去反应物的总生成焓。

2.10.3 标准摩尔燃烧焓

对于绝大部分有机化合物来说，不可能由单质（元素）直接化合物而成。绝大部分有机物却可以燃烧，生成稳定的氧化物，并放出热量。

可燃物质 B 的标准摩尔燃烧焓是指在标准压力 $P^{\ominus}$ 下，反应温度 T 时，1mol 的可燃物质被完全氧化为同温下的指定产物时的标准摩尔反应焓变，称为该物质 B 的标准摩尔燃烧焓。

对于含有碳、氢、氧的有机化合物，其燃烧热均指：碳被氧化成 CO_2（g），氢被氧化成 H_2O（l），若还含有 S、N 等元素，指氧化到 SO_2（g）、N_2（g）。

例如，甲醇的燃烧反应：

$$CH_3OH(l) + \frac{3}{2}O_2(g) \longrightarrow CO_2(g) + 2H_2O(l)$$
$$\Delta_r H_m^{\ominus}(298.15K) = -725.9kJ/mol$$

上述反应是 1molCH_3OH（l）燃烧生成稳定氧化物 CO_2、H_2O，所以甲醇的燃烧焓：

$$\Delta_r H_m^{\ominus}(298.15K, CH_3OH) = -725.9kJ/mol$$
$$(\sum \Delta_c H)_{反应物} = \Delta_r H + (\sum \Delta_c H)_{产物}$$

即：
$$\Delta_r H = (\sum \Delta_c H)_{反应物} - (\sum \Delta_c H)_{产物}$$

所以，任一反应的反应热 $\Delta_r H$ 等于反应物的燃烧焓之和减去产物的燃烧焓之和。

2.10.4 键焓

键焓是指拆散气态化合物中某一类键而生成气态原子所需要的能量平均值。

在热化学中所用的键焓与光谱所得的键的分解能在意义上有所不同，后者是指拆散气态化合物中某一个具体的键生成气态原子所需要的能量，而前者则是一个平均值。

2.11 反应热与反应温度的关系——基尔霍夫定律

焓变是温度的函数，化学反应的热效应 $\Delta_r H$ 是随着温度的改变而改变的。对于在温度 T，压力 P 下的任意一化学反应：

$$R \rightarrow P$$

此反应的恒压反应热：

$$\Delta_r H = H_P - H_R$$

如果此反应改变到另一温度（$T + dT$）进行，而压力仍保持 P 不变，要确定反应

热 $\Delta_r H$ 随温度的变化，可将上式在恒压下对温度 T 求偏微商：

$$\left(\frac{\partial \Delta_r H}{\partial T}\right)_P = \left(\frac{\partial H_P}{\partial T}\right)_P - \left(\frac{\partial H_R}{\partial T}\right)_P$$

$$= C_P(\mathrm{P}) - C_P(\mathrm{R})$$

$$= \Delta_r C_P$$

$\Delta_r C_P$ 为反应中产物的恒压热容量与反应物的恒压热容量之差。

当反应物和产物不止一种物质时，则：

$$\Delta_r C_P = (\sum C_P)_P - (\sum C_P)_R$$

$$\left(\frac{\partial \Delta_r H}{\partial T}\right)_P = \Delta_r C_P$$

由此可见，化学反应的热效应随温度变化而变化，是产物和反应物的热容不同引起的。则有：

① 若产物热容小于反应物热容，$\Delta_r C_P < 0$，则 $(\partial \Delta_r H/\partial T)_P < 0$，升温时恒压反应热（代数值）减少；

② $\Delta_r C_P > 0$，则升温时恒压反应热（代数值）增大；

③ $\Delta_r C_P = 0$ 或很小时，反应热将不随温度而改变；

④ 基尔霍夫方程：

$$\left(\frac{\partial \Delta_r H}{\partial T}\right)_P = \Delta_r C_P \tag{2-42}$$

积分表达式

$$\int_{\Delta_r H_1}^{\Delta_r H_2} \mathrm{d}(\Delta_r H) = \Delta_r H_2 = \Delta_r H_1 = \int_{T_1}^{T_2} \Delta_r C_P \mathrm{d}T \tag{2-43}$$

式中 $\Delta_r H_1$、$\Delta_r H_2$ 分别为 T_1、T_2 时的恒压反应热。

① 在温度变化范围不大时，有时可简化，将 $\Delta_r C_P$ 近似看作常数，而与温度无关，于是式（2-43）可写成：

$$\Delta_r H_2 - \Delta_r H_1 = \Delta_r C_P (T_2 - T_1) \text{（温度变化不大）} \tag{2-44}$$

式中，$\Delta_r C_P$ 中的 C_P 为在（T_1，T_2）温度区间内物质的平均恒压热容量。

② 精确求算：

$$C_P = a + bT + cT^2,$$

$$\Delta_r C_P = \Delta a + \Delta b T + \Delta c T^2 \tag{2-45}$$

式中，$\Delta a = (\sum a)_\mathrm{P} - (\sum a)_\mathrm{R}$，$\Delta b$、$\Delta c$ 类似。常见物质的 a、b、c 值可以在相关热力学数据表中得到。

代入积分公式：

$$\Delta_r H_2 - \Delta_r H_1 = \Delta a (T_2 - T_1) + \left(\frac{\Delta b}{2}\right)(T_2{}^2 - T_1{}^2) + \left(\frac{\Delta c}{3}\right)(T_2{}^3 - T_1{}^3)$$

不定积分形式：

$$\left(\frac{\partial \Delta_r H}{\partial T}\right)_P = \Delta_r C_P$$

$$\Delta_r H = \Delta_r H_0 + \int \Delta_r C_P \mathrm{d}T \text{（恒压下）}$$

式中，$\Delta_r H_0$ 是积分常数，将 $\Delta_r C_P = \Delta a + \Delta b T + \Delta c T^2$ 代入上式：

$$\Delta_r H = \Delta_r H_0 + \Delta a T + \left(\frac{\Delta b}{2}\right) T^2 + \left(\frac{\Delta c}{3}\right) T^3 \tag{2-46}$$

式中，$\Delta_r rH_0$、Δa、Δb、Δc 均为反应的特性常数，不同反应，这些常数值也不同。$\Delta_r H_0$ 严格的物理意义是指，反应温度外推到 $T=0$K 进行时的热效应，但实际上此过程并不能发生。因此，积分常数 $\Delta_r H_0$ 可以通过 298K 下的已知反应热来确定。

习　题

2.1　两个容积均为 V 的玻璃球泡之间用细管连接，泡内密封着标准状态下的空气（近似认为是理想气体）。若将其中的一个球加热到 100℃，另一个球则维持 0℃，忽略连接细管中气体体积，试求该容器内空气的压力。

2.2　今有 20℃ 的乙烷-丁烷混合气体，充入一抽成真空的 200cm³ 容器中，直至压力达 101.325kPa，测得容器中混合气体的质量为 0.3897g。试求该混合气体中两种组分的摩尔分数及分压力。

2.3　1mol 理想气体在恒定压力下温度升高 1℃，求过程中系统与环境交换的功。

2.4　1mol 水蒸气（H_2O，g）在 100℃、101.325kPa 下全部凝结成液态水。求过程的功。假设：水蒸气近似认为是理想气体，相对于水蒸气的体积、液态水的体积可以忽略不计。

2.5　在 25℃ 及恒定压力下，电解 1mol 水（H_2O，l），求过程的体积功。假设：气体近似认为是理想气体，液态水的体积可以忽略不计。

2.6　系统由相同的始态经过不同途径达到相同的末态。若途径 a 的 $Q_a=2.078$kJ，$W_a=-4.157$kJ；而途径 b 的 $Q_b=-0.692$kJ，求 W_b。

2.7　4mol 某理想气体，温度升高 20℃，求 $\Delta H - \Delta U$ 的值。

2.8　已知水在 25℃ 的密度 $\rho=997.04\text{kg/m}^3$。求 1mol 水（H_2O，l）在 25℃ 下：

（1）压力从 100kPa 增加至 200kPa 时的 ΔH；（2）压力从 100kPa 增加至 1MPa 时的 ΔH。假设：水的密度不随压力改变，在此压力范围内水的摩尔热力学能近似认为与压力无关。

2.9　某理想气体 $C_{V,m}=1.5R$。今有该气体 5mol 在恒容下温度升高 50℃。求过程的 W，Q，ΔH 和 ΔU。

2.10　2mol 某理想气体，$C_{P,m}=3.5R$。由始态 100kPa，50dm³，先恒容加热使压力升高至 200kPa，再恒压冷却使体积缩小至 25dm³。求整个过程的 W，Q，ΔH 和 ΔU。

2.11　容积为 0.1m³ 的恒容密闭容器中有一绝热隔板，其两侧分别为 0℃、4mol 的 Ar（g）及 150℃、2mol 的 Cu(s)。现将隔板撤掉，整个系统达到热平衡，求末态温度 T 及过程的 ΔH。已知：Ar(g) 和 Cu(s) 的摩尔定压热容 $C_{P,m}$ 分别为 20.786J/（mol·K）及 24.435J/（mol·K），且假设均不随温度而变。

2.12　1mol 双原子理想气体从始态 350K、200kPa，经过如下四个不同过程达到各自的平衡态，求各过程的功 W。

（1）恒温下可逆膨胀到 50kPa；

（2）恒温反抗 50kPa 恒外压不可逆膨胀；

（3）绝热可逆膨胀到 50kPa；

（4）绝热反抗 50kPa 恒外压不可逆膨胀。

2.13　5mol 双原子理想气体从始态 300K、200kPa，先恒温可逆膨胀到压力为 50kPa，再绝热可逆压缩到末态压力 200kPa。求末态温度 T 及整个过程的 W，Q，ΔU，ΔH。

2.14 已知水（H_2O，l）在 100℃的饱和蒸气压 $P=101.325$kPa，在此温度、压力下水的摩尔蒸发焓 $\Delta_{vap}H_m=40.668$kJ/mol。求在 100℃，101.325kPa 下使 1kg 水蒸气全部凝结成液体水时的 W，Q，ΔU 和 ΔH。设水蒸气适用理想气体状态方程式。

2.15 已知水（H_2O，l）在 100℃的摩尔蒸发焓 $\Delta_{vap}H_m=40.668$kJ/mol，水和水蒸气在 25～100℃间的平均摩尔定压热容分别为 $C_{P,m}$（H_2O，l）$=75.75$kJ/（mol·K）和 $C_{P,m}$（H_2O，g）$=33.76$kJ/（mol·K）。求在 25℃时水的摩尔蒸发焓。

第 3 章 热力学第二定律

热力学第一定律指出了各种能量在传递和转化中的相互关系，但它却不能指出变化的方向和变化进行的程度。在指定的条件下，反应自发地（即不需要外界帮助，任其自然）朝哪个方向进行，反应能进行到什么程度为止等问题，热力学第一定律并不能做出解释。例如，热力学第一定律（热化学）告诉我们，在一定温度下，化学反应 H_2 和 O_2 变成 H_2O 的过程的能量变化可用 ΔU（或 ΔH）来表示。但热力学第一定律不能告诉我们，什么条件下，H_2 和 O_2 能自发地变成 H_2O 或者 H_2O 自发地变成 H_2 和 O_2，以及反应能进行到什么程度。

在 19 世纪初，蒸汽机的使用在工业上起了很大的影响。蒸汽机的研究，对于热力学的发展起着十分重要的作用。在生产实践中，人们总是希望制造性能良好的热机，最大限度地提高热机的效率，即消耗最少量的燃料能得到最大的机械功，但当时不知道热机效率的提高是否有一个限度。1824 年卡诺（Carnot）试图解决这一问题，并提出了著名的卡诺（Carnot）定理。他所得到的结论是对的，可是他在证明这个定理时却引用了错误的"热质论"。为了从理论上进一步阐明卡诺（Carnot）定理，需要建立一个新的理论。克劳修斯（Clausius）在 1850 年、开尔文（Kelvin）在 1851 年从这里得到启发而提出了热力学第二定律。热力学第二定律根据热功转化的规律，提出了具有普遍意义的熵函数。根据这个函数以及由此导出的其他热力学函数，解决了化学反应的方向性和限度问题。

3.1 自发过程

人类的经验告诉我们，一切自然界的过程都是有方向性的，例如热量总是从高温向低温流动；在焦耳（Joule）的热功当量实验中，重物下降，带动搅拌器，量热器中的水被搅动，从而使水温上升，它的逆过程即水的温度自动降低而重物自动举起这一过程不会自动进行；气体总是从压力大的地方向压力小的地方扩散；电流总是从电位高的地方向电位低的地方流动；浓度不等的溶液混合均匀；锌片与硫酸铜的置换反应；过冷液体的"结冰"，过饱和溶液的结晶等。这些过程都是无需外力帮助、任其自然可以自动发生的变化。我们把这种在一定条件下能自动进行的过程叫作"自发过程"。从这些例子中可以看出，一切自发变化都有一定的变化方向，并且都是不会自动逆向进行的。

究竟是什么因素决定了自发过程的方向和限度呢？从表面上看，各种不同的过程有着不同的决定因素，例如决定热量流动方向的因素是温度 T；决定气体流动方向的是压力 P；决定电流方向的是电位 V；而决定化学过程和限度的因素是什么呢？有必要找出一个决定一切自发过程的方向和限度的共同因素，这个共同因素能决定一切自发过程的方向和限度（包括决定化学过程的方向和限度）。这个共同的因素究竟是什么，就是热力学第二定律所要解决的中心问题。

根据经验总结，自发过程都是有方向性的（共同特点），即自发过程不能自动恢复原状，或者说让一自发过程完全恢复原状，环境必然要留下其他变化，以下面的几个例子说明这一问题。

（1）理想气体向真空膨胀

这是一个自发过程，在理想气体向真空膨胀时（焦尔实验）

$$W=0,\ \Delta T=0,\ \Delta U=0,\ Q=0$$

如果让膨胀后的气体恢复原状，可以设想经过恒温可逆压缩过程达到这一目的。

在此压缩过程中环境对系统做功（$W\neq0$），由于理想气体恒温下内能不变（$\Delta U=0$），因此系统同时向环境放热 Q，并且 $Q=W$，即当系统恢复到原状时，环境中有 W 的功变成了 $Q=W$ 的热。

因此，环境最终能否恢复原状（即理想气体向真空膨胀是否能成为可逆过程），就取决于（环境得到的）热是否能全部变为功而没有任何其他变化。

（2）热量由高温流向低温

热库的热容量假设为无限大（即有热量流动时不影响热库的温度）。一定时间后，有 Q_2 的热量经导热棒由高温热库 T_2 流向低温热库 T_1，这是一个自发过程。如图 3-1 所示。

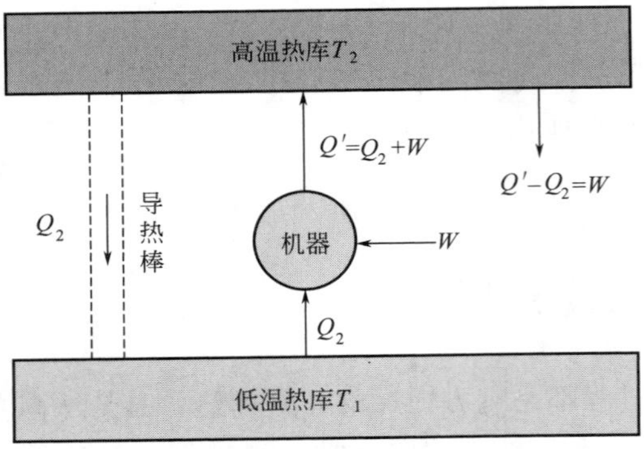

图 3-1　热量由高温流向低温

欲使这 Q_2 的热量重新由低温热库 T_1 取出返流到高温热库 T_2（即让自发过程回复原状），可以设想这样一个过程。

通过对一机器（如制冷机、冰箱）做功 W（电功）。此机器就可以从热库 T_1 取出 Q_2 的热量，并有 Q' 的热量送到热库 T_2，根据热力学第一定律（能量守恒）：

$$Q'=Q_2+W$$

这时低温热库恢复了原状，如果再从高温热库取出 $(Q'-Q_2)=W$ 的热量，则两个热源均恢复原状。但此时环境损耗了 W 的功（电功），而得到了等量的 $(Q'-Q_2)=W$ 的热量。

因此，环境最终能否恢复原状（即热由高温向低温流动能否成为一可逆过程），取决于环境得到的热能否全部变为功而没有任何其他变化。

上面所举的两个例子说明，所有的自发过程是否能成为热力学可逆过程，最终均可归结为这样一个命题："从单一热源取出的热量能否全部转变为功而不引起任何其他变化"。然而人类的经验告诉我们：热功转化是有方向性的，即"功可自发地全部变为热；但热不可能全部转变为功而不引起任何其他变化"。所以，可得出这样的结论：一切自发过程发生之后，不可能使系统和环境都恢复到原来的状态而不留下任何影响，也就是说自发过程是有方向性的，都是不可逆的。这就是自发过程的共同特点。简言之，“自发过程就是热力学的不可逆过程”。这个结论是经验的总结，也是热力学第二定律的基础。

3.2　热力学第二定律的经典表述

从前面的讨论可知，一切自发过程（如理气真空膨胀、热由高温流向低温、自发化学反应）的方向，最终都可归结为功热转化的方向问题，这里举出克劳修斯和开尔文对热力学第二定律的两种典型表述。

克劳修斯（Clausius）表述：“不可能把热从低温物体传到高温物体，而不引起任何其他变化”。

开尔文（Kelvin）表述：“不可能从单一热源取出热使之完全变为功，而不发生任何其他变化”。

或者说：不可能设计成这样一种机器，这种机器仅仅从单一热源吸取热量变为功，从而能循环不断地工作，而没有任何其他变化。这种机器有别于第一类永动机（不供给能量而可连续不断产生能量的机器），所以开尔文表述也可表达为：“第二类永动机是不可能造成的”。

事实上，克劳修斯的和开尔文的这两种表述是等同的，采用反证法可以证明其等同性。

证明：若克劳修斯的表述不成立，则开尔文的表述也不成立。

假定在 T_1、T_2 之间设计一热机 R，它从高温热源（库）吸热 Q_2，使其对环境做功 W，并对低温热源（库）放热 Q_1（图 3-2）；这样，环境得功 W，高温热源（库）无热量得失，低温热源（库）失热 $Q_2-Q_1=W$，即总效果是：从单一热源（库）T_1 吸热（Q_2-Q_1）全部变为功（W）而不发生其他变化，即开尔文的表达不成立。

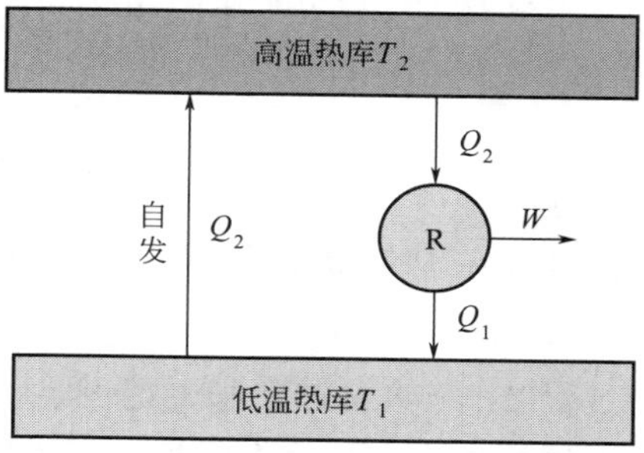

图 3-2　热量由高温流向低温

同样，若开尔文的表述不成立，则克劳修斯的表述也不成立（试自证之）。即热力学第二定律的克劳修斯的表述与开尔文表述是等同的。

3.3　卡诺定理

3.3.1　卡诺循环

蒸汽机（以下称作热机，它通过吸热做功）循环不断地工作时，总是从某一高温热源吸收热量，其中部分热转化为功，其余部分流入低温热源（通常是大气）。随着技术的改进，热机将热转化为功的比例就增加。那么，当热机被改进得十分完美，即成为一个理想热机时，从高温热源吸收的热量能不能全部变为功呢？如果不能，则在一定条件下，最多可以有多少热变为功呢？这就成为一个非常重要的问题。

1824 年，法国工程师卡诺（Carnot）证明：理想热机在两个热源之间通过一个特殊的（由两个恒温可逆和两个绝热可逆过程组成）可逆循环过程工作时，热转化为功的比例最大，并得到了最大热机效率值。这种循环被称为可逆卡诺循环，而这种热机也就叫做卡诺热机（除非特别说明，卡诺循环即指可逆卡诺循环）。卡诺循环各过程热功转化计算如下。

假设有两个热源（库），其热容量均为无限大，一个具有较高的温度 T_2，另一具有较低的温度 T_1（通常指大气）。

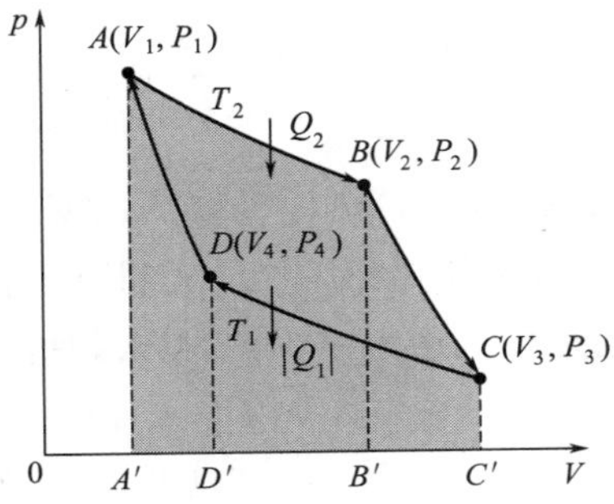

图 3-3　卡诺循环各过程热功转化

今有一汽缸，其中含有 1mol 的理想气体作为工作物质，汽缸上有一无质量无摩擦的理想活塞（使可逆过程可以进行）。

将汽缸与高温热源（库）T_2 相接触，这时气体温度为 T_2，体积和压力分别为 V_1，P_1，此为系统的始态 A。然后开始进行如下循环：

过程 1：在 T_2 时恒温可逆膨胀，汽缸中的理想气体由 P_1、V_1 做恒温可逆膨胀到 P_2、V_2；在此过程中系统吸热 Q_2（T_2 下的吸热表示为 Q_2），对环境做功 W_1（过程 1 的功），如图 3-3。由于理想气体的内能只与温度有关，对此恒温可逆过程，$\Delta U=0$（理想气体、恒温），故：

$$Q_2=W_1=RT_1\ln\left(\frac{V_2}{V_1}\right) \tag{3-1}$$

此过程在 P-V 状态图中（图 3-3）用曲线 AB 表示（可逆过程可在状态空间中以实线表示）。

过程 2：绝热可逆膨胀，把恒温膨胀后的气体（V_2，P_2）从热库 T_2 处移开，将汽缸放进绝热袋，让气体作绝热可逆膨胀。此时，气体的温度由 T_2 降到 T_1，压力和体积由 P_2，V_2 变到 P_3、V_3。此过程在 P-V 状态图中（图 3-3）以 BC 表示。在此过程中，由于系统不吸热，$Q=0$，故其所做的功为：

$$W_2=-\Delta U=-C_V\ (T_1-T_2) \tag{3-2}$$

过程 3：将汽缸从绝热袋中取出，与低温热库 T_1 相接触，然后在 T_1 时作恒温可逆压缩。让气体的体积和压力由（V_3，P_3）变到（V_4，P_4），此过程在图 3-3 中用 CD 表示。在此过程中，系统放出了 $|Q_1|$ 的热，环境对系统做 $|W_3|$ 的功。由于 $\Delta U=0$（理想气体、恒温）：

$$Q_1=W_3=RT_1\ln\left(\frac{V_4}{V_3}\right) \tag{3-3}$$

$$(V_4V_3，Q_1=W_3<0)$$

过程 4：将 T_1 时压缩了的气体从热库 T_1 处移开，又放进绝热袋，让气体绝热可逆压缩，并使气体回复到起始状态（V_1，P_1），此过程在图 3-3 中以 DA 表示。在此过程中，因为 $Q=0$，故：

$$W_4=-\Delta U=-C_V\ (T_2-T_1) \tag{3-4}$$

说明：在上述循环中系统能否通过第四步恢复到始态，关键是控制第三步的等温压缩过程。只要控制等温压缩过程使系统的状态落在通过始态 A 的绝热线上，则经过第四步的绝热压缩就能回到始态。

热机在一次循环后，所做的总功与所吸收的热量 Q_2 的比值为热机效率 η。

即：

$$\eta=W/Q_2 \tag{3-5}$$

对于卡诺热机：

$$\begin{aligned}W&=W_1+W_2+W_3+W_4\\&=RT_2\ln\left(\frac{V_2}{V_1}\right)-C_V(T_1-T_2)+RT_1\ln\left(\frac{V_4}{V_3}\right)-C_V(T_2-T_1)\\&=RT_2\ln\left(\frac{V_2}{V_1}\right)+RT_1\ln\left(\frac{V_4}{V_3}\right)\end{aligned}$$

由于过程 2、过程 4 为理气绝热可逆过程，其中的 $TV^{\gamma-1}$=常数（过程方程）

即过程 2：　$T_2{V_2}^{\gamma-1}=T_1{V_3}^{\gamma-1}$

过程 4：　$T_2{V_1}^{\gamma-1}=T_1{V_4}^{\gamma-1}$

上两式相比：

$$\frac{V_2}{V_1}=\frac{V_3}{V_4}\ (\gamma-1\neq 0)$$

将 $V_2/V_1=V_3/V_4$ 代入 W 表达式：

$$\begin{aligned}W&=RT_2\ln\left(\frac{V_2}{V_1}\right)+RT_1\ln\left(\frac{V_4}{V_3}\right)\\&=RT_2\ln\left(\frac{V_2}{V_1}\right)-RT_1\ln\left(\frac{V_2}{V_1}\right)\\&=R(T_2-T_1)\ \ln\left(\frac{V_2}{V_1}\right)\end{aligned}$$

而　$Q_2=W_1=RT_2\ln\ (V_2/V_1)$

因此，理想气体下卡诺热机的热效率：

$$\begin{aligned}\eta &= \frac{W}{Q_2}\\ &= \left[R\ (T_2-T_1)\ \ln\left(\frac{V_2}{V_1}\right)\right] \Big/ \left[RT_2\ln\left(\frac{V_2}{V_1}\right)\right]\\ &= \frac{(T_2-T_1)}{T_2}\\ &= 1-\frac{T_1}{T_2}\end{aligned}$$

即：

$$\eta = 1-\frac{T_1}{T_2} \tag{3-6}$$

若卡诺机倒开，循环 $ADCBA$ 变为制冷机，环境对系统做功：

$$-W = R\ (T_2-T_1)\ \ln\frac{V_2}{V_1}$$

系统从低温热源吸取热量：

$$Q_1' = RT_1\ln\frac{V_3}{V_4} = RT_1\ln\frac{V_2}{V_1}$$

制冷机冷冻系数：

$$\beta = \frac{Q_1'}{-W} = \frac{T_1}{T_2-T_1} \tag{3-7}$$

3.3.3 卡诺定理

卡诺定理：所有工作于同温热源和同温冷源之间的热机，其效率都不能超过可逆机，即可逆机的效率最大。

卡诺定理推论：所有工作于同温热源与同温冷源之间的可逆机，其热机效率都相等，即与热机的工作物质无关。

卡诺定理引入了一个不等号，原则上解决了化学反应的方向问题；同时解决了热机效率的极限值问题。

卡诺定理的证明：设两热源间有可逆热机（R）和任意机热机（I），如图 3-4 所示。调节两热机所做的功相等，可逆机从高温热源吸热 Q_1，做功 W，放热（Q_1-W），其效率 $\eta_R=-W/Q_1$

不可逆机从高温热源吸 Q_1'，做功 W，放热（$Q_1'-W$），其效率 $\eta_I=-W/Q_1'$。

反证法：假设 $\eta_I>\eta_R$

得

$$\frac{-W}{Q_1'} > \frac{-W}{Q_1}$$

因

$$W<0;\ \frac{1}{Q_1'} > \frac{1}{Q_1}$$

可得　　　　$Q_1 > Q_1'$

若把两机联合操作，并把卡诺机逆转，所需的功由不可逆机供给。循环一周后，从低温热源吸热：$(Q_1-W)-(Q_1'-W)=Q_1-Q_1'>0$

高温热源得热：　Q_1-Q_1'

由此可以得到结论：热从低温物体传到高温物体而没发生其他变化，违反热力学第二定律。所以原假设 $\eta_I > \eta_R$ 不成立；只能 $\eta_R \geqslant I$。

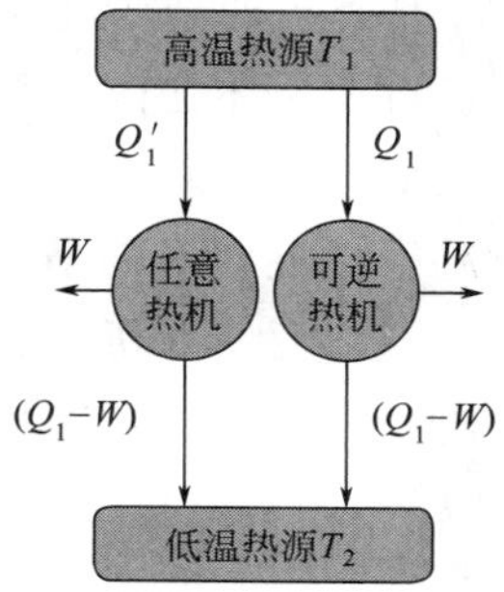

图 3-4　卡诺热机热量传递与转化

由此可知，不论参与卡诺循环的工作物质是什么，只要是可逆机，在两个温度相同的低温热源和高温热源之间工作时，热机效率都相等，即当任意热机 I 是可逆机时，上式取等号，I 不是可逆机时，取不等号。

卡诺定理具有非常重大的意义，因为其公式中引入了一个不等号。所有的不可逆过程是互相关联的，一个过程的不可逆性可以推断到另一个过程的不可逆性，因而对所有的不可逆过程就可以找到一个共同的判别准则。所以，卡诺定理引入一个不等号不但解决了化学反应的方向问题，同时，原则上也解决了热机效率的极限值问题。

卡诺定理的提出（约在 1824 年）在时间上比热力学第一定律的建立（约在 1842 年）早 20 多年，当时热质论盛行。热质论认为“热质”是一种没有质量、没有体积的物质，它存在于物质之中，热质越多，温度越高。热的传导就是热质从高温物体流动到低温物体。卡诺虽然对热质论有所怀疑，但他在证明他的定理时仍旧使用了热质论的观点。认为在热机中热从高温传到低温，正如水从高处流向低处一样，“质量”没有损失。在热质论被推翻之后，依靠热力学第一定律又不能证明他的定理。因此卡诺定理失去了理论的支撑，需要一个新的原理来证明卡诺定理。克劳修斯 Clausius（1850 年）和开尔文 Kelvin（1851 年）就是从这里提出他们关于热力学第二定律的两种说法的。

热力学第二定律的理论证明了卡诺定理，而通过卡诺定理又建立了熵函数和克劳修斯不等式，以及熵增加原理。

3.4　熵的概念

在卡诺循环过程中，

$$1+\frac{Q_2}{Q_1}=1-\frac{T_2}{T_1},\frac{Q_2}{Q_1}=-\frac{T_2}{T_1}\cdot\frac{Q_2}{T_2}=-\frac{Q_1}{T_1}$$

得到，

$$\frac{Q_1}{T_1}+\frac{Q_2}{T_2}=0$$

即：

$$\frac{Q_1}{T_1}+\frac{Q_2}{T_2}=\sum_{i=1}^{2}\frac{Q_i}{T_i}=0 \tag{3-8}$$

对于任意可逆循环过程，热库可能有多个（$n>2$）。如图 3-5 所示，圆环 ABA 表示任意一可逆循环过程，虚线为绝热可逆线。循环过程可用一系列恒温可逆和绝热可逆过程来近似代替。显然，当这些恒温、绝热可逆过程趋于无穷小时，则它们所围成的曲折线就趋于可逆循环过程 ABA。所以说，任意可逆循环过程 ABA 的热温商之和 $\sum(Qi/Ti)$ 等于图 3-5 所示的恒温及绝热可逆曲折线循环过程（当每一曲折线过程趋于无限小时）的热温商之和 $\sum(Qi/Ti)_{曲折线}$。这类似于微积分中的极限分割加和法求积分值。

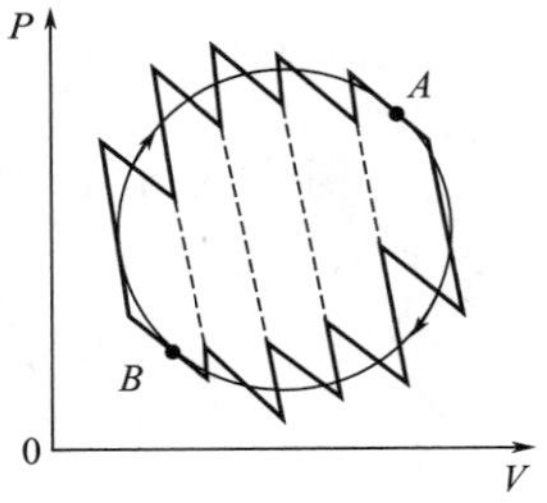

图 3-5　恒温及绝热可逆曲折线

事实上，这些曲折线过程可构成很多小的可逆卡诺循环（图 3-5 中有 5 个）。在这些卡诺循环中，环内虚线所表示的绝热过程的热温商为零。因此，曲折线循环过程的热温商之和等于它所构成的这些微可逆卡诺循环的热温商之和。

在每一个微循环中：

$$\frac{\delta Q_i}{T_i}+\frac{\delta Q_j}{T_j}=0$$

δQ_i 表示微小的热量传递。

将所有循环的热温商相加，即为曲折线循环过程的热温商之和：

$$\sum\left(\frac{\delta Q_i}{T_i}\right)_{曲折线}=0$$

当每一个卡诺微循环均趋于无限小时，闭合曲折线与闭合曲线 ABA 趋于重合，上式演变为：

$$\oint_{ABA}\frac{\delta Q_{\mathrm{r}}}{T}=0 \tag{3-9}$$

式中，$\oint$ 表示一闭合曲线积分；δQ_r 表示微小可逆过程中的热效应；T 为该微小可逆过程中热库的温度。

在加和计算时，当每一分量被无限分割时，不连续的加和演变成连续的积分。任意可逆循环过程的热温商的闭合曲线积分为零。即关系式：

$$\sum_{i=1}^{n}\frac{Q_i}{T_1}=0\text{（任意可逆循环过程，}n>2\text{）}$$

如果将任意可逆循环看作是由两个可逆过程 α 和 β 组成（图 3-6），则上式闭合曲线积分就可看作两个定积分项之和：

$$\oint\frac{\delta Q_{\mathrm{r}}}{T}=\int_{A(\alpha)}^{B}\frac{\delta Q_{\mathrm{r}}}{T}+\int_{B(\beta)}^{A}\frac{\delta Q_{\mathrm{r}}}{T}=0$$

上式可改写为：

$$\int_{A(\alpha)}^{B}\frac{\delta Q_{\mathrm{r}}}{T}=-\int_{B(\beta)}^{A}\frac{\delta Q_{\mathrm{r}}}{T}=\int_{A(\beta)}^{B}\frac{\delta Q_{\mathrm{r}}}{T}$$

上式表明，从状态 $A\rightarrow$状态 B 的可逆过程中，沿 α 途径的热温商积分值与沿 β 途径的热温商积分值相等。

$$\int_{A(\alpha)}^{B}\frac{\delta Q_{\mathrm{r}}}{T}=\int_{A(\beta)}^{B}\frac{\delta Q_{\mathrm{r}}}{T} \tag{3-10}$$

由于途径 α、β 的任意性，得到如下结论：积分值 $\int_{A}^{B}\frac{\delta Q_{\mathrm{r}}}{T}$ 仅仅取决于始态 A→和终态 B，而与可逆变化的途径（α、β 或其他可逆途径）无关。

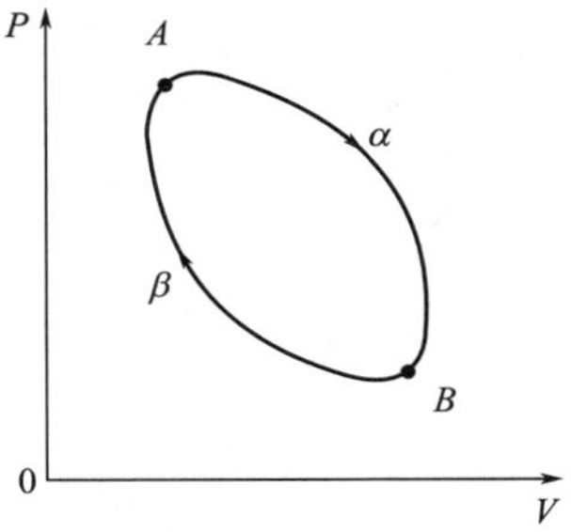

图 3-6　可逆循环

由此可见，积分值 $\int_{A}^{B}\frac{\delta Q_{\mathrm{r}}}{T}$ 可表示从状态 A→状态 B，系统某个状态函数的变化值。克劳修斯据此定义了一个热力学状态函数称为“熵”（entropy），用符号“S”表示，单位为 J/K。

于是，当系统的状态由 A 变到 B 时，状态函数熵（S）的变化为：

$$\Delta S_{A\rightarrow B}=S_B-S_A=\int_{A}^{B}\frac{\delta Q_r}{T} \tag{3-11}$$

如果变化无限小，则（状态函数 S 的变化）可写成微分形式：

$$\mathrm{d}S=\frac{\delta Q_{\mathrm{r}}}{T}$$

$$\Delta S_{A\rightarrow B}=S_B-S_A=\int_{A}^{B}\frac{\delta Q_r}{T}$$

$$\mathrm{d}S=\frac{\delta Q_{\mathrm{r}}}{T}$$

3.5　克劳修斯（Clausius）不等式与熵增加原理

3.5.1　克劳修斯（Clausius）不等式

上面讨论了可逆过程的热温熵函数，以下再讨论不可逆的情况。卡诺定理指出，在温度相同的低温热源和高温热源之间工作的不可逆热机效率 η_{I} 不能大于可逆热机效率 η_{R}，已知

$$\eta_{\mathrm{I}}=\left(\frac{Q_{\mathrm{e}}+Q_{\mathrm{h}}}{Q_{\mathrm{h}}}\right)=1+\frac{Q_{\mathrm{e}}}{Q_{\mathrm{h}}};\ \eta_R=\frac{T_{\mathrm{h}}-T_{\mathrm{e}}}{T_{\mathrm{h}}}=1-\frac{T_{\mathrm{e}}}{T_{\mathrm{h}}}$$

因为 $\eta_{\mathrm{I}}<\eta_{\mathrm{R}}$ 所以　$1+\frac{Q_{\mathrm{e}}}{Q_{\mathrm{h}}}<1-\frac{T_{\mathrm{e}}}{T_{\mathrm{h}}}$

移项后，得　$\frac{Q_{\mathrm{e}}}{T_{\mathrm{e}}}+\frac{Q_{\mathrm{h}}}{T_{\mathrm{h}}<O}$

对于任意的不可逆循环，设系统在循环过程中与 n 个热源接触，吸取的热量分别为，Q_1，$\cdots Q_n$，则上式可以推广为

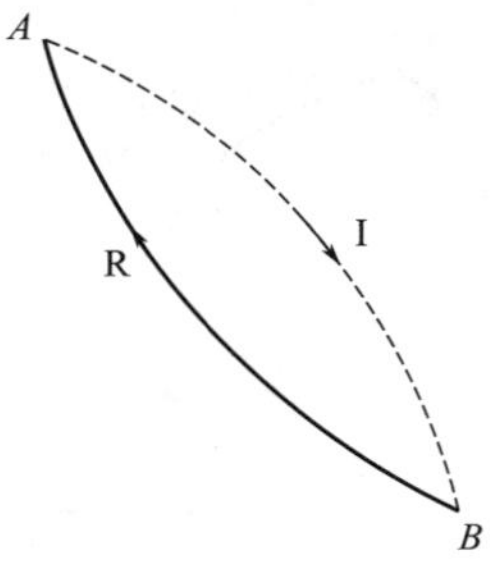

图 3-7　不可逆循环

$$\left(\sum_{i=1}^{n}\frac{\delta Qi}{T_i}\right)<0 \tag{3-12}$$

设有下列循环：如图 3-7 所示，系统经过不可逆过程由 $A\rightarrow B$，然后经过可逆过程由 $B\rightarrow A$。因为前一步是不可逆的，所以就整个循环来说仍旧是一个不可逆循环，根据式（3-12）：

$$\left(\sum_{i}\frac{\delta Q}{T}\right)_{I,A\rightarrow B}+\left(\sum_{i}\frac{\delta Q}{T}\right)_{R,B\rightarrow A}<0$$

因为　$$\left(\sum_{i}\frac{\delta Q}{T}\right)_{R,B\rightarrow A}=S_A-S_B$$

所以 $(S_A-S_B)>\left(\sum_{i}\frac{\delta Q}{T}\right)_{I,A\rightarrow B}$ 或 $\Delta S_{A\rightarrow B}-\left(\sum_{A}^{B}\frac{\delta Q}{T}\right)_{I}>0$　(3-13)

由式（3-13）知，系统从状态 A 经由不可逆过程变到状态 B，过程中热温商的累加和总是小于系统的熵变 ΔS。熵是状态函数，当始态终态一定时 ΔS 有定值，它的数值可由可逆过程的热温商来求得。对于任意的不可逆过程，在给定始态终态之后，熵变也有定值，只是过程中的热温商不能用以求算。需要在始终态之间设计可逆过程，才能求出其 ΔS 值（从 A 到 B，可以设计许多不同的不可逆途径，这些不同途径中的热温商显然是互不相同的）。

将两式合并，得

$$\Delta S_{A\rightarrow B}-\sum_{A}^{B}\frac{\delta Q}{T}\geqslant 0 \tag{3-14}$$

这个公式称为 Clausius 不等式，δQ 是实际过程中的热效应，T 是环境的温度。在可逆过程中用等号，此时环境的温度等于系统的温度，δQ 也是可逆过程中的热效应。式（3-14）可以用来判别过程的可逆性，也可以作为热力学第二定律的一种数学表达形式。

如果把式（3-14）应用到微小的过程上。则得到

$$\mathrm{d}S-\frac{\delta Q}{T}\geqslant 0 \text{ 或 } \mathrm{d}S\geqslant\frac{\delta Q}{T} \tag{3-15}$$

这是热力学第二定律的最普通的表达式。因为这个式子涉及的过程是微小的变化，它相当于组成其他任何过程的基元过程（也简称为元过程）。

3.5.2　熵增加原理

对于孤立系统所发生的变化，由于绝热 $\delta Q=0$，公式 $\Delta S-\Sigma$（$\delta Q/T$）$\geqslant 0$ 则有 $\Delta S_{孤立}\geqslant 0$ 所以，在孤立系统中，如果发生可逆过程，则系统的熵值不变；如果发生不可逆过程，则系统的熵值必增加。这个结论是热力学第二定律的一个重要结果，也是热力学第二定律的“熵”表述，这就是熵增加原理。

对于非孤立系统发生的变化，即我们一般讨论的系统大多不是孤立系统，此时发生的不可逆过程中，系统的熵就不一定增加。

为了应用熵增加原理作为判断过程的方向的判据，可将系统和受其影响的环境作为一个大系统（孤立系统）来考虑，则：

$$\Delta S_{(\text{系统}+\text{环境})} \geqslant 0，\ \Delta S_{(\text{系统}+\text{环境})} \geqslant 0$$

熵有加和性：　$\Delta S_{(\text{系统}+\text{环境})} = \Delta S_{\text{系统}} + \Delta S_{\text{环境}} \geqslant 0$，

当系统的熵变与环境熵变之和大于零，则为自发（不可逆）过程；当系统的熵变与环境熵变之和等于零，则为可逆过程。故“一切自发过程的总熵变均大于零”。

有了熵的概念和熵增加原理及其数学表达式，热力学第二定律就以定量的形式被表示出来了，而且涵盖了热力学第二定律的几种文字表达。例如，假定 Clausius 的表述不正确，即有一定的热量从低温热源 T_e 传到了高温热源 T_h，而没有引起其他变化，则两热源构成了一个隔离系统。

$$dS = \frac{\delta Q}{T_h} - \frac{\delta Q}{T_e} = \delta Q\left(\frac{1}{T_h} - \frac{1}{T_e}\right) < 0$$

熵值减小，显然这是不可能发生的。同样，假定 Kelvin 的表述不正确，根据熵增加原理，也是不可能发生的。

随着科学的发展，熵的概念扩大应用于许多学科，例如形成了非平衡态热力学，在信息领域里也引用了熵的概念等，这是 Clausius 始料所不及的。

3.6　熵变的计算

熵是状态函数，当始、终态给定后，熵变值与途径无关。如果所给的过程是不可逆过程，则应该设计从始态到终态的可逆过程来计算系统的熵变。

3.6.1　等温过程中熵的计算

（1）恒温可逆过程：

$$\Delta S = \int \frac{\delta Q_r}{T} = \frac{1}{T}\int \delta Q_r = \frac{Q_r}{T} \tag{3-16}$$

（Q_r 为恒温可逆过程热效应）

若为理想气体恒温可逆过程：

$$Q_r = -W = -\int P\,dV = nRT\ln\frac{V_2}{V_1}$$

$$\Rightarrow \Delta S = \frac{Q_r}{T} = nR\ln\frac{V_2}{V_1} = nR\ln\frac{V_1}{V_2} \tag{3-17}$$

环境的熵变为 $\Delta S_{\text{环}} = -\int \frac{\delta Q_r}{T_{\text{环}}} = -\frac{Q_r}{T} = -\Delta S$

则

$$\Delta S_{\text{总}} = \Delta S + \Delta S_{\text{环}} = 0 \tag{3-18}$$

(2) 等温不可逆过程

抗恒外压 P_2 膨胀到 V_2、P_2，如图 3-8 所示。

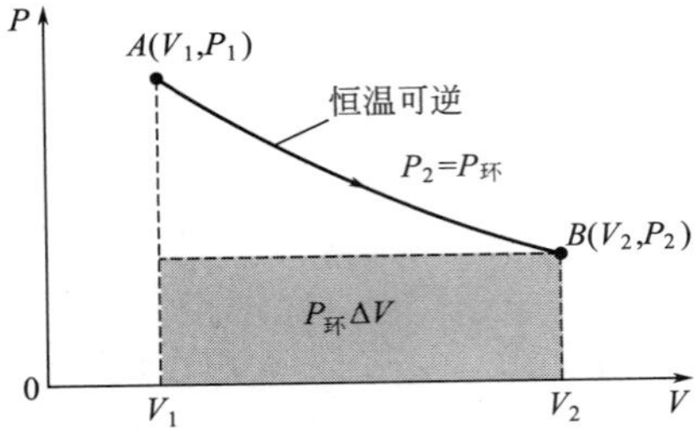

图 3-8 抗恒外压膨胀过程 P-V 图

过程进行中系统内部各处温度不同（非平衡态）。但只要其终态 B 与相应的恒温可逆过程一样（V_2，P_2），则其熵的改变量 $\Delta S_{A\to B}$ 还是与恒温可逆过程的熵改变量相同（因为 ΔS 与过程无关，只与始、终态有关）。即：

$$\Delta S=\frac{Q_r}{T}=nR\ln\frac{V_2}{V_1}$$

理想气体等温不可逆抗外压 P 环膨胀，其热效应：

$$Q'=W_e=P_{环}\ \Delta V$$

即阴影面积。显然，小于恒温可逆膨胀热效应：$Q_r=\int_{V_1}^{V_2}P\,dV$

即：$\boldsymbol{Q'<Q_r}$

$$\Delta S_{总}=\Delta S+\Delta S_{环}=\frac{Q_r}{T}+\frac{Q'_{环}}{T}$$

$$=\frac{Q_r-Q'}{T}>0$$

$\frac{Q_r}{T}$为可逆或不可逆过程系统的熵变；$-\frac{Q'}{T}$为不可逆过程环境熵变。

$\Delta S_{总}>0$ 可知，此过程为自发过程。

3.6.2 等压过程中熵的计算

(1) 恒压可逆过程

如图 3-9，恒压可逆（升温）过程可以这样理解：使热库（环境）温度始终保持比系统温度高微小量（dT）下缓慢传热给系统，直到温度为 $T_{终}$（T_2）。而系统在保持压力比恒外压大无穷小量下缓慢膨胀至 V_2。在此 $T_1\to T_2$ 过程中，压力保持不变，且 $P_{体}=P_{环}$，系统与环境的热效应恰好相反 $\delta Q_r=-\delta Q_{r环}$。

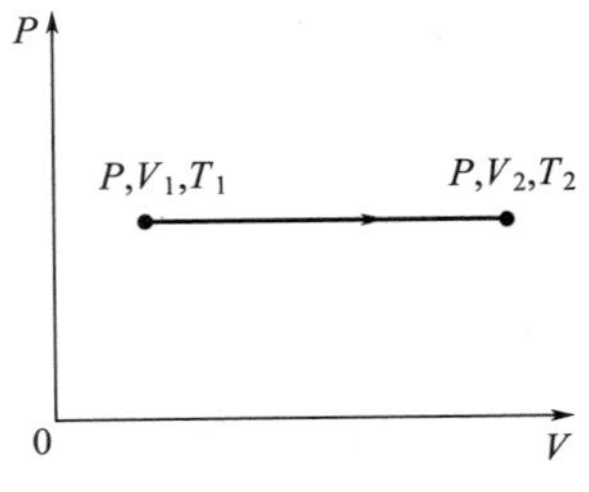

图 3-9 恒压可逆过程 P-V 图

其中：
$$\delta Q_r=C_P\,dT$$

$$\Delta S=\int_{T_1}^{T_2}\frac{\delta Q_r}{T}=\int_{T_1}^{T_2}\frac{C_P}{T}dT$$

可得，$(\Delta S)_P=C_P\ln(T_2/T_1)$（$C_P$ 为常数）

$$\Delta S_{环}=\int_{T_1}^{T_2}\frac{\delta Q_r}{T}=-\Delta S$$

则有

$$\Delta S_{总}=\Delta S+\Delta S_{环}=0$$

（2）等压不可逆过程

如图 3-10 所示，温度为 T_1 的系统与热库 T_2 充分接触，系统迅速升温至 $T_2(T_2T_1)$，导致系统压力 P 增高；系统抗恒外压 $P_{环}$ 膨胀到温度为 T_2、压力为 $P_{环}$ 的状态。尽管此过程不同于恒压可逆过程，但其始态、终态与恒压可逆过程完全一样，所以其熵变 ΔS 也同恒压可逆过程一样。

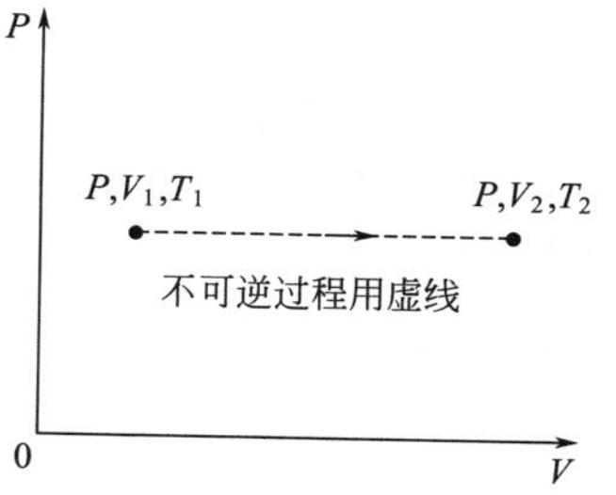

图 3-10　等压不可逆过程 P-V 图

$$(\Delta S)_P=\int_{T_1}^{T_2}\frac{C_P}{T}\mathrm{d}T=C_P\ln\frac{T_2}{T_1}(C_P\ 常数) \tag{3-19}$$

此过程中 $T_{环}=T_2$，保持不变：

$$\Delta S_{环}=-\frac{1}{T_{环}}\int_{T_1}^{T_2}C_P\mathrm{d}T=-C_P\ \frac{(T_2-T_1)}{T_2}(C_P\ 常数)$$

$$=-C_P\ \frac{\Delta T}{T_2}$$

由
$$\Delta T=T_2-T_1\Rightarrow T_2>\Delta T\Rightarrow\frac{\Delta T}{T_2}<1$$

$$\Rightarrow\ln\frac{T_2}{T_1}=\ln\frac{T_2}{T_2-\Delta T}=-\ln[1-\frac{\Delta T}{T_2}]=\frac{\Delta T}{T_2}+\frac{1}{2}(\frac{\Delta T}{T_2})^2+\frac{1}{3}(\frac{\Delta T}{T_2})^3+\cdots>\frac{\Delta T}{T_2}$$

得出：
$$\ln\frac{T_2}{T_1}>\frac{\Delta T}{T_2}$$

所以：
$$\Delta S_{总}=\Delta S+\Delta S_{环}=C_P\ln\frac{T_2}{T_1}-C_P\frac{\Delta T}{T_2}$$

有：$\Delta S_{总}>0$

即此等压抗恒外压膨胀为自发不可逆过程。

3.6.3　等容过程中熵的计算

（1）恒容可逆过程：

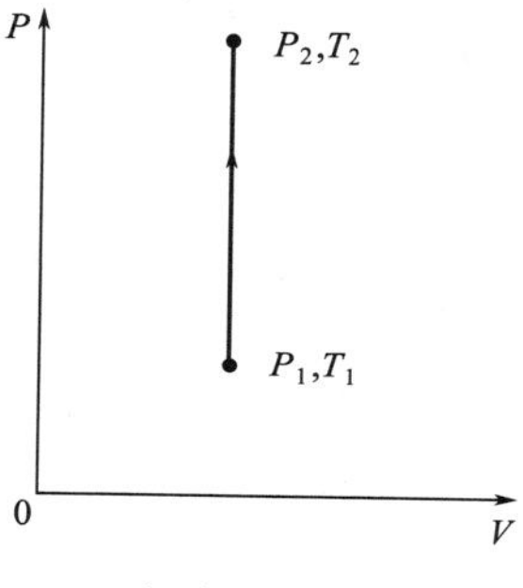

图 3-11　恒容可逆过程 P-V 图

如图 3-11 所示，环境温度保持比系统温度高微小量 $\mathrm{d}T$，使系统缓慢升温至 T_2，并使系统压力升至 P_2。

$$\Delta S=\int_{T_1}^{T_2}\delta Q_{\mathrm{r}}/T=\int_{T_1}^{T_2}(C_V/T)\mathrm{d}T \tag{3-20}$$

$$\Delta S=C_V\mathrm{l_n}(T_2/T_1)(C_V(常数)$$

在系统从 T_1 到 T_2 的过程中，$T_{环}=T_{体}=T$

所以
$$\Delta S_{环}=-\int_{T_1}^{T_2}\frac{\delta Q_{\mathrm{r}}}{T_{环}}$$

$$=-\int_{T_1}^{T_2}\frac{\delta Q_{\mathrm{r}}}{T}=-\Delta S$$

$$\Delta S_{总} = \Delta S + \Delta S_{环} = \Delta S - \Delta S = 0$$

(2) 等容不可逆过程

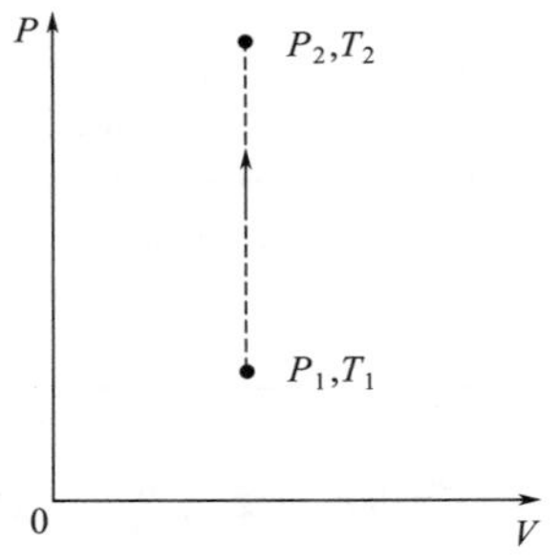

图 3-12　等容不可逆过程 P-V 图

如图 3-12 所示，系统(P_1，T_1)与热库 T_2 充分接触，迅速升温、升压到(P_2，T_2)的过程；且 $\Delta V=0$，$dV=0$(过程进行中体积可变，但始、终态的 $V_1=V_2=V$)。

由于始、终态仍然是 $P_1VT_1 \rightarrow P_2VT_2$，

所以对于状态函数变量：

$$\Delta S_{不可逆} = \Delta S_{可逆} = \int_{T_1}^{T_2} \frac{C_V}{T\mathrm{d}T}\mathrm{d}T = C_V \ln\frac{T_2}{T_1} (C_V \text{ 恒定})$$

$$W = \oint P_{环}\mathrm{d}V = P_{环}\oint \mathrm{d}V = P_{环} \times 0 = 0$$

若恒容 $dV \equiv 0$，显然 $W=0$。

热效应：$Q' = \Delta U + W = \Delta U = Q_r$

Q'为等容不可逆热效应；Q_r 为可对恒容可逆热效应。

$$\Delta S_{环} = \frac{Q'}{T_{环}} / = -\frac{Q_r}{T_2}$$

$$= -\frac{1}{T_2}\int_{T_1}^{T_2} C_V \mathrm{d}T$$

$$= -\frac{C_V}{T_2}(T_2 - T_1) (C_V \text{ 恒定})$$

$$= -C_V \frac{\Delta T}{T_2}$$

$$\Delta S_{总} = \Delta S + \Delta S_{环}$$

$$= C_V \ln\frac{T_2}{T_1} - C_V \frac{\Delta T}{T_2}\ln\frac{T_2}{T_1} > \frac{\Delta T}{T_2} (3.6.2 \text{ 中有推导})$$

所以：　$\Delta S_{总} > 0$

注意：等压或等容条件下的熵变公式，适用于气体、液体或固体体系，但需在温度变化过程中没有相变；否则热容将有突然变化，并伴有相变热产生，如熔化热、汽化热、升华热等。有相变时，应分温度段计算，不能连续积分。

3.6.4　设计过程计算熵

对于(P，V)空间上的两状态点 A、B 间理想气体的 ΔS，可有几种计算方法。

(1) 先恒容，后恒温，理想气体，C_V 为常数时，

$$\Delta S = C_V \ln\frac{T_2}{T_1} + nR\ln\frac{V_2}{V_1} \tag{3-21}$$

(2) 先恒压，后恒温，理想气体，C_P 为常数时，

$$\Delta S = C_P \ln\frac{T_2}{T_1} - nR\ln\frac{P_2}{P_1} \tag{3-22}$$

(3) 理想气体，C_P、C_V 常数，由公式 (3-21) 和 $PV=nRT$ 可得.

$$\Delta S = C_V \ln \frac{P_2 V_2}{P_1 V_1} + nR \ln \frac{V_2}{V_1}$$

$$= C_V \text{lh} \frac{P_2}{P_1} + (C_V + nR) \text{ lh} \frac{V_2}{V_1}$$

$$\Delta S = C_V \ln \frac{P_2}{P_1} + C_p \ln \frac{V_2}{V_1} \tag{3-23}$$

对于非理想气体，也有类似公式，但 C_P、C_V 不是常数，要会推导（选择适当的可逆途径）。

3.6.5　相变过程的熵变

系统的熵变量不仅与温度、压力、体积的变化有关，还与物质发生熔融、蒸发、升华等相变化过程有关；因为物质在发生这些相变化时，有热量的吸收或放出，故也应有熵的变化。

若相变过程是在恒温和恒压的平衡状态下可逆地进行的，同时有热量的吸收或放出，这种热量称为“潜热”。例如熔化热、汽化热、升华热等。物质的摩尔潜热通常用 ΔH_m 表示，而相应的摩尔熵变为：

$$\Delta S_m = \frac{\Delta H_m}{T} \tag{3-24}$$

（1）$P^{\ominus}$下熔化过程：　　$\Delta_f S_m = \dfrac{\Delta_f H_m}{T_f}$

式中，$\Delta_f H_m$ 为摩尔熔化热；T_f 为物质的正常熔点，即压力 $P^{\ominus}$下的熔点。

（2）$P^{\ominus}$下蒸发过程：$\Delta_V S_m = \dfrac{\Delta_V H_m}{T_b}$

式中，$\Delta_V H_m$ 为摩尔气化热；T_b 为正常沸点，即 $P^{\ominus}$下沸点。

（3）$P^{\ominus}$下升华过程：　　$\Delta_s S_m = \dfrac{\Delta_s H_m}{T}$

式中，$\Delta_s H_m$ 为摩尔升化热；T 为固、气可逆相变时的平衡温度。

熔化和汽化时都需吸收热量，故熔化过程和蒸发过程的熵都增加，即物质的液态熵值比固态的要大，气态熵值比液态的大：$S_{气} > S_{液} > S_{固}$，若物质发生液体凝固、蒸气凝聚等过程，则只要将“潜热”改变符号，就可利用上述公式计算熵变。

以上公式有几点注意事项。

① “潜热”：特指一定压力（$P^{\ominus}$）、温度下的可逆相变热效应，可用来计算可逆相变过程的 ΔS。

② 不可逆（自发）相变过程的热效应与“潜热”不等，但若始、终态与可逆相变的一样，则其熵变量 ΔS 与可逆过程相同，与过程无关。

③ 对于不可逆过程（尤指不可逆相变），通常采用设计与其有相同始、终态的可逆变化途径来求算熵变量；但相应的环境熵变量与过程热效应有关：

$$\Delta S_{环} = Q_{环}/T_{环} = -Q/T_{环}$$

例 3-1 $-5℃$，$P^\ominus$ 下 1mol 的 C_6H_6（l）$\longrightarrow C_6H_6$（s）；已知 $P^\ominus$ 下，固态苯 C_6H_6（s）的正常熔点 $T_f=5℃$，$\Delta_f H_m=9.9kJ/mol$，$-5\sim+5℃$之间，$C_{p,m}$（l）$=126.7J/(K\cdot mol)$，$C_{P,m}$（s）$=122.5J/(K\cdot mol)$。计算：过冷液体凝固的 ΔS_m。

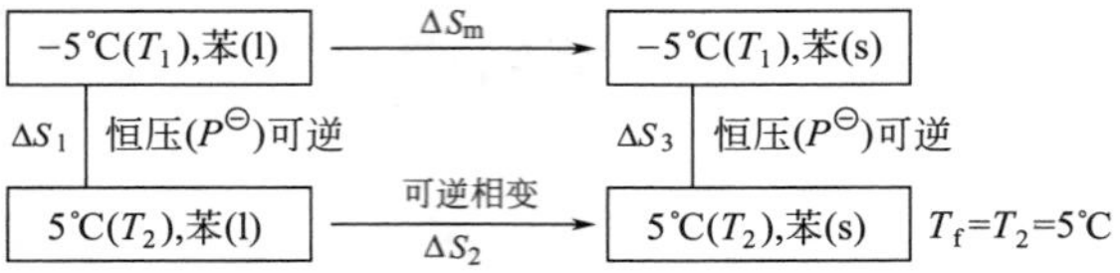

解：

$$\Delta S_m=\Delta S_1+\Delta S_2+\Delta S_3$$

$$=C_{P,m}(l)\ln\frac{T_2}{T_1}-\frac{\Delta_f H_m}{T_f}+C_{P,m}(s)\ln\frac{T_1}{T_2}$$

$$=-35.45J/(K\cdot mol)$$

结果表明，此自发过程系统熵变为$-35.45J/(K\cdot mol)<0$。

系统熵变小于零，不能说其和自发过程矛盾，需再计算相应的环境的熵变 $\Delta S_{m,环}$。

$$\Delta H_m(T_1)=\Delta H_m(T_2)+\int_{T_2}^{T_1}\left(\frac{\partial \Delta H_m}{\partial T}\right)_P dT$$

$$=\Delta H_m(278K)+\int_{T_2}^{T_1}\Delta C_{P,m}dT$$

$$=-9.9\times10^3+[C_{P,m}(s)-C_{P,m}(l)](T_1-T_2)$$

$$=-9.9\times10^3-4.2\times(-10)$$

$$=-9858J/mol(与“潜热”不同)$$

$$\Delta S_{m,环}=-\frac{\Delta H_{m,(T_1)}}{T_1}$$

$$=9858/268=36.78J/(K\cdot mol)$$

$$\Delta S_{m,总}=\Delta S_{m,体}+\Delta S_{m,环}$$

$$=-35.45+36.78$$

$$=1.33J/(K\cdot mol)>0$$

所以，过程自发。

例 3-2 （1）将$-10℃$的 1kg 雪投入盛有 30℃、5kg 水的绝热容器中，若将雪和水作为系统，试计算 ΔS。已知：冰的 $\Delta_f H=334.4J/g$，$C_{(冰)}=2.09J/(K\cdot g)$，$C_{(水)}=4.18J/(K\cdot g)$。

解：计算终了温度：

$$5000\times(30-T)\times4.18(5kg\ 水降温)$$

$$=1000\times10\times2.091+1000\times334.4+1000\times4.18T$$

（1kg 雪升温）（雪融化）（1kg 水升温）

得 $T=10.83℃=283.98K$

1kg 雪→水：

$$\Delta S_1=2.09\ln\left(\frac{273.15}{263.15}\right)+\left(\frac{334.4}{273.15}\right)+4.18\ln\left(\frac{283.98}{273.15}\right)$$

$=1.465\text{kJ/K}$

5kg 水降温：

$\Delta S_2=4.18\ln\dfrac{283.98}{303.15\text{kJ/K}}=-1.365\text{kJ/K}$

$\Delta S_{(雪+水)}=\Delta S_1+\Delta S_2=1.465-1365$

$=0.1\text{kJ/K}=100\text{J/K}>0$

所以是自发过程。

（2）$P^{\ominus}$、100℃的 1mol 水向真空蒸发变成 $P^{\ominus}$、100℃的水汽。计算此过程的 $\Delta S_{体}$、$\Delta S_{环}$ 和 $\Delta S_{总}$，判断是否自发。

已知：$P^{\ominus}$、100℃下水的 $\Delta_V H_m=40.63\text{kJ/mol}$

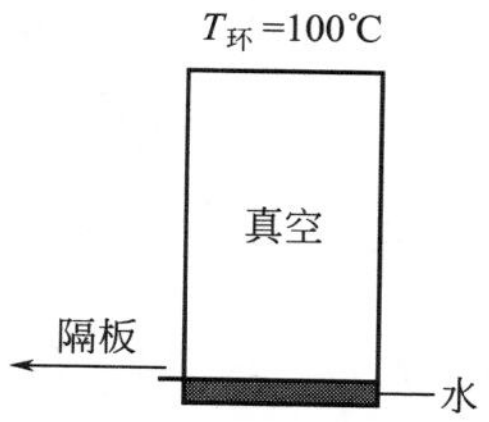

解：其终态是 $P^{\ominus}$、100℃的气体，若用恒压（1atm）可逆相变蒸发这 1mol 水（100℃下），也能达到相同的终态。因此：

$$\Delta S_{体}=\frac{\Delta_V H_m}{T}=\frac{40.63\times10^3}{373}=108.9\text{J/mol}$$

热效应：

$$Q'=\Delta U_m+W=\Delta_V U_m(W=0)$$

$$\Delta S_{环}=-\frac{Q'}{T}=-\frac{\Delta_V U_m}{T}$$

$$\Delta S_{总}=\Delta S_{体}+\Delta S_{环}=\frac{\Delta_V H_m}{T}-\frac{\Delta_V U_m}{T}$$

$$=\frac{\Delta(PV_m)}{T}=\frac{P^{\ominus}\Delta V_m}{T}$$

$$=\frac{P^{\ominus}(V_{g,m}-V_{l,m})}{T}\approx\frac{P^{\ominus}V_{g,m}}{T}$$

$$=R=8.314\text{J/K}>0\ (自发过程)$$

$$\Delta S_{环}=\Delta S_{总}-\Delta S_{体}=8.314-108.9=-100.6\text{J/k}$$

3.7　亥姆霍兹自由能和吉布斯自由能

热力学第一定律导出了热力学能这个状态函数，为了处理热化学中的问题，又定义了焓。

热力学第二定律导出了熵这个状态函数，但用熵作为判据时，系统必须是孤立系统，也就是说必须同时考虑系统和环境的熵变，这很不方便。

特别是对于化学反应来说，一般都是在等温等压或等温等容下进行（实际应用的化学反应更多的是等温等压过程）。我们希望能用一种新的热力学函数来代替熵，只要计算系统的该函数的变化值，就可判断过程的方向性，而不需要象熵判据那样需计算 $\Delta S_{总}$。因此，有必要引入新的热力学函数，利用系统自身这种状态函数的变化，来判断自发变化的方向和限度。

3.7.1 亥姆霍兹自由能

设系统从温度为 T_{sur} 的热源吸取热量 δQ，根据热力学第二定律的基本公式：

$$dS-\frac{\delta Q}{T_{sur}}\geqslant 0$$

代入热力学第一定律的公式 $\delta Q=dU-\delta W$，得

$$-\delta W\leqslant-(dU-T_{sur}dS)$$

若系统的初始与终了的温度与环境的温度相等，即 $T_1=T_2=T_{sur}$，则

$$-\delta W\leqslant-d\,(U-TS)$$

定义
$$A=U-TS \tag{3-25}$$

A 称为亥姆霍兹自由能（Helmholtz free energy），亦称亥姆霍兹函数或功函，它显然也是系统的状态函数。由此可得

$$-\delta W\leqslant-dA \text{ 或} -W\leqslant-\Delta A \tag{3-26}$$

此式的意义是，在等温过程中，一个封闭系统所能做的最大功等于其亥姆霍兹自由能的减少。因此，亥姆霍兹自由能可以理解为等温条件下系统做功的本领，这就是过去曾经把 A 叫做功函的原因。若过程是不可逆的，则系统所做的功小于亥姆霍兹自由能的减少（此处等温并不意味着自始至终温度都保持恒定，而是指只要环境温度不变，且始态与终态的温度相等，即 $T_1=T_2=T_{sur}$）。亥姆霍兹自由能是系统自身的性质，是状态函数，故 ΔA 的值只取决于系统的始态和终态，而与变化的途径无关（即与过程可逆与否无关）。但只有在等温的可逆过程中，系统的亥姆霍兹自由能减少（$-\Delta A$）才等于对外所做的最大功。因此利用式（3-26）可以判断过程的可逆性。

由式（3-26）还可以得到一个重要的结论。若系统在等温、等容且无其他功的情况下，则：

$$-\Delta A\geqslant 0 \quad \text{或} \quad \Delta A\leqslant 0 \tag{3-27}$$

等号表示可逆过程，不等号表示是一个自发的不可逆过程，即自发变化总是朝着亥姆霍兹自由能减少的方向进行。这就是亥姆霍兹自由能判据。

3.7.2 吉布斯自由能（Gibbs free energy）

式（3-26）中的功包括一切功。如果把功分为两类，膨胀功（W_e）和除膨胀功以外的其他功，如电动和表面功等非膨胀功，后者用 W_f 表示。在等温 $T_1=T_2=T_{sur}$ 条

件下，根据式（3-26）

$$-\delta W_e - \delta W_f \leqslant -d(U-TS)$$

$$p dV - \delta W_f \leqslant -d(U-TS)$$

若系统的始态和终态的压力 P_1 和 P_2 皆等于外压 P_e，即 $P_1 = P_2 = P_e = P$，则上式可写作

$$-\delta W_f \leqslant -d(U+PV-TS) \text{ 或 } -\delta W_f \leqslant -d(H-TS)$$

定义

$$G = H - TS \tag{3-28}$$

则得

$$-\delta W_f \leqslant -dG \quad \text{或} \quad -W_f \leqslant -\Delta G \tag{3-29}$$

G 叫作吉布斯自由能（Gibbs free energy），亦称吉布斯函数，它也是状态函数。此式的意义是在等温、等压条件下，一个封闭系统所能做的最大非膨胀功等于其吉布斯自由能的减少。若过程是不可逆的，则所做的非膨胀功小于系统的吉布斯自由能的减少。吉布斯自由能是系统的性质，是状态函数，ΔG 的值只取决于系统的始态和终态，而与变化的途径无关（即与可逆与否无关）。但是，只有在等温、等压下的可逆过程中，系统吉布斯自由能的减少（$-\Delta G$）才等于对外所做的最大非膨胀功。因此可以利用式（3-29）判断过程的可逆性。

由式（3-29）还可以得到另一个非常重要的结论。若系统在等温、等压且不做其他功的条件下：

$$-\Delta G \geqslant 0 \text{ 或 } \Delta G \leqslant 0 \tag{3-30}$$

式（3-30）中等号适用于可逆过程，不等号适用于自发的不可逆过程。在上述条件下，若对系统任其自然，不去管它，则自发变化总是向吉布斯自由能减少的方向进行，直到减至该情况下所允许的最小值，达到平衡为止。系统不可能自动发生 $\Delta G > 0$ 的变化，利用吉布斯自由能可以在上述条件下判别自发变化的方向。由于通常化学反应大都是在等温、等压下进行的，所以式（3-30）更有用。

在等温、等压可逆电池反应中，非膨胀功即为电功（nEF），故：

$$\Delta_r G = -nEF \tag{3-31}$$

式中，E 是可逆电池的电动势；n 是电池反应式中电子的物质的量；F 是法拉第（Faraday）常数，等于 96485C/mol（C 代表库仑）。

一个系统在某一过程中是否做非膨胀功，则与对反应的安排及具体进行的过程有关。例如化学反应 $Zn + Cu^{2+} = Zn^{2+} + Cu$，若安排它在电池中进行反应，则可做电功，若直接在烧杯中进行反应，则不做电功（显然这两个过程中的热效应是不同的），Gibbs 自由能是状态函数，只要给定始态和终态，ΔG 为定值，至于是否能获得非膨胀功则与具体实施的过程有关。

3.8　用 A 和 G 判断过程的方向性

引入状态函数 A 和 G，目的之一在于更方便地判断系统等温过程的方向性（代替 $\Delta S_{总}$ 判据）；从不可逆过程的熵变出发，可导出不可逆过程的 A、G 判据。

3.8.1 等温（$T_1 = T_2 = T_{环} = T$ 常数）等容不可逆过程

$$\Delta S > \frac{Q'}{T}$$

得 $$Q' < T\Delta S = T(S_2 - S_1) = T_2S_2 - T_1S_1 = \Delta(TS)$$

由热力学第一定律：

$$\Delta U = Q' - W_{ir,f} < \Delta(TS) - W_{ir,f}\ （W_{ir,f}\text{为不可逆过程非膨胀功}）$$

$$\Delta U < \Delta(TS) - W_{ir,f}$$

得 $$(W_{ir,f})_{T,V} < -\Delta U + \Delta(TS) = -\Delta(U - TS) = -\Delta A$$

即 $$(W_{ir,f})_{T,V} < -\Delta A \tag{3-32}$$

上式表明，等温等容不可逆过程系统的有用功小于系统功函的减少。

实际的等温等容不可逆化学反应可视为反应的始、终态温度与环境温度相等，但过程中间温度有波动或处于非平衡态，温度不确定。

所以严格说，等温等容不可逆化学反应不可能为恒温反应，即“恒温不可逆反应”的说法是不严格的。当有用功为零时，即：

$$(W_{ir,f})_{T,V} = 0\text{ 时，}\Delta A < -(W_{ir,f})_{T,V} = 0\text{，即 }\Delta A < 0$$

判据：等温等容系统不做有用功（$W_f = 0$）时，过程只能向功函减小的方向自发进行。

3.8.2 等温等压不可逆过程

$$T_1 = T_2 = T_{环} = T\ \text{恒定}$$

$$P_1 = P_2 = P_{环} = P\ \text{恒定}$$

$$\Delta S > \frac{Q'}{T_{环}}$$

得 $$Q' < T_{环}\Delta S = T\Delta S = \Delta(TS)$$

由热力学第一定律：

$$\Delta U = Q' + W_e + W_f = Q' - P\Delta V + W_f,\quad Q' < \Delta(TS)$$

$$\Delta U = Q' - P\Delta V + W_f < \Delta(TS) - \Delta(PV) + W_f$$

得 $$-(W_{ir,f})_{T,P} < -\Delta U + \Delta(TS) - \Delta(PV) = -\Delta(U - TS + PV) = -\Delta G$$

即 $$-(W_{ir,f})_{T,P} < -\Delta G$$

上式表明，等温等压不可逆过程系统所做的有用功小于系统自由能的减少。

当有用功为零时，即 $(W_{ir,f})_{T,P} = 0$ 时，有

$$\Delta G<0 \tag{3-33}$$

判据：等温等压系统不做有用功时，过程只能向自由能减小的方向自发进行。

3.8.3　结论

① 在特定条件下（等温等压或等温等容，且无有用功），只要计算系统的 ΔG 或 ΔA 之值。当它们小于零时，即表示过程能自发进行。无需考虑环境的变化，这比熵函数判据方便得多。

② 化学反应通常在等温等压或等温等容下进行，因此用 ΔG 或 ΔA 来判断过程的方向就非常普遍。尤其是前者（ΔG），吉布斯函数（G）在等温等压化学过程显得特别重要。在后面将要遇到的化学问题中，绝大多数用吉布斯函数（G）来处理。

③ 上述判据一、判据二只能在特定条件（等温等容或等温等压，且无有用功）下方能应用。否则，尽管过程也有一定的 ΔG 或 ΔA，也可能得到 $\Delta A<0$ 或 $\Delta G<0$，但不能由此判断过程自发。

3.9　ΔG 的计算

3.9.1　等温物理过程（无化学变化、相变）

由基本方程式（下节中推导）：

$$\mathrm{d}G=-S\mathrm{d}T+V\mathrm{d}P\quad (W_{\mathrm{f}}=0)$$

对于任意等温过程（不论可逆否）

$$T_{始}=T_{终}=T_{环}$$

可设计相同始、终态的恒温可逆过程，并对上述微分式积分：

$$(\Delta G)_T=\int_{P_1}^{P_2}V\mathrm{d}P\text{（等温过程，}W_{\mathrm{f}}=0\text{）}$$

只要知道 V-P 关系，即可计算等温过程$(\Delta G)_T$，结果与过程是否可逆无关。

对于 1mol 理想气体等温过程：

$$V_{\mathrm{m}}=\frac{RT}{P}$$

$$(\Delta G_{\mathrm{m}})_T=\int_{P_1}^{P_2}\frac{RT}{P}\mathrm{dP}=RT\ln\frac{P_2}{P_1}=RT\ln\frac{V_1}{V_2}$$

即　$$(\Delta G_{\mathrm{m}})_T=RT\ln\frac{P_2}{P_1}=RT\ln\frac{V_1}{V_2}\text{（理想气体等温，}W_{\mathrm{f}}=0\text{）} \tag{3-34}$$

若 $P_1=\mathrm{P}^{\ominus}$，$G_{\mathrm{m1}}=G_{\mathrm{m}}^{\ominus}(T,P^{\ominus})$，标准压力，则上式可写作：

$$(\Delta G_m)_T = G_m - G_m^{\ominus} = RT\ln\frac{P}{P^{\ominus}}$$

$$G_m(T,P) = G_m^{\ominus}(T,\ P^{\ominus}) + RT\ln\frac{P}{P^{\ominus}}(W_f = 0\text{，理想气体等温})$$

式中，$G_m^{\ominus}(T,P^{\ominus})$ 为系统一定温度下的标准摩尔自由能；$G_m(T,\ P)$ 为系统摩尔自由能。

对于 $n$mol 理想气体：

$$(\Delta G)_T = nRT\ln\frac{P_2}{P_1}\text{ 或 }G(T,P) = G^{\ominus}(T,P^{\ominus}) + nRT\ln\frac{P}{P^{\ominus}}$$

同理，对于理想气体等温 $W_f = 0$ 过程，

$$\Delta(PV) = 0 \Rightarrow \Delta G = \Delta A\text{，即}(\Delta A)_T = nRT\ln\frac{P_2}{P_1}$$

3.9.2 等温相变过程

（1）平衡可逆相变：

若始态和终态的两个相间是平衡的，即相变过程为一可逆过程。那么在恒温、恒压下，由始态相变到终态的相变过程自由能变化可从热力学基本公式导出。

由 $W_f = 0$，可逆相变：$dG = -SdT + VdP$；恒温($dT \equiv 0$)、恒压($dP \equiv 0$)，可得 $dG = 0$，即恒温、恒压可逆相变时，$(\Delta G)_{T,\ P} = 0$。所以，恒温恒压下的可逆相变的自由能变化为零。

例 3-3

（1）水在 100℃，1atm(1atm＝101325Pa，下同）下蒸发成 100℃，1atm 的水蒸气，$\Delta G = 0$

（2）冰在 0℃，1atm 下融化成 0℃，1atm 的水，$\Delta G = 0$

（3）100℃，1atm 的水向真空蒸发成 100℃，1atm 的水蒸气，是否可逆相变？$\Delta G =?$

解：过程(3) 真空蒸发过程为自发不可逆过程，但其始、终态与可逆相变(1) 相同，即始态与终态两相能平衡。

则 $\Delta G = 0$[与(1) 相同]

过程(3) 并非等温等压过程(因为 $P_{外} = 0$)，所以不能用 $\Delta G = 0$ 判断其可逆性。

过程(3) 是自发过程，因为 $S_{总} > 0$

（2）不可逆相变

如果始态与终态之两相间不能平衡，不能直接利用适合可逆过程的微分公式 $dG = -SdT + VdP$，则应设计适当的可逆途径(等温可逆 + 可逆相变）来计算。例如 25℃，1atm 的水汽变成 25℃，1atm 的水的过程。

$$H_2O(g,25℃,P^{\ominus}) \xleftarrow[\text{不可逆}]{\Delta G_m=?} H_2O(l,25℃,P^{\ominus})$$

$$\Big\downarrow \Delta G_{m1} \qquad\qquad\qquad\qquad\qquad \Big\downarrow \Delta G_{m3}$$

$$H_2O(g,25℃,23.76mmHg) \xleftarrow[\text{可逆相变}]{\Delta G_m=0} H_2O(l,25℃,23.76mmHg)$$

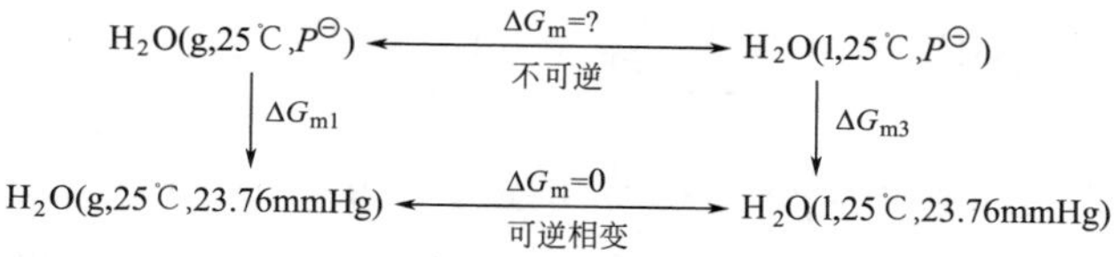

注：$1mmHg = 133.322Pa$，下同。

$$\Delta G_m = \Delta G_{m_1} + \Delta G_{m_2} + \Delta G_{m_3}$$

$$= RT\ln(23.76/760) + 0 + \int_P^{P^0} V(l)\,dP\,(\text{小量，}\approx 0)$$

$$= -8.58kJ/mol < 0\,（\text{自发不可逆过程}）$$

因此，一定温度下，液相或固相在其饱和蒸气压下的汽化过程或凝聚过程为可逆相变过程；一定压力下，固体在其熔点的熔化过程或凝固过程为可逆相变；液体在其沸点的气化过程或凝聚过程为可逆相变。

3.9.3　等压变温过程

由微分方程：

$$dG = -SdT + VdP = -SdT \qquad (dp=0)$$

相应的：

$$(\Delta G)_P = -\int_{T_1}^{T_2} SdT \ (W_f=0)$$

求 $S(T,P)$ 表达式，以 (T,P) 为特性变量：

$$dS = \left(\frac{\partial S}{\partial T}\right)_P dT + \left(\frac{\partial S}{\partial P}\right)_T dP$$

$$\left(\frac{\partial S}{\partial T}\right)_P = \frac{G}{T},\ \left(\frac{\partial S}{\partial P}\right)_T = -\left(\frac{\partial V}{\partial T}\right)_P\,（\text{推导过程见 3.10.4}）$$

$$dS = \left(\frac{C_P}{T}\right)dT - \left(\frac{\partial V}{\partial T}\right)_P dP$$

$$= \left(\frac{C_P}{T}\right)dT - \alpha V dP$$

式中，$\alpha = (1/V)(\partial V/\partial T)_P$ 为等压膨胀系数，C_P、α 实验可测量。

$$(\Delta G)_P = -\int_{T_1}^{T_2} SdT$$

$$dS = \left(\frac{C_p}{T}\right)dT - \alpha V dP$$

则：

$$\Delta S = S(T,P) - S^{\ominus}(298K,P^{\ominus})$$

$$= \int_{298}^{T} \frac{C_P}{T}dT - \int_{P^{\ominus}}^{P} \alpha V dP$$

$$S(T,P)=S^{\ominus}(298\text{K},\ P^{\ominus})+\int_{298}^{T}\frac{C_P}{T}\mathrm{d}T-\int_{P^{\ominus}}^{P}\alpha V\mathrm{d}P \qquad (3\text{-}35)$$

由式（3-35）即可求得相应的 $(\Delta G)_P$ 的值。式中，$S^{\ominus}$（298K，$P^{\ominus}$）指标准状态（298K，$P^{\ominus}$）下物质的规定熵（规定熵定义后面讲），其数据可从相关手册查到；C_P、α 为实验可确定量。

例 3-4 在标准压力 100kPa 和 373K 时，把 1.0molH_2O（g）可逆压缩为液体，计算该过程的 Q、W、ΔU、ΔH、ΔG、ΔA 和 ΔS，已知该条件下水的蒸发热为 2258kJ/kg，已知 M（H_2O）=18.0/mol，水蒸气可视为理想气体。

解：

$$W=-P\Delta V=-P[V(1)-V(g)]\approx PV(g)=nRT$$
$$=1\text{mol}\times 8.314\text{J}/(\text{mol}\cdot\text{K})\times 373\text{K}=3.10\text{kJ}$$
$$Q_{\text{R}}=-2258\text{kJ/kg}\times 18.0\times 10^{-3}\text{kg}=-40.6\text{kJ}$$
$$\Delta H=Q_{\text{R}}=-40.6\text{kJ}$$
$$\Delta U=\Delta H-\Delta(PV)=\Delta H+PV(\text{g})=(-40.6+3.10)\text{kJ}$$
$$=-37.5\text{kJ}$$
$$\Delta G=\int V\mathrm{d}P=0$$
$$\Delta A=W_R=3.10\text{kJ}$$
$$\Delta S=\frac{Q_R}{T}=\frac{-40.6\text{kJ}}{373\text{K}}=-109\text{J/K}$$

例 3-5 300K 时，将 1mol 理想气体从 1000kPa：① 等温可逆膨胀，② 真空膨胀至 100kPa。分别求 Q、W、ΔU、ΔH、ΔG、ΔA 和 ΔS。

解：① 理想气体的等温可逆过程

$$\Delta U=0,\Delta H=0,\Delta G=\Delta A,\Delta A=W_R,Q=-W_R$$
$$W=W_R=nRT\ln\frac{V_1}{V_2}=nRT\ln\frac{P_2}{P_1}$$
$$=1\text{mol}\times 8.314\text{J}/(\text{mol}\cdot\text{K})\times\ln\frac{100}{1000}=-5.74\text{kJ}$$
$$Q=-W_R=5.74\text{kJ}$$
$$\Delta G=\Delta A=W_R=-5.74\text{kJ}$$
$$\Delta G=\int_{P_1}^{P_2}V\mathrm{d}P=nRT\ln\frac{P_2}{P_1}=-5.74\text{kJ}$$
$$\Delta S=\frac{Q_R}{T}=\frac{5.74\text{kJ}}{300K}=19.1\text{J/K}$$

② 由于这两个变化的始终态相同，所以状态函数的变量也相同，即 ΔU、ΔH、ΔG、ΔA 和 ΔS 与①中相同，因为是真空膨胀，外压为零，所以 W=0，根据热力学第一定律，

$$Q=-W=0$$

这是一个等温不可逆过程，ΔG 和 ΔA 的值不能直接由功来计算，ΔS 的值也不等于

该实际过程的热温熵，要设计如①所示的可逆过程才能计算。

例 3-6　在 298K 和标准压力 100kPa 条件下，求下述反应的 $\Delta_r G_m^{\ominus}$ 和 $\Delta_r S_m^{\ominus}$。

$$Ag(s)+\frac{1}{2}Cl_2(g)=\!=\!=AgCl(s)$$

已知该反应的标准摩尔焓变 $\Delta_r H_m^{\ominus}$ 为 -127.07kJ/mol。若通过可逆电池完成上述反应，已知电池的可逆电动势 $E=1.1362$V。

解：等温、等压可逆过程中，Gibbs 自由能的变化值等于对外所做最大功，这里等于可逆电池所做的电功

$$\Delta G=W_{f,max}=-nEF$$

当所示反应式的反应进度等于 1mol 时，

$$\Delta_r G_m^{\ominus}=\frac{\Delta_r G}{\Delta\xi}=\frac{-nEF}{\Delta\xi}$$

$$=\frac{-1mol\times1.1362V\times96500C/mol}{1mol}=109.64kJ/mol$$

根据定义式 $G=H-TS$，等温时 $\Delta G=\Delta H-T\Delta S$，得

$$\Delta_r S_m^{\ominus}=\frac{\Delta_r H_m^{\ominus}-\Delta_r G_m^{\ominus}}{T}$$

$$=\frac{(-127.07+109.64)kJ/mol}{298K}=-58.5J/(K\cdot mol)$$

3.10　热力学函数间的重要关系式

3.10.1　热力学函数之间的关系

在热力学第一、第二定律中，共涉及五个热力学函数，U、H、S、A、G：

$$H\equiv U+PV$$

$$A\equiv U-TS$$

$$G\equiv H-TS\equiv A+PV$$

$$H\equiv U+PV$$

$$A\equiv U-TS$$

$$G\equiv H-TS\equiv A+PV$$

这些定义式可以借助图 3-13 所示的图示记忆。

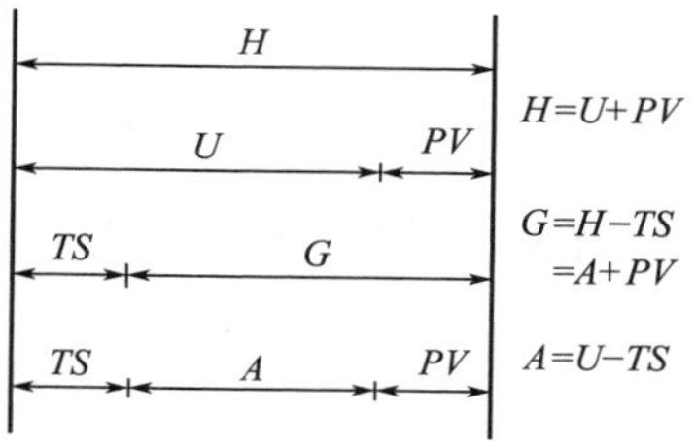

图 3-13　函数间关系的图示

3.10.2　热力学第一、第二定律基本公式

第一定律：　$dU=\delta Q+\delta W=\delta Q-P_{环}\,dV+\delta W_f$　(3-36)

第二定律：　$dS=\dfrac{\delta Q_r}{T}$

$$\delta Q_r=TdS(可逆) \quad (3\text{-}37)$$

式(3-37)代入式(3-36)：

$$dU = TdS - PdV - \delta W_f \tag{3-38}$$

(可逆过程：$\delta Q = \delta Q_r$，$P = P_{环}$)

由定义式：　$H \equiv U + PV$

全微分：

$$dH = dU + PdV + VdP \tag{3-39}$$

式（3-38）代入式（3-39）：

$$dH = TdS - PdV + \delta W_f + PdV + VdP$$

得

$$dH = TdS + VdP + \delta W_f \text{（可逆过程）} \tag{3-40}$$

由定义式：　$A \equiv U - TS$

全微分：

$$dA = dU - TdS - SdT \tag{3-41}$$

式（3-38）代入式（3-41）：

$$dA = -SdT - PdV + \delta W_f \text{（可逆过程）} \tag{3-42}$$

由定义式：　$G \equiv H - TS$

全微分：

$$dG = dH - TdS - SdT \tag{3-43}$$

式（3-40）代入式（3-43）：

$$dG = -SdT + VdP + \delta W_f \text{（可逆过程）} \tag{3-44}$$

于是得到封闭系统、可逆过程基本关系式。

封闭系统、可逆过程基本关系式

$$dU = TdS - PdV + \delta W_{r,f}$$

$$dH = TdS + VdP + \delta W_{r,f}$$

$$dA = -SdT - PdV + \delta W_{r,f}$$

$$dG = -SdT + VdP + \delta W_{r,f}$$

当可逆过程无非体积功时，即 $\delta W_{r,f} = 0$ 时，有基本公式（均匀系统的平衡性质）：

$$dU = TdS - PdV$$

$$dH = TdS + VdP$$

$$dA = -SdT - PdV$$

$$dG = -SdT + VdP$$

（封闭系统，可逆过程，$\delta W_f = 0$，组成平衡）

上述四个基本公式导出时，以 TdS 代替 δQ_r，以 $-PdV$ 代替 δW_e，即在可逆过程条件下推得的。所以基本公式对可逆过程严格成立。但基本公式最终表达式中的每一热力学量（U、T、S、P、V、T、H、F、G）都是系统的状态函数；当系统从平衡状态（1）变化到平衡状态（2）时，无论实际过程是否可逆，公式中涉及的状态函数的改变量 ΔU、ΔT、ΔS、ΔP、ΔV、ΔT、ΔH、ΔF、ΔG 均与相同始、终态的可逆过程的改变量相同。

涉及不可逆变化时，过程曲线不在状态空间内，无法在始、终态范围内直接对过程曲线积分求状态函数变化值；但始、终态间状态函数变化值与经可逆过程的变化值是一样的；所以可设计有相同始、终态的可逆过程，对上述公式积分，得到任意变化过程的 ΔU、ΔG、…

对上述公式直接积分计算时，仅适合于系统组成不变，或仅发生可逆相变、可逆化学反应的过程。否则，需设计相同始态及最终态的可逆过程、可逆相变等来分段计算并加和。

上述基本公式可用于封闭、无非体积功（$W_f=0$）、组成平衡（组成不变或仅发生可逆变化）的系统；微分形式适合于平衡可逆过程；对微分式的积分结果适合于始、终态相同的可逆或不可逆过程。

3.10.3　特性函数

由基本公式 $dG=-SdT+VdP$

自由能 G 是以特征变量 T、P 为独立变量的特性函数 G（T，P），相应地：

$dH=TdS+VdP\Rightarrow$特性函数：$H(S,P)$，特征变量为 S、P；

$dA=-SdT-PdV\Rightarrow$特性函数：$A(T,V)$特征变量为 T、V；

$dU=TdS-PdV\Rightarrow$特性函数：$U(S,V)$特征变量为 S、V

特性函数的特性是：若已知某特性函数的函数解析式，则其他热力学函数也可（通过基本公式）简单求得。

无非体积功（$W_f=0$）下，自发、可逆过程的特性函数判据：

$$(dG)_{T,P,W_f=0}\leqslant 0,\quad (dA)_{T,V,W_f=0}\leqslant 0,\quad (dU)_{S,V,W_f=0}\leqslant 0,$$
$$(dH)_{S,P,W_f=0}\leqslant 0,\quad (dS)_{U,V,W_f=0}\geqslant 0,\quad (dS)_{H,P,W_f=0}\geqslant 0$$

可逆取“=”；自发不可逆取“不等号”。

3.10.4　麦克斯韦关系式

由基本公式：　　　　$dG=-SdT+VdP$，可得

$$S=-\left(\frac{\partial G}{\partial T}\right)_P,V=\left(\frac{\partial G}{\partial P}\right)_T$$

对于状态函数 G：

$$\frac{\partial^2 G}{\partial T\partial P}=\frac{\partial^2 G}{\partial P\partial T}$$

$$\left[\partial\left(\frac{\partial G}{\partial T}\right)_P/\partial P\right]_T=\left[\partial\left(\frac{\partial G}{\partial P}\right)_T/\partial T\right]_P$$

$$-\left(\frac{\partial S}{\partial P}\right)_T=\left(\frac{\partial V}{\partial T}\right)_P$$

对于 G（T，P）的全微分，应该有上述关系。

$$\mathrm{d}G=-S\mathrm{d}T+V\mathrm{d}P\Rightarrow-\left(\frac{\partial S}{\partial P}\right)_T=\left(\frac{\partial V}{\partial T}\right)_P$$

同理：

$$\mathrm{d}A=-S\mathrm{d}T-P\mathrm{d}V\Rightarrow\left(\frac{\partial S}{\partial V}\right)_T=\left(\frac{\partial P}{\partial T}\right)_V$$

$$\mathrm{d}H=T\mathrm{d}S+V\mathrm{d}P\Rightarrow\left(\frac{\partial T}{\partial P}\right)_S=\left(\frac{\partial V}{\partial S}\right)_P$$

$$\mathrm{d}U=T\mathrm{d}S-P\mathrm{d}V\Rightarrow\left(\frac{\partial T}{\partial V}\right)_S=-\left(\frac{\partial P}{\partial S}\right)_V$$

上述四式称为简单（均相）系统平衡时的麦克斯韦关系式。

由 $\mathrm{d}H=T\mathrm{d}S+V\mathrm{d}P$，可得 $T=(\frac{\partial H}{\partial S})_P$，可推导出：

$$(\frac{\partial S}{\partial T})_P=(\frac{\partial H}{\partial T})_P/(\frac{\partial H}{\partial S})_P=\frac{C_P}{T}$$

由 $\mathrm{d}U=T\mathrm{d}S-P\mathrm{d}V$，可得 $T=(\frac{\partial U}{\partial S})_V$，可推导出：

$$(\frac{\partial S}{\partial T})_V=(\frac{\partial U}{\partial T})_V/(\frac{\partial U}{\partial S})_V=\frac{C_V}{T}$$

综合以上推导，可得到熵函数与其他热力学函数的微商关系：

$$(\frac{\partial S}{\partial P})_T=-(\frac{\partial V}{\partial T})_P; \tag{3-45}$$

$$(\frac{\partial S}{\partial T})_P=\frac{C_P}{T}(\text{恒压测定}) \tag{3-46}$$

$$(\frac{\partial S}{\partial V})_T=(\frac{\partial P}{\partial T})_V; \tag{3-47}$$

$$(\frac{\partial S}{\partial T})_V=\frac{C_V}{T}(\text{恒容测定}) \tag{3-48}$$

$$(\frac{\partial S}{\partial P})_V=-(\frac{\partial V}{\partial T})_S; \tag{3-49}$$

$$(\frac{\partial S}{\partial V})_P=(\frac{\partial P}{\partial T})_S(\text{恒熵或绝热可逆过程}) \tag{3-50}$$

利用以上等式可以把左侧不易直接测定的偏微商用右侧容易实验测定的偏微商来代替。

3.11 单组分系统两相平衡—克-克(Clausius-Clapayron)方程

任何液体在一定温度(T)时,有一饱和蒸气压(P);在此恒温(T)、恒压$(P_环 = P,$饱和蒸气压)下,液体汽化成蒸气的相变过程是一可逆过程,此时 $\Delta G = 0$。

例如,$100℃$,$P^\ominus$下的水→汽,$\Delta G = 0$。当温度由 T 经一微小的可逆变化至$(T + dT)$时,液体的饱和蒸气压亦由 P 变到$(P + dP)$;即在恒温$(T + dT)$、恒压$(P + dP)$下液体能可逆地相变成蒸气。

此时,$\Delta G = 0$ 成立,存在如下平衡。

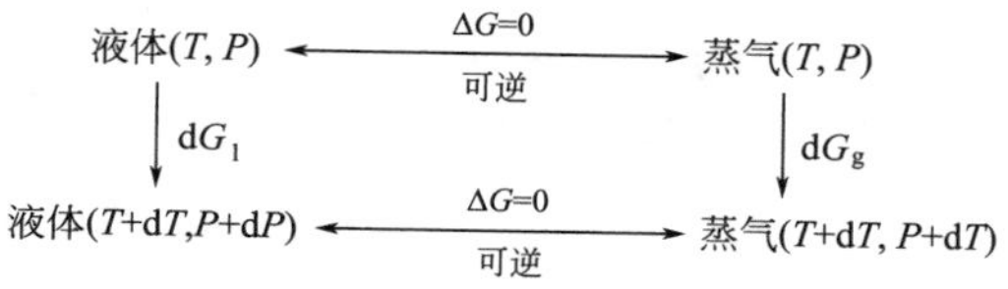

$$液体(T,P) \xleftrightarrow[\text{可逆}]{\Delta G=0} 蒸气(T,P)$$

$$\downarrow dG_1 \qquad\qquad\qquad\qquad \downarrow dG_g$$

$$液体(T+dT,P+dP) \xleftrightarrow[\text{可逆}]{\Delta G=0} 蒸气(T+dT,P+dT)$$

显然:$dG_1 = dG_g$

无相变,均相系统,由热力学基本公式推导:

$$dG = -SdT + VdP$$

$$dG_1 = -SdT + V_1dP$$

$$dG_g = -S_gdT + V_gdP$$

$$dG_1 = dG_g$$

得 $\qquad (V_g - V_l)\, dP = (S_g - S_l)\, dT$

得 $\qquad \dfrac{dP}{dT} = (S_g - S_1)/(V_g - V_1)$

$$= \Delta S_{(可逆相变)} / \Delta V_{(可逆相变)}$$

$$\frac{dP}{dT} = \frac{\Delta S_{(可逆相变)}}{\Delta V_{(可逆相变)}} \qquad\qquad (3\text{-}51)$$

对于可逆相变(汽化)过程,其熵变:

$$\Delta S = \frac{Q_r}{T} = \frac{\Delta_V H_{(汽化热)}}{T}$$

代入上式:

$$\frac{dP}{dT} = \frac{\Delta S_{(可逆相变)}}{\Delta V_{(可逆相变)}} = \frac{\Delta_V H_{(汽化热)}}{T \Delta V_{(可逆相变)}} \qquad\qquad (3\text{-}52)$$

此即克拉佩龙-克劳修斯(Clausius-Clapayron)方程,简称克-克方程。

此式虽从液气平衡推导而来，但亦适用于纯物质的其他两相平衡，如液-固熔化，固-气升华，固-固晶相转变相变，但公式中的潜热（ΔH）和相变体积变化（ΔV）也随之改变。以下分别讨论几种相平衡情形。

3.11.1 液气平衡

对液气平衡，克-克方程中的 $\mathrm{d}P/\mathrm{d}T$ 是指液体的饱和蒸气压随温度的变化。当纯物质的量为 1mol 时，$\Delta_V H_m$ 指液体的摩尔汽化热；而 $\Delta V_m = V_{m,g} - V_{m,l}$，即气液两相的摩尔体积之差。

在通常温度（距离临界温度较远）时，$V_{m,g} \gg V_{m,l}$故 $V_{m,l}$可忽略不计。

水的临界温度为 374℃，此温度以上，液气界面混沌，即液体水不能存在，$V_{m,g} \approx V_{m,l}$。假设蒸气为理想气体，克-克方程方程可写成：

$$\frac{\mathrm{d}P}{\mathrm{d}T} = \frac{\Delta_V H_m}{T\Delta V_m} \approx \frac{\Delta_V H_m}{TV_{m,g}}$$

$$\mathrm{d}\ln P = \frac{\Delta_V H_m}{RT^2}\mathrm{d}T$$

不同的相平衡温度 T，汽化热也有变化；而 T 确定后，饱和蒸气压也就确定了。故 $\Delta_V H_m$ 只需一个变量 T 来确定，可表达成 $\Delta_V H_m$（T）。

当温度变化范围不大时 $\Delta_V H_m$（T）可近似看作一常数，积分下式：

$$\ln P = -\frac{\Delta_V H_m}{R} \times \frac{1}{T} + C$$

或：

$$\ln\frac{P_2}{P_1} = \frac{\Delta_V H_m}{R}\left(\frac{1}{T_1} - \frac{1}{T_2}\right) \quad (3\text{-}53)$$

只要知道液体汽化热，就可根据温度（T_1）时的蒸气压（P_1）计算其他温度（T_2）下的蒸气压 P_2。

由式（3-53）可知，将液体的饱和蒸气压的对数 $\ln P$ 对温度的倒数 $1/T$ 作图，在温度变化范围不大时，$\ln P$-$1/T$ 应得到一直线，其斜率为 $\Delta_V H_m/R$。由此斜率可求算液体的气化热 $\Delta_V H_m$。

3.11.2 固气平衡

由于通常 $V_{m,s} \ll V_{m,g}$，所以 $\Delta V = V_{m,g} - V_{m,s} \approx V_{m,g}$。对于固气平衡来说，只需将克-克方程式中的 ΔH_m 写成升华热 $\Delta_s H_m$ 即可：

$$\frac{\mathrm{d}\ln P}{\mathrm{d}T} = \frac{\Delta_s H_m(T)}{RT^2}$$

$$\ln\frac{P_2}{P_1} = \frac{\Delta_s H_m}{R}\left(\frac{1}{T_1} - \frac{1}{T_2}\right) \quad (3\text{-}54)$$

3.11.3 固-液平衡

$$\frac{\mathrm{d}P}{\mathrm{d}T} = \frac{\Delta_f H_m}{T\Delta V_m}$$

或
$$dP=\left(\frac{\Delta_f H_m}{\Delta V_m}\right)\left(\frac{dT}{T}\right)$$

式中，$\Delta_f H_m$ 为 mol 固体的熔化热；ΔV_m 为摩尔体积差（$V_{m,l}-V_{m,s}$）。
当温度变化范围不大时，$\Delta_f H_m$ 和 ΔV_m 均可近似看作常数，则：

$$dP=(\frac{\Delta_f H_m}{\Delta V_m})\left(\frac{dT}{T}\right)$$

在 T_1 和 T_2 之间定积分：

$$\Delta P=P_2-P_1=(\frac{\Delta_f H_m}{\Delta V_m})\ln\left(\frac{T_2}{T_1}\right)$$

令$\frac{T_2-T_1}{T_1}=\frac{\Delta T}{T_1}=x<1$，则：

$$\ln\left(\frac{T_2}{T_1}\right)=\ln(1+x)\approx x=\frac{T_2-T_1}{T_1}$$

$$\Delta P=P_2-P_1=\frac{\Delta_f H_m}{\Delta V_m}\ln\frac{T_2}{T_1}$$

$\ln\frac{T_2}{T_1}\approx\frac{T_2-T_1}{T_1}$，即：

$$P_2-P_1\approx\frac{\Delta_f H_m}{\Delta V_m}\times\frac{T_2-T_1}{T_1} \tag{3-55}$$

例如，水的三相点（即水、冰同时向有限真空空间蒸发，三相达到平衡时的状态），$T=273.16$K（0.01℃）、P（饱和蒸汽压）$=4.58$mmHg。

3.12　多组分单相系统的热力学——偏摩尔量

前面所讨论的热力学单相系统大多是纯物质（单组分）或多种物质（多组分）但组成不变的情形。所涉及的系统的热力学量（如 U、H、S、F、G 等）均指各组分含量不变时的值，要描述这样的系统的状态，只需要两个状态性质（如 T，P）即可。但对没有确定组成的多组分单相系统，如一个没有确定组成比例的均相混合物（溶液），即使规定了系统的温度和压力（T，P），系统的状态也并没有确定。

例如，298K、$P^{\ominus}$下 100ml 水与 100ml 乙醇混合，混合溶液的热力学量——体积（V）并不等于各纯组分单独存在时的体积之和（200ml），而是 190ml；若改为 150ml 水＋50ml 乙醇混合（各纯组分单独存在时的体积和为 200ml），而混合体积约 195ml。即各组分单独存在时的体积与相同的水和乙醇混合组成不同，系统的热力学量（V）也不同。

这说明对多组分单相系统，仅规定系统的温度和压力，还不能确定系统的状态。要确定该系统的容量性质（如 V），还须规定各组分的量。要确定该系统的强度性质（如

密度 ρ)，也须规定各组分的浓度。由此需要引入一个新的概念——偏摩尔量。

3.12.1 偏摩尔量

设一系统由若干种物质所组成，要确定系统的状态，除规定系统的 T，P 以外，还要确定每一组分的摩尔数。即系统的任何一种容量性质 Z（如 V、G、S、U 等）可看作是 T，P，n_1，$n_2\cdots$的函数，写成函数形式：

$$Z=Z(T,P,n_1,n_2\cdots)$$

当系统的状态发生任意无限小量的变化，状态函数 Z 的改变量是一全微分：

$$dZ=\left(\frac{\partial Z}{\partial T}\right)_{P,n}dT+\left(\frac{\partial Z}{\partial P}\right)_{T,n}dP+\left(\frac{\partial Z}{\partial n_1}\right)_{T,P,n_j(j\neq 1)}dn_1+\left(\frac{\partial Z}{\partial n_2}\right)_{T,P,n_j(j\neq 2)}dn_2+\cdots$$

在恒温恒压下：

$$(dZ)_{T,P}=\sum_{\substack{i=1\\j=1}}^{k}\left(\frac{\partial Z}{\partial n_i}\right)_{T,P,n_{j(j\neq i)}}dn_i$$

式中,i,j 为组分的标号,k 为组分总数。

令：

$$\overline{Z}_i=\left(\frac{\partial Z}{\partial n_i}\right)_{T,P,n_{j(j\neq i)}} \tag{3-56}$$

则上式可表为：

$$(dZ)_{T,P}=\overline{Z}_1dn_1+\overline{Z}_2dn_2+\cdots+\overline{Z}_kdn_k=\sum_{i=1}^{k}\overline{Z}_idn_i \tag{3-57}$$

式中，$\overline{Z}_i$ 就称为组分 i 的某种容量性质 Z 的偏摩尔量。如 Z 为体积 V 时，则 $\overline{V}$ 为组分 i 的偏摩尔体积。如 Z 为自由能 G 时，则$\overline{G}_i$ 为组分 i 的偏摩尔自由能。

只有系统的容量性质才有偏摩尔量，而系统的强度性质则没有。因为只有容量性质才与系统中组分的数量有关。只有在恒温恒压条件下的偏微商才称为偏摩尔量，否则不能叫偏摩尔量，例如$(\partial Z/\partial ni)_{T,V,nj(j\neq i)}$不是偏摩尔量。

偏摩尔量的物理意义：恒温恒压下，往无限大的系统中加入 1mol 组分 i(此时其他组分数量保持不变)所引起系统中某容量性质 Z 的变化。

偏摩尔量也可以理解为恒温恒压下，系统中组分 i 改变无限小量 dni 时，系统容量性质 Z 的变化率。

3.12.2 偏摩尔量的集合公式

假设一系统由 n_A 的 A 和 n_B 的 B 所组成，在恒温恒压下往此系统中加无限小量 dn_A 的 A 和 dn_B 的 B 时，系统的某个热力学量 Z 的变化就可表示为：

$$dZ=\overline{Z}_Adn_A+\overline{Z}_Bdn_B \tag{3.58}$$

若连续不断地往此系统中加入 dn_A 和 dn_B，且保持 $dn_A:dn_B=n_A:n_B$ 不变，即保持所加入物质的组分比与原溶液的组分比相同。此时 $\overline{Z}_A$、$\overline{Z}_B$应当为一常数，因为从 $\overline{Z}_i$ 的物理意义理解，溶液浓度不变，$\overline{Z}_i$ 不变。

式(3-58)积分：

$$\int_0^n dZ = \overline{Z}_A \int_0^{n_A} dn_A + \overline{Z}_B \int_0^{n_B} dn_B \,(n_A: 0 \rightarrow n_A, n_B: 0 \rightarrow n_B)$$

得

$$Z = \overline{Z}_A n_A + \overline{Z}_B n_B$$

当 Z 为 V 时，上式即为：

$$V = n_A \overline{V}_A + n_B \overline{V}_B \tag{3-59}$$

式（3-59）表示，在一定温度、压力下，系统的总体积为系统各组分的物质的量与其在该状态（浓度）下的偏摩尔体积的乘积之和。

当系统由多种组分时，可得多组分均相系统偏摩尔量集合公式：

$$Z = n_1\overline{Z}_1 + n_2\overline{Z}_2 + \cdots n_k\overline{Z}_k = \sum_{i=1}^{k} n_i\overline{Z}_i \tag{3.60}$$

公式表明，系统某容量性质 Z 等于该状态（温度、压力、浓度）下各组分的偏摩尔量对系统的贡献之和。

3.12.3 吉布斯-杜亥姆 (Gibbs-Duhem) 公式

如果在上述系统中不是按原溶液的组分比例同时添加各组分，而是分批先后加入 n_1、……、n_k，则过程中系统的量和浓度均在不断变化，各组分的偏摩尔量也同时在变化。对式（3-60）全微分：

$$dZ = n_1 d\overline{Z}_1 + \overline{Z}_1 dn_1 + \cdots + n_k d\overline{Z}_k + \overline{Z}_k dn_k \tag{3.61}$$

事实上，不论是按比例同时添加或分批先后加入组分，一定温度、压力下最终状态是一样的。即终了、初始状态间状态函数 Z 的改变量相同，和式（3-61）与式（3-57）比较。可推得：

$$n_1 d\overline{Z}_1 + n_2 d\overline{Z}_2 + \cdots n_k d\overline{Z}_k = 0 \text{ 或 } \sum_{i=1}^{k} n_i d\overline{Z}_i = 0$$

两边除以系统的总摩尔数$\sum ni$，得 Gibbs-Duhem 公式：

$$\sum_{i=1}^{k} x_i d\overline{Z}_i = 0 \text{（恒温，恒压）} \tag{3-62}$$

上式表明，各组分偏摩尔量之间不是完全相互独立的，而是有一定的联系。

3.13 化学势

3.13.1 化学势及自发过程判据

（1）化学势定义

在所有容量性质的偏摩尔量中，有一种偏摩尔量特别重要——偏摩尔自由能，偏摩尔自由能有个专有名称，叫“化学势”，用符号 μ_i 表示，可写为：

$$\mu_i = \overline{G}_i = \left(\frac{\partial G}{\partial T}\right)_{T,P,n_{j(j\neq i)}} \tag{3-63}$$

这就是化学势的定义式。

(2)化学势的意义

对多组分均相系统,$G=G(T,P,n_1,n_2,\cdots)$

$$dG=(\partial G/\partial T)_{P,n}dT+(\partial G/\partial P)_{T,n}dP+\sum(\partial G/\partial n_i)_{T,P,n_{j(j\neq i)}}dn_i \tag{3-64}$$

对于封闭系统，有基本公式：

$$dG=-SdT+VdP+\delta W_{r,f} \tag{3-65}$$

显然，式（3-64)、式（3-65）等价，即

$$(\partial G/\partial T)_{P,n}=-S$$
$$(\partial G/\partial P)_{T,n}=V$$

下标 n 表示系统各组成不变。又：

$$\mu_i=\overline{G}_i=\left(\frac{\partial G}{\partial n_i}\right)_{T,P,n_{j(j\neq i)}}$$

由式（3-64)、式（3.65）等价得：

$$\sum\mu_i dn_i=\sum(\partial G/\partial n_i)_{T,P,n_{j(j\neq i)}}dn_i=\delta W_{r,f}$$

得
$$\sum\mu_i dn_i=\delta W_{r,f} \tag{3-66}$$

可逆有用功为最大有用功，即 $-\sum\mu i dni$ 为系统能作的最大有用功（可逆非体积功)。

式（3-66）式代入式（3-65)：$dG=-SdT+VdP+\sum\mu_i dn_i\cdots$ (3-67)

一般地：$\delta W_f\leqslant\delta W_{r,f}$

代入式（3-37)：$-\sum\mu_i dn_i\geqslant-\delta W_f$ 或 $\sum\mu_i dn_i\leqslant\delta W_f$

当无非体积功时，$\delta W_f=0$，代入上式

$$\sum\mu_i dn_i\leqslant 0\ (\delta W_f=0)$$

“＝”：平衡可逆过程；

“＜”：自发不可逆过程。

上式表明：组分的化学势（同一物质在不同状态下的化学势不同）是决定物质传递方向和限度的强度因素。

偏摩尔自由能只是化学势 μ_i 的一种形式，还可得到 μ_i 的其他表达形式。
将 $\sum\mu_i dn_i=\delta W_{r,f}$ 代入基本公式得：

$$dU=TdS-PdV+\sum\mu_i dn_i$$

$$dH=TdS+VdP+\sum\mu_i dn_i$$

$$dA=-SdT-PdV+\sum\mu_i dn_i$$

$$dG=-SdT+VdP+\sum\mu_i dn_i$$

可得到化学势的不同表示方法：

$$\mu_i=\overline{G}_i=\left(\frac{\partial G}{\partial n_i}\right)_{T,P,n_{j(j\neq i)}}=\left(\frac{\partial A}{\partial n_i}\right)_{T,V,n_{j(j\neq i)}}=\left(\frac{\partial U}{\partial n_i}\right)_{S,V,n_{j(j\neq i)}}=\left(\frac{\partial H}{\partial n_i}\right)_{S,P,n_{j(j\neq i)}}$$

后三项都不是偏摩尔量，因为不是恒温、恒压条件。
由此得到 μ_i 的几种表达式，其中后面几种 μ_i 的表示法用得较少，主要是第一种。
封闭系统，自发、可逆判据为 $\sum\mu_i dn_i\leqslant 0(W_f=0)$，

在恒温、恒压下，$dG=-SdT+VdP+\sum\mu_i dn_i=\sum\mu_i dn_i$

则自发、可逆判据演变成：

$$(dG)_{T,P}\leqslant 0\ (W_f=0)$$

（3）有关化学势的 Gibbs-duhem 公式

由集合公式： $G=\sum n_i\overline{G}_i=\sum n_i\mu_i$

全微分上式： $dG=\sum n_i d\mu_i+\sum\mu_i dn_i$

基本关系式： $dG=-SdT+VdP+\sum\mu_i dn_i$

上两式相减：

$$SdT-VdP+\sum n_i d\mu_i=0\text{——Gibbs-Duhem 公式} \tag{3-68}$$

恒温恒压下： $\sum n_i d\mu_i=0$ 或 $\sum x_i d\mu_i=0$。

3.13.2 化学势 μ_i 在多相平衡中的应用

自发、可逆判据： $\sum\mu_i dn_i\leqslant 0\ (W_f=0)$

$$dG=-SdT+VdP+\sum\mu_i dn_i$$

在恒温、恒压下，演变成判据：

$$(dG)_{T,P}\leqslant 0(W_f=0)$$

现讨论恒温恒压下一平衡系统，设有 α 和 β 两相；若有微量的物质 i 可逆地从 α 相转变成 β 相（$dn_i{}^{\alpha}<0$），则 α 相的自由能变化为 $dG^{\alpha}=\mu_i{}^{\alpha}dn_i{}^{\alpha}$，而 β 相的自由能变化为：$dG^{\beta}=\mu_i{}^{\beta}dn_i{}^{\beta}$，其中 μ_i^{α}、μ_i^{β} 为组分 i 分别在 α 相、β 相的化学势；dn_i^{α} 为 α 相中组分 i 的变化量；dn_i^{β} 为 β 相中组分 i 的变化量。

显然，$dn_{i^{\alpha}}=-d\,n_{i^{\beta}}$（$<0$），所以系统总的自由能变化：

$$dG=dG^{\alpha}+dG^{\beta}=(\mu_i{}^{\alpha}-\mu_i{}^{\beta})dn_i{}^{\alpha}$$

恒温恒压下系统可逆相变：$(dG)_{T,P,W_{f=0}}=0$，且 $dn_i{}^{\alpha}\neq 0$

得　$\mu_i{}^{\alpha}=\mu_i{}^{\beta}$（恒温恒压可逆相变）

上式表明，多相多组分系统达成平衡的条件为：除系统各相的温度和压力必须相同以外，任一组分在各相中的化学势也必须相等。

3.13.3　化学势在化学平衡中的应用

以一具体的化学反应为例：

$$2SO_2(g)+O_2(g)=\!=\!=2SO_3(g)$$

恒温恒压下，有 dn（>0）的 O_2 消失时，必有 $2dn$（>0）的 SO_2 消失，同时产生 $2dn$（>0）的 SO_3，过程自由能变化：

$$\begin{aligned}(dG)_{T,P}&=\sum\mu_i dn_i\\&=2\mu_{SO_3}dn-2\mu_{SO_2}dn-\mu_{O_2}dn\\&=(2\mu_{SO_3}-2\mu_{SO_2}-\mu_{O_2})dn\end{aligned}$$

当 $W_f=0$，达到平衡时：$\sum\mu_i dn_i=0$，即 $2\mu_{SO_3}-2\mu_{SO_2}-\mu_{O_2}=0$

$2SO_2(g)+O_2(g)=2SO_3(g)$ 或 $2\mu_{SO_2}+\mu_{O_2}=2\mu_{SO_3}$

上式为无有用功的化学反应的平衡条件。

如果 $\sum\mu_i dn_i<0$，即 $2\mu_{SO_2}+\mu_{O_2}>2\mu_{SO_3}$（$W_f=0$），则化学反应能向右自发进行；反之，反应向左进行。

3.13.4　理想气体的化学势

（1）单组分理想气体的化学势

单组分：
$$\overline{G}=\left(\frac{\partial G}{\partial n}\right)_{T,P}=G_m$$

单组分系统的偏摩尔自由能（即化学势）等于其在纯态时的摩尔自由能。

或：
$$\mu=\overline{G}=G_m$$

在一定温度压力下，纯理想气体的摩尔自由能可表示为：

$$G_m(T,P)=G_m^{\ominus}(T,P^{\ominus})+RT\ln\frac{P}{P^{\ominus}}$$

式中，$G_m(T,P)=\mu(T,P)$；$G_m^{\ominus}(T,P^{\ominus})=\mu^{\ominus}(T,P^{\ominus})$

所以理想气体的化学势可表示为：

$$\mu(T,P)=\mu^{\ominus}(T,P^{\ominus})+RT\ln\frac{P}{P^{\ominus}}\ \text{(单组分理想气体)}$$

式中，P 为理想气体的压力；$\mu^{\ominus}$ 为标准压力 $P^{\ominus}$ 时的化学势——标准态化学势（它仅是温度 T 的函数）。

（2）混合理想气体的化学势

对混合理想气体来说，其中某种气体的行为与该气体单独占有混合气体总体积时的行为相同。

所以，混合理想气体中某种气体的化学势表示法与该气体在纯态时的化学势的表示法相同（因为理想气体忽略分子间相互作用）。

混合理气中组分 i 的化学势：

$$\mu_i(T,P_i)=\mu_i^{\ominus}(T,P^{\ominus})+RT\ln(\frac{P_i}{P^{\ominus}}) \tag{3-69}$$

式中，P_i 为混合理气中组分 i 的分压 $P_i=x_iP$；$\mu_i^{\ominus}$（T，$P^{\ominus}$）为组分 i 分压为 $P_i=P^{\ominus}$ 时的化学势（组分 i 标准态化学势），也即组分 i 单独存在并且压力为 $P^{\ominus}$ 时的化学势（也是 T 的函数）；

$$\begin{aligned}\mu_i(T,P_i)&=\mu_i^{\ominus}(T,P^{\ominus})+RT\ln\frac{P_i}{P^{\ominus}}\\&=\mu_i^{\ominus}(T,P^{\ominus})+RT\ln\frac{P_i}{P^{\ominus}}+RT\ln x_i\\&=\mu_i^*(T,P)+RT\ln x_i\end{aligned}$$

μ_i^*（T,P）为纯组分 i 在（T,P）时的化学势。

混合理想气体的总自由能，可用集合公式表示 $G=\sum n_i\mu_i$。

3.13.5　实际气体的化学势

对于单组分实际气体

$$\mu=G_m(T,P)=G_m^{\ominus}(T,P^{\ominus})+\int_{P^{\ominus}}^{P}V_m\mathrm{d}P$$

非理想气体：$V_m\neq RT/P$，故不能得到如理想气体化学势形式 $\mu=\mu^{\ominus}+RT\ln(P/P^{\ominus})$。

为使实际气体的化学势在表达形式上与理想气体相同，路易斯（Lewis）提出一个形式上与理想气体化学势相同的简单表达办法，即将实际气体的压力 P 乘以校正因子 γ，得到实际气体的逸度 f：

$$f=P\gamma(\gamma\text{ 为无量纲量})$$

式中，γ 称为实际气体的“逸度系数”。γ 值不仅与气体的特性有关，还与温度和压力有关。

一般说来，在一定温度下，压力不太高时，$\gamma<1$；当压力很大时，常温（308.6K）下 O_2 在 $P>500P^{\ominus}$ 时，$\gamma>1$；当压力 $P\to 0$ 时，实际气体→理想气体，此时 $\gamma\to 1$，即：

$$\lim_{(P\to 0)}\gamma=\lim_{(P\to 0)}\frac{f}{P}=1$$

因此，实际气体的化学势可表为：

$$\mu=\mu^{\ominus}(T,\ f=P^{\ominus})+RT\ln\frac{f}{P^{\ominus}}$$

$$=\mu^{\ominus}(T,\ f=P^{\ominus})+RT\ln\left[\left(\frac{P\gamma}{P^{\ominus}}\right)\right]$$

当 $P\to 0$ 时，$\gamma\to 1$，$f\to P$，上式还原为理想气体化学势：

$$\mu=\mu^{\ominus}(T,\ P=P^{\ominus})+RT\ln\frac{P}{P^{\ominus}} \tag{3-70}$$

事实上，无论标准状态真实与否，标准状态化学势 $\mu^{\ominus}$ 的绝对值大小都无法求得（就像 U、H、G 等的绝对值大小无法求得）；人们更关心化学过程中化学势的变化量，$\mu^{\ominus}$ 只是化学势的一个相对参考原点而已；$\mu^{\ominus}$ 所对应的状态真实性与否及其绝对值大小无关紧要，因为计算化学势变化过程中 $\mu^{\ominus}$ 被抵消掉了。

对于多组分实际气体的情况，可由单组分实际气体的化学势推及，本书不做详细推导。

3.14 热力学第三定律——规定熵的计算

3.14.1 规定熵

任意等温过程：

$$\Delta G=\Delta H-\Delta(TS)=\Delta H+T_2S_2-T_1S_1$$

$$=\Delta H+T(S_2-S_1)=\Delta H-T\Delta S$$

对于某等温等压化学反应，ΔH 为反应热，ΔS 为反应的熵变，ΔG 为反应自由能变化。

对于在标准状态下的反应：

$$\Delta G^{\ominus}=\Delta H^{\ominus}-T\Delta S^{\ominus}$$

许多反应的 $\Delta H^{\ominus}$ 可用量热法测定，或用生成热（或燃烧热）差值来计算；因此，如果知道了反应的 $\Delta S^{\ominus}$，$\Delta G^{\ominus}$ 就可求出，而 $\Delta G^{\ominus}$ 对化学平衡的计算有重要作用。

如果我们知道各种单质和化合物在标准状态下的熵值，则反应的熵变：

$$\Delta S^{\ominus}=(\sum \nu_i S^{\ominus}_{m,i})_{产}-(\sum \nu_i S^{\ominus}_{m,i})_{反} \quad (3\text{-}71)$$

通常人为规定单质和化合物的某一参考点作为零熵点，从而求得标准态（$P^{\ominus}$）下的熵值称为规定熵。

3.14.2　热力学第三定律

熵值的大小与系统分子的混乱度有关；对于纯物质来说，这种混乱度又体现在分子平动能、振动、转动能级分布、分子间相互作用以及分子结构等有关因素。当温度 T 降低时，以上各种因素的分布变窄，系统有序度增加，熵值降低。如图 3-14 所示为低温下等温电池反应的 ΔH 和 ΔG 与温度关系；当 T 逐渐降低时，ΔH 和 ΔG 逐渐趋于相等，并且其斜率 $(\partial \Delta G/\partial T)_T$ 及 $(\partial \Delta H/\partial T)_T$ 也趋于一致（均趋于零）。

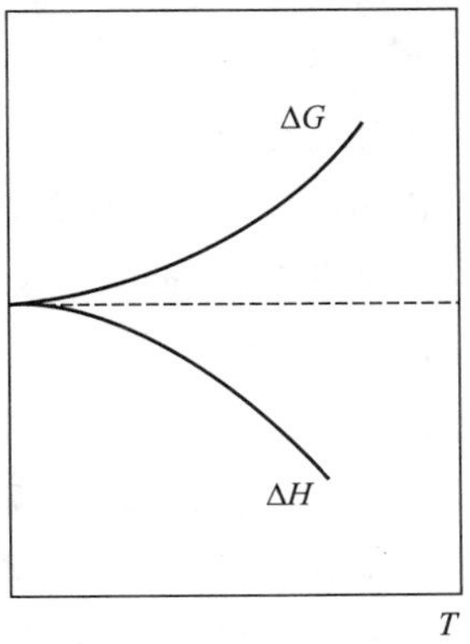

图 3-14　低温下等温电池反应的 ΔH 和 ΔG 与温度关系

由：
$$\Delta S=\frac{\Delta H-\Delta G}{T}$$

$$\lim_{T\to 0}(\Delta S)_T=\lim_{T\to 0}\left[\frac{\partial(\Delta H-\Delta G)}{\partial T}\right]_T$$
$$=\lim_{T\to 0}\left[\left(\frac{\partial \Delta H}{\partial T}\right)_T-\left(\frac{\partial \Delta G}{\partial T}\right)_T\right]$$
$$=0-0=0$$

由此得到能斯特定理：
$$\lim_{T\to 0}(\Delta S)_T=0 \quad (3\text{-}72)$$

温度趋于热力学绝对零度时的等温过程中，系统的熵值不变。

事实上，当温度为绝对零度（0K）时，对于纯物质的完美（无缺陷）晶体，其能级分布最单纯，分子相互之间作用完全相同，每个分子受作用力等价，显然，这时晶体的混乱度是最低的。普朗克（Planck）提出，可以规定任何纯物质在温度 0K 时的熵值均为零（此规定满足了能斯特定理）。

热力学第三定律（Planck 表述）：“在绝对零度时，任何纯物质的完美（整）晶体的熵值等于零”。

热力学第三定律与热力学第一定律、第二定律一样，是人类经验的总结，而其正确性已由大量低温实验事实所证实。此外，也可从其他方面的理论（量子物理、统计热力学等）得到支持。

习　题

3.1　卡诺热机在 $T_1=750\text{K}$ 的高温热源和 $T_2=300\text{K}$ 的低温热源间工作，求：

（1）热机效率 η；

（2）当从高温热源吸热 $Q_1=250\text{kJ}$ 时，系统对环境做的功 $-W$ 及向低温热源放出的热 $-Q_2$

3.2　试说明：在高温热源和低温热源间工作的不可逆热机与卡诺机联合操作时，若令卡诺热机得到的功 W_r 等于不可逆热机做出的功 $-W_i$。假设不可逆热机的热机效

率 η 大于卡诺热机效率 η_r，其结果必然是有热量从低温热源流向高温热源，而违反势热力学第二定律的克劳修斯说法。

3.3 高温热源温度 $T_1=600\text{K}$，低温热源温度 $T_2=300\text{K}$，今有 120kJ 的热直接从高温热源传给低温热源，求此过程的 ΔS。

3.4 已知水的比定压热容 $C_P=4.184\text{J}/(\text{g}\cdot\text{K})$。今有 1kg，10℃的水经下列三种不同过程加热成 100℃的水，求过程的 $\Delta S_{体}$，$\Delta S_{环}$ 及 $\Delta S_{隔离}$（$\Delta S_{隔离}$ 为隔离系统总熵变）。

（1）系统与 100℃的热源接触。

（2）系统先与 55℃的热源接触至热平衡，再与 100℃的热源接触。

（3）系统先与 40℃，70℃的热源接触至热平衡，再与 100℃的热源接触。

3.5 已知氮（N_2，g）的摩尔定压热容与温度的函数关系为

$$C_{P,m}=\{27.32+6.226\times10^{-3}(T/K)-0.9502\times10^{-6}(T/K)^2\}\text{J}/(\text{mol}\cdot\text{K})$$

将始态为 300K，100kPa 下 1mol 的 N_2（g）置于 1000K 的热源中，求下列过程（1）经恒压过程；（2）经恒容过程达到平衡态时的 Q，ΔS 及 ΔS_{iso}（S_{iso}表示隔离系统熵变）。

3.6 1mol 理想气体在 $T=300\text{K}$ 下，从始态 100kPa 到下列各过程，求 Q，ΔS 及 ΔS_{iso}。

（1）可逆膨胀到压力 50kPa；

（2）反抗恒定外压 50kPa，不可逆膨胀至平衡态；

（3）向真空自由膨胀至原体积的 2 倍。

3.7 4mol 单原子理想气体从始态 750K、150kPa，先恒容冷却使压力降至 50kPa，再恒温可逆压缩至 100kPa，求整个过程的 Q、W，ΔU，ΔH，ΔS。

3.8 5mol 单原子理想气体，从始态 300K、50kPa 先绝热可逆压缩至 100kPa，再恒压冷却至体积为 85dm^3 的末态。求整个过程的 Q，W，ΔU，ΔH 及 ΔS。

3.9 始态 300K、1MPa 的单原子理想气体 2mol，反抗 0.2MPa 的恒定外压绝热不可逆膨胀至平衡态。求过程的 W，ΔU，ΔH 及 ΔS。

3.10 组成为 $y_B=60$ 的单原子气体 A 与双原子气体 B 的理想气体混合物共 10mol，从始态 $T_1=300\text{K}$，$P_1=50\text{kPa}$，绝热可逆压缩至 $P_2=200\text{kPa}$ 的平衡态。求过程的 ΔU，ΔH，$\Delta S_A\Delta S_B$。

3.11 单原子气体 A 与双原子气体 B 的理想气体混合物共 8mol，组成为 $y_B=0.25$，始态 $T_1=400\text{K}$，$V_1=50\text{dm}^3$。今绝热反抗恒定外压不可逆膨胀至末态体积 $V_2=250\text{dm}^3$ 的平衡态。求过程的 W，ΔU，ΔH，ΔS。

3.12 常压下将 100g、27℃的水与 200g、72℃的水在绝热容器中混合，求最终水温 T 及过程的熵变 ΔS。已知水的比定压热容 $C_P=4.184\text{J}/(\text{g}\cdot\text{K})$。

3.13 将温度均为 300K，压力均为 100kPa 的 100dm^3 的 H_2(g)与 50dm^3 的 CH_4(g)恒温恒压混合。求过程 ΔS，假设 H_2(g)和 CH_4(g)均可认为是理想气体。

3.14 绝热恒容容器中有一绝热耐压隔板，隔板一侧为 2mol 的 200K、50dm^3 的单原子理想气体 A，另一侧为 3mol 的 400K、100dm^3 的双原子理想气体 B。今将容器中的绝热隔板撤去，气体 A 与气体 B 混合达到平衡态，求过程的 ΔS。

3.15　绝热恒容容器中有一绝热耐压隔板，隔板两侧均为 N_2（g）。一侧容积 $50dm^3$，内有 200K 的 N_2（g）2mol；另一侧容积为 $75dm^3$，内有 500K 的 N_2（g）4mol；N_2（g）可认为理想气体。今将容器中的绝热隔板撤去，使系统达到平衡态。求过程的 ΔS。

注意 3.14 与 3.15 题的比较。

3.16　甲醇（CH_3OH）在 101.325kPa 下的沸点（正常沸点）为 64.65℃，在此条件下的摩尔蒸发焓 $\Delta_{vap}H_m$＝35.32kJ/mol，求在上述温度、压力条件下，1kg 液态甲醇全部成为甲醇蒸汽时 Q，W，ΔU，ΔH 及 ΔS。

3.17　常压下冰的熔点为 0℃，比熔化焓 $\Delta_{fus}H$＝333.3J/g，水的比定压热熔 C_P＝4.184J/（g·K）。在一绝热容器中有 1kg、25℃的水，现向容器中加入 0.5kg、0℃的冰，这是系统的始态。求系统达到平衡后，过程的 ΔS。

3.18　将装有 0.1mol 乙醚 $(C_2H_5)_2O$（l）的小玻璃瓶放入容积为 $10dm^3$ 的恒容密闭的真空容器中，并在 35.51℃的恒温槽中恒温。35.51℃为在 101.325kPa 下乙醚的沸点。已知在此条件下乙醚的摩尔蒸发焓 $\Delta_{vap}H_m$＝25.104kJ/mol。今将小玻璃瓶打破，乙醚蒸发至平衡态。求

（1）乙醚蒸气的压力；

（2）过程的 Q，ΔU，ΔH 及 ΔS。

3.19　容积为 $20dm^3$ 的密闭容器中共有 2mol H_2O 成气液平衡。已知 80℃、100℃下水的饱和蒸气压分别为 P_1＝47.343kPa 及 P_2＝101.325kPa，25℃水的摩尔蒸发焓 $\Delta_{vap}H_m$＝44.016kJ/mol；水和水蒸气在 25～100℃间的平均定压摩尔热容分别为 $\overline{C}_{P,m}$（H_2O，l）＝75.75J/（mol·K）和 $\overline{C}_{P,m}$（H_2O，g）＝33.76J/（mol·K）。今将系统从 80℃的平衡态恒容加热到 100℃。求过程的 Q，ΔU，ΔH 及 ΔS。

3.20　已知 25℃时液态水的标准摩尔生成吉布斯函 $\Delta_f G_m^{\ominus}$（H_2O，l）＝－237.129kJ/mol，水在 25℃时的饱和蒸气压 P＝3.1663kPa。求 25℃时水蒸气的标准摩尔生成吉布斯函数。

3.21　100℃的恒温槽中有一带有活塞的导热圆筒，筒中为 2molN_2(g)及装与小玻璃瓶中的 3molH_2O（l）。环境的压力即系统的压力维持 120kPa 不变。今将小玻璃瓶打碎，液态水蒸发至平衡态。求过程的 Q，W，ΔU，ΔH，ΔS 及 ΔG。

3.22　已知 100℃水的饱和蒸气压为 101.325kPa，此条件下水的摩尔蒸发焓 $\Delta_{fus}H_m$＝40.668kJ/mol。在置于 100℃恒温槽中的容积为 $100dm^3$ 的密闭容器中，有压力 120kPa 的过饱和蒸气。此状态为亚稳态。今过饱和蒸气失稳，部分凝结成液态水达到热力学稳定的平衡态。求过程的 Q，ΔU，ΔH，ΔS 及 ΔG。

3.23　已知在 101.325kPa 下，水的沸点为 100℃，其比蒸发焓 $\Delta_{vap}H$＝2257.4kJ/mol。已知液态水和水蒸气在 100～120℃范围内的平均比定压热容分别为 $\overline{C}_P$（H_2O，l）＝4.224kJ/（kg·K）及 $\overline{C}_P$（H_2O，g）＝2.033kJ/（kg·K）。今有 101.325kPa 下 120℃的 1kg 过热水变成同样温度、压力下的水蒸气。设计可逆

途径，并按可逆途径分别求过程的 ΔS 及 ΔG。

3.24 已知在 100kPa 下水的凝固点为 0℃，在 −5℃，过冷水的比凝固焓 $\Delta_l^s H = -322.4\text{J/g}$，过冷水和冰的饱和蒸气压分别为 $P(H_2O, l) = 0.422\text{kPa}$，$P(H_2O, S) = 0.44\text{kPa}$。今在 100kPa 下，有 −5℃ 1kg 的过冷水变为同样温度、压力下的冰，设计可逆途径，分别按可逆途径计算过程的 ΔS 及 ΔG。

3.25 若在某温度范围内，一液体及其蒸气的摩尔定压热容均可表示成 $C_{P,m} = a + bT + cT^2$ 的形式，则液体的摩尔蒸发焓为

$$\Delta_{vap} H_m = \Delta H_0 + (\Delta a)T + \frac{\Delta b}{2}T^2 + \frac{\Delta c}{3}T^3$$

式中，$\Delta a = a(g) - a(l)$，$\Delta b = b(g) - b(l)$，$\Delta c = c(g) - c(l)$，ΔH_0 为积分常数。试应用克劳修斯-克拉佩龙方程的微分式，推导出该温度范围内液体的饱和蒸气压 P 的对数 $\ln P$ 与热力学温度 T 的函数关系式，积分常数为 I。

3.26 化学反应如下：

$$CH_4(g) + CO_2(g) \Longrightarrow 2CO(g) + H_2(g)$$

(1) 利用附录中各物质的 $S_m^\ominus$，$\Delta_f G_m^\ominus$ 数据，求上述反应在 25℃ 时的 $\Delta_r S_m^\ominus$，$\Delta_r G_m^\ominus$；

(2) 利用附录中各物质的 $\Delta_f G_m^\ominus$ 数据，计算上述反应在 25℃时的 $\Delta_r G_m^\ominus$；

(3) 25℃，若始态 $CH_4(g)$和 $H_2(g)$的分压均为 150kPa，末态 $CO(g)$ 和$H_2(g)$的分压均为 50kPa，求反应的 $\Delta_r S_m$，$\Delta_r G_m$。

3.27 已知化学反应

$$0 = \sum_B v_B B$$

中各物质的摩尔定压热容与温度间的函数关系为

$$C_{P,m} = a'bT + cT^2$$

这个反应的标准摩尔反应熵与温度的关系为

$$\Delta_r S_m^\ominus(T) = \Delta_r S_{m,0}^\ominus + \Delta a \ln T + \Delta b T + \frac{1}{2}\Delta T^2$$

试用热力学基本方程 $dG = -SdT + Vdp$ 推导出该反应的标准摩尔反应吉布斯函数 $\Delta_r S_m^\ominus(T)$与温度 T 的函数关系式。说明积分常数 $\Delta_r S_{m,0}^\ominus(T)$如何确定。

3.28 已知水在 77℃时的饱和蒸气压为 41.891kPa。水在 101.325kPa 下的正常沸点为 100℃。求：(1) 下面表示水的蒸气压与温度关系的方程式中的 A 和 B 值。

$$1g(P/Pa) = -A/T + B$$

(2) 在此温度范围内水的摩尔蒸发焓。

(3) 在多大压力下水的沸点为 105℃。

3.29 水（H_2O）和氯仿（$CHCl_3$）在 101.325kPa 下的正常沸点分别为 100℃和 61.5℃，摩尔蒸发焓分别为 $\Delta_{vap}H_m$（H_2O）= 40.668kJ/mol 和 $\Delta_{vap}H_m$（$CHCl_3$）=29.50kJ/mol。求两液体具有相同饱和蒸气压时的温度。

3.30 求证：

（1）$dH = C_P dT + \left[V - T\left(\frac{\partial V}{\partial T}\right)_P\right]dP$

（2）对理想气体$\left(\frac{\partial H}{\partial P}\right)_T = 0$

第4章 化学平衡

化学反应可以同时向正、反两个方向进行，在一定条件下，当正、反两个方向的反应速率相等时系统就达到了平衡状态。不同的系统，达到平衡所需的时间各不同，但其共同的特点是平衡后系统中各物质的数量均不再随时间而改变，产物和反应物的数量之间具有一定的关系，只要外界条件不变，这个状态不随时间而变化。平衡状态从宏观上看表现为静态，而实际上是一种动态平衡。而且外界条件一经改变，平衡状态就必然要发生变化。

在实际生产中需要知道：如何控制反应条件，使反应按我们所需要的方向进行，在给定条件下反应进行中的最高限度是什么等。这些问题是很重要的，尤其是在开发新的反应时具有重要的指导意义。例如研究石油产品的综合利用、新药的合成以及耦合反应的选择、如何选择最适宜的反应条件等，都有赖于热力学的基本知识。把热力学基本原理和规律应用于化学反应可以从原则上确定反应进行的方向，平衡的条件，反应所能达到的最高限度，以及推导出平衡中各物质的数量关系，并用平衡常数来表示。解决这些问题的重要性更是不言而喻的。例如在预知反应不可能进行的条件下或理论产率极低的情况下，就不必再耗费人力、物力和时间去进行探索性实验。又例如在给定条件下，反应有一个理论上的最大限度，不可能超越这个限度，也不可能借添加催化剂来改变这个限度，只有改变反应条件，才能在新的条件下达到新的限度。

4.1 可逆化学反应

化学平衡是指在一定条件下，化学反应的正向反应速率与逆向反应速率相等，反应系统中宏观性质不随时间变化的状态。达到平衡时，系统中各物质的量均不随时间而改变，当外界条件改变时，平衡状态就可能发生改变，所以化学平衡是一种动态平衡。

（1）单向反应

所有的化学反应都可以认为是既能正向进行，亦能逆向进行；但在有些情况下，逆向反应的程度是如此之小，可略去不计。这种反应我们通常称为“单向反应”。

例如，在通常温度下，将2份H_2与1份O_2的混合物用电火花引爆，就可转化为水。这时，用通常的实验方法无法检测到所剩余的氢和氧的数量。但是当温度高达1500℃时，水蒸气却可以有相当程度地分解为O_2和H_2。这个事实告诉我们：在通常条件下，氢和氧燃烧反应逆向进行的程度是很小的；而在高温条件下，反应逆向进行的程度就相当明显，由此引出可逆反应。

（2）可逆反应

在给定条件下，正向反应和逆向反应均有一定的程度，这种反应我们称为“可逆反应”。

可逆反应特点：所有的可逆反应在进行一定时间以后均会达到化学平衡状态，在温度和压力不变的条件下，混合物的组成不随时间而改变。从宏观上看，达到化学平衡时化学反应似乎已经停止，但实际上这种平衡是动态平衡，即正向反应和逆向反应的速度相等。

本章可逆反应概念中的“可逆”　一词，已不是热力学意义上的可逆过程（即无限缓慢的准静态过程），而仅指反应物、产物转化的可逆性。可逆化学反应本身与其他化学反应一样，也可以是自发进行的，只是达到化学平衡时正向反应与逆向反应速率相等。

4.2　化学反应的平衡条件和平衡常数

4.2.1　化学反应的平衡条件和反应进度 ξ 的关系

对任意的封闭系统，当系统有微小的变化时，有：

$$dU = TdS - PdV + \sum_B \mu_B dn_B \tag{4-1}$$

$$dG = -SdT + VdP + \sum_B \mu_B dn_B \tag{4-2}$$

对化学反应系统，引入反应进度的概念，则

$$d\xi = \frac{dn_B}{\nu_B} \text{或 } dn_B = \nu_B d\xi \tag{4-3}$$

则

$$dU = TdS - PdV + \sum_B \nu_B \mu_B d\xi \tag{4-4}$$

$$dG = -SdT + VdP + \sum_B \nu_B \mu_B d\xi \tag{4-5}$$

式(4-4)、式(4-5) 与式(4-1)、式(4-2) 的不同之处是改变了系统的变量，例如对于 Gibbs 自由能来说，变量由(T，P，n_B) 变成了(T，P，ξ)。

在等温等压下，

$$dG = \sum_B \nu_B \mu_B d\xi \tag{4-6}$$

或

$$\left(\frac{\partial G}{\partial \xi}\right)_{T,P} = \sum_B \nu_B \mu_B = \Delta_r G_m \tag{4-7}$$

式中，μ_B 是参与反应的各物质的化学势。在反应过程中，要保持 μ_B 不变的条件是：在有限量的系统中，反应的进度 ξ 很小，系统中各物质数量的微小变化，不足以引起各物质浓度的变化，因而其化学势不变。从式（4-7）也可看出 $\Delta_r G_m$ 的单位为$J \cdot mol^{-1}$。

4.2.2 气相反应的标准平衡常数和化学反应等温方程式

前已证明，对于理想气体的化学势可写作

$$\mu_B(T, P)=\mu_B^{\ominus}(T)+RT\ln\frac{P_B}{P^{\ominus}}$$

假设有理想气体的化学反应为：

$$aA\ (P'_A)+bB\ (P'_B)\longrightarrow gG\ (P'_G)+hH\ (P'_H)$$

反应在恒温、恒压下进行，其中 P'_A、P'_B、P'_G、P'_H 是某一任意时刻时各组分的分压（不是反应达平衡状态时的分压）。

设反应系统无限大，完成一个计量反应不影响各组分的分压。在此反应过程中的某一任意时刻，完成一个计量反应式，系统的自由能变化值应为：

$$\begin{aligned}\Delta_r G_m&=(g\mu_G+h\mu_H)-(a\mu_A+b\mu_B)\\&=[g\mu_G^{\ominus}+gRT\ln\frac{P'_G}{P^{\ominus}}+h\mu_H^{\ominus}+hRT\ln\frac{P'_H}{P^{\ominus}}]-[a\mu_A^{\ominus}+aRT\ln\\&\quad\frac{P'_A}{P^{\ominus}}+b\mu_H^{\ominus}+bRT\ln\frac{P'_H}{P^{\ominus}}]\\&=(g\mu_G^{\ominus}+h\mu_H^{\ominus}-a\mu_A^{\ominus}-b\mu_B^{\ominus})+RT\ln\frac{(P'_G/P^{\ominus})^g\ (P'_H/P^{\ominus})^h}{(P'_A/P^{\ominus})^a\ (P'_B/P^{\ominus})^b}\end{aligned}$$

由于 $g\mu_G^{\ominus}+h\mu_H^{\ominus}-a\mu_A^{\ominus}-b\mu_B^{\ominus}=\Delta_r G_m^{\ominus}$（标准状态下化学势变化）

则：

$$\Delta_r G_m=\Delta_r G_m^{\ominus}+RT\ln\frac{(P'_G/P^{\ominus})^g\ (P'_H/P^{\ominus})^h}{(P'_A/P^{\ominus})^a\ (P'_B/P^{\ominus})^b}\qquad(4\text{-}8)$$

对于理想气体反应，平衡时 $\Delta_r G_m=0$，令 $K_f^{\ominus}$（或 $K_P^{\ominus}$）$=\frac{(P'_G/P^{\ominus})^g\ (P'_H/P^{\ominus})^h}{(P'_A/P^{\ominus})^a\ (P'_B/P^{\ominus})^b}$，则有：

$$g\mu_G^{\ominus}+h\mu_H^{\ominus}-a\mu_A^{\ominus}-b\mu_B^{\ominus}=\Delta_r G_m^{\ominus}=-RT\ln K_f^{\ominus}=-RT\ln K_P^{\ominus}$$

$K_f^{\ominus}$（或 $K_P^{\ominus}$）为反应的平衡常数。（理想气体 $K_f^{\ominus}=K_P^{\ominus}$）

令

$$Q_f=\frac{(P'_G/P^{\ominus})^g\ (P'_H/P^{\ominus})^h}{(P'_A/P^{\ominus})^a\ (P'_B/P^{\ominus})^b}\text{（理想气体）}$$

代入式（4-8）：

$$\Delta_r G=-RT\ln K_f^{\ominus}+RT\ln Q_f\qquad(4\text{-}9)$$

式（4-9）称为范特霍夫（Van'tHoff）等温方程。

Q_f（或 Q_P）：不是平衡常数，而是任意反应状态时产物与反应物的分压（逸度）幂乘积之比，其形式与标准平衡常数的表示式相同。

方程（4-9）也可写成如下形式：

$$\Delta_r G = RT\ln\frac{Q_f}{K_f^{\ominus}}$$

理想气体反应：
$$\frac{Q_f}{K_f^{\ominus}} = \frac{Q_P}{K_P^{\ominus}}$$

$$\Delta_r G = RT\ln\frac{Q_p}{K_P^{\ominus}} \text{（理想气体）} \tag{4-10}$$

式中，K_P 为（压力）平衡常数；Q_P 为任意状态的“压力商”。

事实上，方程（4-10）的形式比方程（4-9）更常用。

用 Van’t Hoff 等温方程可判别在给定条件下的化学反应是否自发进行及进行到什么程度为止。

$\Delta G<0$，能自发进行；

$\Delta G>0$，不能自发进行（反方向自发）；

$\Delta G=0$，平衡（热力学）可逆过程。

将上述结论应用于任意理想气体化学反应，则从 Van't Hoff 方程可以看出：

$$\Delta_r G = RT\ln\frac{Q_P}{K_P^{\ominus}}$$

当 $Q_P<K_p^{\ominus}$ 时，$\Delta_r G<0$，正向反应自发进行；

当 $Q_P>K_p^{\ominus}$ 时，$\Delta_r G>0$，正向反应不能自发进行（逆向反应自发进行）；

当 $Q_P=K_p^{\ominus}$ 时，$\Delta_r G=0$，反应达成平衡。

从 Van't Hoff 等温方程的推导过程可以看出，$Q_P<K_P^{\ominus}$ 时，正反应之所以能自发进行，是因为这时反应物的化学势大于产物的化学势。反应自发地朝着化学势降低方向进行。随着正反应自左向右进行，产物浓度（或压力）逐渐增加，产物的化学势（自由能）逐渐增加；同时反应物浓度（或压力）逐渐减少，其化学势（自由能）逐渐减少。当反应进行到反应物和产物的化学势相等时，即：$(\sum \nu_i \mu_i)_{反} = (\sum \nu_i \mu_i)_{产}$，反应就达到了平衡。

在 Van't Hoff 等温方程中，$\Delta_r G^{\ominus}$ 指产物和反应物均处于标准状态时的化学势之差。故称 $\Delta rG^{\ominus}$ 为反应的“标准自由能变化”。

例 4-1 反应 $2H_2(g) + O_2(g) \xlongequal{} 2H_2O(g)$，2000K 时的 $K_P = 1.55\times10^7\,atm^{-1}$（1atm=101325Pa，下同）。

① 计算在 0.1atm 的 H_2、0.1atm 的 O_2 和 1.0atm 的 H_2O（g）的混合物中进行上述反应的 $\Delta_r G$，并判断此混合气体的反应的自发方向；

② 当 2mol H_2 和 1mol O_2 的分压仍然分别为 0.1atm 时，欲使反应不能自发进行，则水蒸气的压力最少需要多大？

解 ① 由 Van’t Hoff 等温方程：

$$Q_P = \frac{1.00^2}{0.1^2\times0.1} = 1000\,atm^{-1}$$

$$\Delta_r G = -RT\ln\frac{K_P}{Q_P} = -8.314\times2000\times\ln\frac{1.55\times10^7}{1000} = -1.60\times10^5\,\text{J/mol}$$

因为 $\Delta_r G<0$；此反应的自发方向即生成 H_2O（g）的方向。

② 欲使反应不能自发进行，则 Q_P 最小必须和 K_P 相等，即：

$$Q_P = 1.55\times10^7 = \frac{P_{H_2O}^2}{0.1^2\times0.1}$$

得 $$P_{H_2O} = (1.55\times10^4)^{1/2} = 124\text{atm}$$

即水蒸气的压力至少 124atm 时，方能抑制反应自发进行。

4.2.3 理想气体气相反应平衡常数的各种表示法

理想气体反应的标准平衡常数：

$$K_P^{\ominus} = \frac{(P_G/P^{\ominus})^g\ (P_H/P^{\ominus})^h}{(P_A/P^{\ominus})^a\ (P_B/P^{\ominus})^b} = \frac{P_G^g P_H^h}{P_A^a P_B^b}(P^{\ominus})^{-(g+h-a-b)}$$

令产物与反应物计量系数之差 $\Delta\upsilon = (g+h)-(a+b)$

$K_P = \dfrac{P_G^g P_H^h}{P_A^a P_B^b}$称作压力平衡常数，则：

$K_f^{\ominus} = K_P^{\ominus} = K_P\ (P^{\ominus})^{-\Delta\upsilon}$或 $K_P = K_P^{\ominus}\ (P^{\ominus})^{\Delta\upsilon}$（理想气体）

因为 $K_P^{\ominus}$仅为温度 T 的函数，所以平衡常数 K_P 也仅为温度的函数。

将 $P_i = \dfrac{n_i PT}{V} = c_i RT$，代入上式，得 $K_P = \dfrac{c_G^g c_H^h}{c_A^a c_B^b}(RT)^{\Delta\upsilon}$

$K_c = \dfrac{c_G^g c_H^h}{c_A^a c_B^b}$称作浓度平衡常数，

则：
$$K_c = K_P\ (RT)^{-\Delta\upsilon} = K_P^{\ominus}\left(\frac{RT}{P^{\ominus}}\right)^{-\Delta\upsilon} \tag{4-11}$$

因为 K_P 只是温度的函数，所以 K_c 也仅为温度的函数。

对于理想气体，分压与总压有关系式：$P_i = Px_i$，代入 K_P 定义式：

$$K_P = \frac{x_G^g x_H^h}{x_A^a x_B^b}\cdot P^{\Delta\upsilon}$$

$K_x = \dfrac{x_G^g x_H^h}{x_A^a x_B^b}$称作摩尔分数平衡常数，

则：
$$K_x = K_P(P)^{-\Delta\upsilon}\ (K_x\text{无量纲}) \tag{4.12}$$

由上式看出：

K_x既与温度有关（K_P 是温度的函数），又是系统压力 P 的函数。即 P 改变时，

K_x 值也会变（除非 $\Delta\nu=0$）。当 $\Delta\nu=0$ 时，$K_P=K_P^{\ominus}=K_x=K_c$。

对于气相反应，最常用的平衡常数是 K_P。

4.2.4　非理想气体（高压反应）化学平衡

当气相反应是在高压下进行，气体不能被看作是理想气体：

$$\mu_i=\mu_i^{\ominus}\ (P_i=P^{\ominus},\ \gamma_i=1)\ +RT\ln\frac{f_i}{P^{\ominus}}$$

标准平衡常数：$K_f^{\ominus}=\dfrac{(f_G/P^{\ominus})^g\,(f_H/P^{\ominus})^h}{(f_A/P^{\ominus})^a\,(f_B/P^{\ominus})^b}$（$K_f^{\ominus}$ 只与温度有关）

设

$$f_i=P_i\gamma_i,$$

$$K_f^{\ominus}=\frac{(P_G/P^{\ominus})^g\,(P_H/P^{\ominus})^h}{(P_A/P^{\ominus})^a\,(P_B/P^{\ominus})^b}\times\frac{\gamma_G^g\gamma_H^h}{\gamma_A^a\gamma_B^b}\text{或:}K_f^{\ominus}=K_P^{\ominus}K_\gamma \tag{4-13}$$

（式中 $K_\gamma=\dfrac{\lambda_G^g\gamma_H^h}{\gamma_A^a\gamma_B^b}$ 与压力有关）

$$K_P=\frac{P_G^gP_H^h}{P_A^aP_B^b}=K_P^{\ominus}(P^{\ominus})^{\Delta\nu}$$

由于 K_γ 与压力有关，所以 $K_P^{\ominus}$、K_P 也与压力有关，

$$K_P=\frac{K_f^{\ominus}}{K_\gamma}(P^{\ominus})^{\Delta\nu}=K_P^{\ominus}(P^{\ominus})^{\Delta\nu}\text{（非理想气体）}$$

在 $K_f^{\ominus}$、$K_P^{\ominus}$、K_P 中，只有 $K_f^{\ominus}$ 只是温度的函数，定温下为常数。所以对于非理想气体反应平衡常数计算，只能用 $K_f^{\ominus}$。

4.2.5　液相反应的平衡常数

$$a\text{A}+b\text{B}=\!=\!=g\text{G}+h\text{H}$$

如果参加反应物质所构成的溶液为非理想溶液，那么根据一般互溶物中组分化学势表示式：

$$\mu_i(T,P)=\mu_i^*(T,P)+RT\ln a_i$$

代入关系式：$a\mu_A+b\mu_B=g\mu_G+h\mu_H$

得：

$$\ln\frac{a_G^g a_H^h}{a_A^a a_B^b}=-\frac{1}{RT}(g\mu_G^*+h\mu_H^*-a\mu_A^*-b\mu_B^*)$$

式中，μ_i^* 为纯物质 i（液体或固体）在 T、P 条件下的化学势。

通常的压力 P 对凝聚相的饱和蒸气压 P_i^* 影响很小，可以忽略不计。

即：

$$\mu_i^*(T、P)\approx\mu_i^*(T、P^{\ominus})=\mu_i^{\ominus}(T)$$

$\mu_i^{\ominus}$（T）为温度 T 下凝聚态纯物质 i 标准状态化学势。

代入上式：

$$\ln\frac{a_G^g a_H^h}{a_A^a a_B^b}=-\frac{1}{RT}(g\mu_G^{\ominus}+h\mu_H^{\ominus}-a\mu_A^{\ominus}-b\mu_B^{\ominus})=\ln K_a^{\ominus}$$

上式右侧仅与温度有关，$K_a^{\ominus}$称为标准平衡常数（无量纲）。即对于非理想溶液液相反应：

$$K_a^{\ominus}=\frac{a_G^g a_H^h}{a_A^a a_B^b}\text{（只与温度有关，无量纲）}\tag{4-14}$$

若反应物质构成的溶液为理想溶液，即 $\gamma_i=1$，$a_i=x_i$，则 $K_a^{\ominus}=\frac{x_G^g x_H^h}{x_A^a x_B^b}=K_x$（理想溶液），式中 K_x 为摩尔分数平衡常数。

4.3 平衡常数的影响因素及计算

平衡常数是化学研究领域中的一个很重要的物理量，通过大量的实验可以得出经验平衡常数，但是由实验测定平衡常数常具有一定的局限性，甚至一些反应的平衡常数根本无法直接测定。

由于平衡常数与反应中各物质的化学势直接相关，因此利用热力学函数 $\Delta_r G_m^{\ominus}$进行化学平衡常数的推导具有特别重要的意义。

4.3.1 温度对平衡常数的影响

对任意一化学反应来说：

$$\Delta_r G_m^{\ominus}=-RT\ln K^{\ominus}$$

要确定 $K^{\ominus}$随温度的变化关系，就必须首先知道 $\Delta_r G_m^{\ominus}$随温度的变化。

（1）$\Delta_r G^{\ominus}$与温度的关系

假设系统在恒温恒压下发生了一个过程，此过程的自由能变化为：

$$\Delta G=G_2-G_1$$

式中，G_1、G_2 分别为系统的始态和终态的自由能。

如果在压力不变的条件下升高温度 dT，重新发生此恒温恒压过程，则此过程的 ΔG 随温度的变化率，即 ΔG 在恒压下对 T 求偏微商：

$$\left(\frac{\partial\Delta G}{\partial T}\right)_P=\left[\frac{\partial(G_2-G_1)}{\partial T}\right]_P=\left(\frac{\partial G_2}{\partial T}\right)_P-\left(\frac{\partial G_1}{\partial T}\right)_P$$

将热力学基本关系：$\left(\frac{\partial G}{\partial T}\right)_P=-S$，代入上式：

$$\left(\frac{\partial \Delta G}{\partial T}\right)_P = -(S_2 - S_1) = -\Delta S \qquad (4\text{-}15)$$

式（4-15）为 Gibbs-Helmholtz 公式的微分式

式中，ΔS 为此恒温恒压过程（在温度 T 进行时）的熵变。

对于温度 T 时的恒温恒压过程，

$$\Delta G = \Delta(H - TS) = \Delta H - T\Delta S$$

$$\Delta S = \frac{\Delta G - \Delta H}{T}$$

代入式（4-15），得

$$T\left(\frac{\partial \Delta G}{\partial T}\right)_P = \Delta G - \Delta H$$

$$\frac{T\left(\frac{\partial \Delta G}{\partial T}\right)_P - \Delta G}{T^2} = -\frac{\Delta H}{T^2}$$

则
$$\frac{1}{T}\left(\frac{\partial \Delta G}{\partial T}\right)_P - \frac{\Delta G}{T^2} = -\frac{\Delta H}{T^2}$$

上式的左边是$\left(\frac{\Delta G}{T}\right)$对 T 的微分形式，所以，

$$\left[\frac{\partial\ \left(\frac{\Delta G}{T}\right)}{\partial T}\right]_P = -\frac{\Delta H}{T^2} \qquad (4\text{-}16)$$

式（4-16）为 Gibbs-Helmholtz，方程是从热力学第二定律得出的重要结果之一。

对于化学反应，则有：

$$\left[\frac{\partial\left(\frac{\Delta_r G^{\ominus}}{T}\right)}{\partial T}\right]_{\mathrm{P}} = -\frac{\Delta_r H^{\ominus}}{T^2} \qquad (4\text{-}17)$$

（2）平衡常数随温度的变化

由
$$\frac{\Delta_r G^{\ominus}}{T} = -R\ln K^{\ominus}$$

将上式在恒压下对 T 求偏微商：

$$\left[\frac{\partial\left(\frac{\Delta_r G_m^{\ominus}}{T}\right)}{\partial T}\right]_P = -\mathrm{R}\left(\frac{\partial\ (\ln K^{\ominus})}{\partial T}\right)_P$$

代入 Gibbs-Helmholtz 公式：

$$\left[\frac{\partial\ (\ln K^{\ominus})}{\partial T}\right]_P = \frac{\Delta_r H_m{}^{\ominus}}{RT^2}$$

因 $K^{\ominus}$ 与压力无关，故左侧恒压条件可不写，即：

$$\frac{\mathrm{d}\ln K^{\ominus}}{\mathrm{d}T}=\frac{\Delta_r H_m^{\ominus}}{RT^2} \tag{4-18}$$

式中 $\Delta_r H^{\ominus}$ 为产物和反应物在标准状态下的焓值之差。(4-18) 即为化学反应标准平衡常数随温度变化的微分式。

① 对于理想气体反应：ΔH 不随压力而变，可用实际反应压力下的 $\Delta_r H$ 代入式中的 $\Delta_r H^{\ominus}$；$K^{\ominus}$ 可用 $K_P^{\ominus}$ 代入，则：

$$\frac{\mathrm{d}\ln K_P^{\ominus}}{\mathrm{d}T}=\frac{\Delta_r H_m^{\ominus}}{RT^2} \tag{4-19}$$

(理想气体或压力不太高时的气体反应)

从式 (4-19) 可以看出：

当 $\Delta_r H_m^{\ominus}>0$ 即吸热反应时，升高温度，$\mathrm{d}T>0$，K_P 增加有利于正反应进行；

当 $\Delta_r H_m^{\ominus}<0$ 即放热反应时，升高温度，$\mathrm{d}T>0$，K_P 减少，不利于正反应进行。

这与夏特里 (Chatelier) 原理相符，即系统总是自动地朝着抵消外界条件的变化所造成的影响的方向移动。

例 4-2 试计算反应 $CH_4(g)+2O_2(g)=\!=\!=CO_2(g)+2H_2O(l)$ 的 $\Delta_r G_{298}^{\ominus}$ 和平衡常数 $K_P^{\ominus}$。

解：根据热力学数据表可知：

$$\Delta_f G_{m,298}^{\ominus}(CH_4)=-50.79\text{kJ/mol}，\Delta_f G_{m,298}^{\ominus}(CO_2)=-394.38\text{kJ/mol}，$$

$$\Delta_f G_{m,298}^{\ominus}(H_2O)=-237.19\text{kJ/mol}$$

则，

$$\Delta_r G_m^{\ominus}=-818.0\text{kJ/mol}$$

$$K_P^{\ominus}=\exp\left(-\frac{\Delta_r G_m^{\ominus}}{RT}\right)=2.4\times10^{143}$$

② 理想溶液反应：

$$K^{\ominus}=K_x，\ \Delta_r H_m^{\ominus}=\Delta_r H_m$$

$$\frac{\mathrm{d}\ln K_x}{\mathrm{d}T}=\frac{\Delta_r H_m}{RT^2}\ \text{(理想溶液)} \tag{4-20}$$

较常用的计算公式为式 (4-19)、式 (4-20)，要具体计算平衡常数随温度的变化量，必须将公式积分。

③ Gibbs-Helmholtz 积分式：以理想气体反应为例。

a. 当温度变化范围不大时，则恒压反应热 $\Delta_r H$ 可近似地看作为常数，于是将式 (4-19) 积分可得：

$$\ln K_P^\ominus = -\frac{\Delta_r H_m}{RT} + C \text{（理想气体，温度变化范围不大）} \tag{4-21}$$

式中，C 为积分常数。

由式（4-21）可以看出，如果以 $\ln K_P^\ominus$ 对 $1/T$ 作图，应得一直线，此直线的斜率为 $-\Delta_r H_m/R$。由此可计算出在此温度范围内的平均反应热 $\Delta_r H_m$。

如果将式（4-19）作定积分，则得：

$$\ln \frac{K'^\ominus_P}{K_P^\ominus} = \frac{\Delta_r H_m}{R}\left(\frac{1}{T} - \frac{1}{T'}\right) \tag{4-22}$$

由（4-22）式可以看出，当反应在此温度范围内的 $\Delta_r H_m$ 已知时，根据某一温度（T）时的平衡常数（$K_P^\ominus$）可以计算另一温度（T）时的平衡常数（$K_P^\ominus$）。

b. 当温度变化范围较大时，$\Delta_r H$ 就不能看作常数，在热化学中由基尔霍夫定律已经证明 $\Delta_r H$ 和温度 T 的关系，需将 $\Delta_r H = \Delta_r H$（T）函数代入方程（4-19）积分。

4.3.2 压力和惰性气体对平衡混合物组成的影响

在本节中仅以理想气体混合物系统为例，讨论压力和惰性气体对化学平衡的影响。

（1）压力对化学平衡的影响

设理想气体化学反应：

$$a\text{A} + b\text{B} \rightleftharpoons g\text{G} + h\text{H}$$

平衡常数：
$$K_P = K_x\ (P)^{\Delta\nu} = \frac{x_G^g x_H^h}{x_A^a x_B^b}\ (P)^{\Delta\nu} = \frac{n_G^g n_H^h}{n_A^a n_B^b}\ \left(\frac{P}{n}\right)^{\Delta\nu}$$

式中，n 为平衡系统中总的物质的量；K_P 值在温度一定时为常数，故由上式可以看出：

若 $\Delta\nu = 0$，则 $K_P = K_x$，改变总压力对平衡混合物组成没有影响；

若 $\Delta\nu > 0$，当总压力 P 增加时，K_x 减小，平衡混合物组成向产物减少、反应物增加的方向移动；

若 $\Delta\nu < 0$，当总压力 P 增加时，K_x 增加，平衡混合组成向产物增加、反应物减少方向移动。

也可表述为："增加压力，平衡向气体分子数减少的方向移动，以部分抵消系统压力的增加"。新的化学平衡总是朝着抵消外加条件改变而造成的影响的方向移动。

（2）惰性气体对化学平衡的影响

这里的惰性气体是指在化学反应系统中，存在的不参与化学反应的气体。当总压一定时，惰性气体的存在实际上起了稀释的作用，将相对地减少反应参与物的分压，它和减少反应系统总压的效应是一样的。

对于气相反应　$d\text{D} + e\text{E} = g\text{G} + h\text{H}$

因为：

$$K_P^{\ominus}=\frac{\left(\frac{P_G}{P^{\ominus}}\right)^g\left(\frac{P_H}{P^{\ominus}}\right)^h}{\left(\frac{P_E}{P^{\ominus}}\right)^e\left(\frac{P_D}{P^{\ominus}}\right)^d}=\frac{\left(\frac{Px_G}{P^{\ominus}}\right)^g\left(\frac{Px_H}{P^{\ominus}}\right)^h}{\left(\frac{Px_E}{P^{\ominus}}\right)^e\left(\frac{Px_D}{P^{\ominus}}\right)^d}=K_x\left(\frac{P}{P^{\ominus}}\right)^{\Delta\nu}$$

$$=\frac{\left(\frac{n_G}{\sum\limits_B n_B}\right)^g\left(\frac{n_H}{\sum\limits_B n_B}\right)^g}{\left(\frac{n_E}{\sum\limits_B n_B}\right)^e\left(\frac{n_d}{\sum\limits_B n_B}\right)^d}\cdot\left(\frac{P}{P^{\ominus}}\right)^{\Delta\nu}=\frac{n_G^g n_H^h}{n_E^e n_d^d}\left(\frac{P}{\sum\limits_B n_B P^{\ominus}}\right)^{\Delta\nu}$$

当反应系统的总压力 P 保持不变(即反应在等压条件下进行)时，充入惰性气体：

若 $\Delta\nu=0$，对平衡混合物组成没有影响；

若 $\Delta\nu>0$，由于充惰性气体 n 增加，为保持 K_P 不变，必然增加 n_G、n_H，即平衡向产物增加方向移动；

若 $\Delta\nu<0$，平衡向反应物增加方向移动。

总压不变充惰性气体，相当于减小反应气体、产物气体的分压，所以平衡向气体分子数增加的方向移动，以部分抵消组分分压的降低。

当保持容积不变，充惰性气体增加总压时，平衡混合物组成不受影响(各组分的分压均不变)。

例 4-3　在 395℃和 1atm 时，反应：

$$COCl_2 \longrightarrow CO+Cl_2$$

反应的转化率 $\alpha=0.206$，如果往此系统通入 N_2 气，在新的平衡状态下总压为 1atm (latm=101325Pa，下同)时，其中 N_2 的分压 0.4atm，计算此时的应为 $COCl_2$ 解离度？

解：

$$COCl_2 \longrightarrow CO+Cl_2$$

$$1-\alpha \qquad \alpha \qquad \alpha$$

平衡分压：　$\frac{1-\alpha}{1+\alpha}P \quad \frac{\alpha}{1+\alpha}P \quad \frac{\alpha}{1+\alpha}P$

新的平衡：　$\frac{1-\alpha'}{1+\alpha'}P' \quad \frac{\alpha'}{1+\alpha'}P' \quad \frac{\alpha'}{1+\alpha'}P'$

$$\sum P_i=\frac{1-\alpha+\alpha+\alpha}{1+\alpha}P=P=\text{总压}$$

$P'=1-0.4=0.6\text{atm}$

$$K_P=\frac{\alpha^2}{1-\alpha^2}P=\frac{0.206^2}{1-0.206^2}\times1=0.0443(\text{atm})$$

由 $K_P=\frac{\alpha'^2}{1-\alpha'^2}P'$

得 $$\alpha'=\sqrt{\frac{K_P}{K_P+P'}}=\sqrt{\frac{0.0443}{0.0443+0.6}}=0.262\quad(\alpha'>\alpha)$$

结果表明，N_2 的充入使 $COCl_2$ 的解离度增加，即反应系统朝着分子数增加的方向移动，以抵消充入 N_2 使反应系统组分分压的降低。

4.3.3　液相反应中平衡混合物组成的计算

在液相中发生的反应，其平衡常数的精确表示应用活度表示：

$$aA+bB\rightleftharpoons gG+hH$$

$$K_a^\ominus=\frac{a_G^g a_H^h}{a_A^a a_B^b}$$

（1）参加反应的各物质组成理想溶液

可用组分的摩尔分数 x_i 代替活度 a_i，即：

$$K_a^\ominus=K_x=\frac{x_G^g x_H^h}{x_A^a x_B^b}$$

例如，醋酸和乙醇的酯化反应：

$$CH_3COOH+C_2H_5OH \Longrightarrow CH_3COOC_2H_5+H_2O$$

可将此反应混合物看作理想溶液。

则其平衡常数可表示为：

$$K_x=\frac{x_{酯}x_{水}}{x_{酸}x_{醇}}$$

由于此反应的 $\Delta\nu=0$，故上式可改写为：

$$K_x=\frac{n_{酯}n_{水}}{n_{酸}n_{醇}}$$

式中，n_i 为平衡时各物质在反应系统中的物质的量。如果知道了平衡常数，就可求平衡混合物的组成。

设 a、b 为醋酸、乙醇的起始物质的量，在平衡时乙酸乙酯和水的物质的量为 x，则酸和醇分别为 $a-x$，$b-x$。

$$CH_3COOH+C_2H_5OH \Longrightarrow CH_3COOC_2H_5+H_2O$$

$$a-x\qquad\qquad b-x\qquad\qquad\qquad x\qquad\qquad\qquad x$$

$$K_x=\frac{x^2}{(a-x)(b-x)}$$

（2）参加反应各物质均溶于同一溶剂，并在此溶剂中进行反应

只要参加反应的物质在溶液中的浓度较稀，就可运用在稀溶液中平衡常数的表

示式：

$$\mu_i(T,P)=\mu_i^{\ominus}(T,P)+RT\ln(c_i/c^{\ominus})$$

$$K_{a,c}^{\ominus}=\frac{c_G^g c_H^h}{c_A^a c_B^b}(c^{\ominus})^{-\Delta v}=K_c(c^{\ominus})^{-\Delta v}$$

$$K_c=\frac{c_G^g c_H^h}{c_A^a c_B^b}$$

因为 K_a，$c^{\ominus}$ 仅为温度的函数，所以稀溶液时 K_c 也只是温度的函数，与浓度等无关。若已知平衡常数 K_c，就可计算稀溶液反应的平衡混合物组成。

例 4-4 将 0.50mol 的 N_2O_4 溶于 450mL 的 $CHCl_3$ 中，试计算在 8.2℃反应达到平衡时，溶液中 NO_2 的浓度为多少？已知此解离反应在 8.2℃时的平衡常数 $K_c=1.08\times10^{-5}$ mol/L。

解：设 N_2O_4 反应了 x mol

$$\begin{array}{ll} N_2O_4 \longrightarrow & 2NO_2 \\ 0.50 & 0 \\ 0.5-x & 2x \end{array}$$

$$K_c=1.08\times10^{-5}=\frac{c_{NO_2}^2}{c_{N_2O_4}}=\frac{(2x/0.45)^2}{\frac{0.5-x}{0.45}}=\frac{4x^2}{0.45(0.5-x)}$$

得
$$x=7.8\times10^{-4}\text{mol}$$

故：
$$c_{NO_2}=2\times7.8\times10^{-4}/0.45=3.5\times10^{-3}\text{mol/L}$$

4.4 多相化学平衡

前面所讨论的化学反应平衡时混合物组成的计算，都是指均相化学反应，即参加反应的物质都在同一相中。如果参加反应的物质不是在同一相中，这类化学反应称为“多相化学反应”。碳酸盐的分解即为一例：

$$CaCO_3(s) = CaO(s) + CO_2(g)$$

如果此反应在一密闭容器中进行，则达到平衡时，

$$\mu_{CaCO_3}=\mu_{CO_2}+\mu_{CaO}$$

或：

$$\mu_{CaCO_3}=\mu_{CO_2}^{\ominus}(T,P_{CO_2}=P,\gamma_{CO_2}=1)+RT\ln\frac{f_{CO_2}}{P^{\ominus}}+\mu_{CaO}$$

式中，μ_{CO_2} 只与温度有关；纯固体的化学势 μ_{CaO}、μ_{CaCO_3} 受压力影响极小，只与温

度有关。

$$\frac{f_{CO_2}}{P^{\ominus}}=\exp\left(\frac{\mu^{\ominus}_{CO_2}+\mu_{CaO}-\mu_{CaCO_3}}{RT}\right)=常数=K^{\ominus}_a；（标准平衡常数）$$

所以，等式右边在定温下为一常数 $K^{\ominus}_a$。$K^{\ominus}_a$ 受压力影响极小，一般情况下认为只是温度的函数。

在温度不太低和压力不太高的情况下：

$$f_{CO_2}=P_{CO_2}\gamma_{CO_2}\approx p_{CO_2}\quad(\gamma_{CO_2}\rightarrow 1)$$

所以：
$$K^{\ominus}_a=\frac{f_{CO_2}}{P^{\ominus}}\approx\frac{P_{CO_2}}{P^{\ominus}}=K^{\ominus}_P=K_P(P^{\ominus})^{-1}$$

得
$$K_P=P_{CO_2}$$

压力平衡常数，与系统压力无关。

$CaCO_3$ 分解为 CaO 和 CO_2 的反应，其平衡常数 K_P 等于平衡时 CO_2 的分压；也即在一定温度下，不论 $CaCO_3$ 和 CaO 的数量有多少，反应平衡时 CO_2 的分压为一定值。

将平衡时 CO_2 的分压称为 $CaCO_3$ 分解反应的“分解压”。不同温度下，$CaCO_3$ 分解反应的分解压数值见表 4-1。

表 4.1　不同温度下，$CaCO_3$ 分解反应的分解压数值

温度/℃	775	800	855	1000	1100
分解压(P_{CO_2})/atm	0.144	0.220	0.556	3.87	11.50

注：latm＝101325Pa

对凝聚相和气体之间的多相化学反应，要表示此反应的平衡常数时，只要写出反应中每种气体物质的分压即可，不必将固体物质的分压写在平衡常数的表示式中（纯固态的活度 $a_s=1$）。

4.5　平衡常数的组合

在有些化学平衡系统中有两个或两个以上的可逆反应同时发生，而这些反应有某些共同的反应物或产物。

在这种情况下，这些同时反应的平衡常数之间有着一定的联系。

例如，水煤气平衡：

$$2H_2O(g)=\!=\!=2H_2(g)+O_2(g) \tag{1}$$

$$2CO_2(g)=\!=\!=2CO(g)+O_2(g) \tag{2}$$

$$CO_2(g)+H_2(g)=\!=\!=CO(g)+H_2O(g) \tag{3}$$

其平衡常数：
$$K_P=P_{CO}P_{H_2O}/P_{CO_2}P_{H_2}$$

我们还应注意到 $\Delta_r G_m^{\ominus}$ 的加减关系，反映到平衡常数上就成为乘除的关系。由反应吉布斯函数关系式：

$$\Delta_r G_m^{\ominus}(3)=\Delta_r G_m^{\ominus}(2)-\Delta_r G_m^{\ominus}(1)$$

得 $$-RT\ln K_3^{\ominus}=-RT\ln K_2^{\ominus}+RT\ln K_1^{\ominus}$$

所以 $$K_3^{\ominus}=\frac{K_2^{\ominus}}{K_1^{\ominus}} \tag{4.23}$$

这就是三个平衡常数之间的关系，这种关系式的重要性在于：能够用某些反应的平衡常数来计算那些难以直接测量的反应的平衡常数。

4.6 近似计算

常见的热力学表值大多是 298.15K 时的数据，而且有时要获得完备的关于 $\Delta_r H_m^{\ominus}$、$\Delta_r G_m^{\ominus}$、$S_m^{\ominus}$ $C_{P,m}$ 等的标准数据表（特别是不常见的化合物的数据）常常比较困难。当数据不够齐全或虽数据具备但不需要做精确计算时，可采取某些近似计算方法。

4.6.1 $\Delta_r G_m^{\ominus}$ 的估算

由 $\Delta_r G_m^{\ominus}(T)=\Delta_r H_m^{\ominus}(T)-T\Delta_r S_m^{\ominus}(T)$，

$$\Delta_r H_m^{\ominus}(T)=\Delta_r H_m^{\ominus}(298\text{K})+\int_{298\text{K}}^{T}\Delta C_P\,\mathrm{d}T,$$

$$\Delta_r S_m^{\ominus}(T)=\Delta_r S_m^{\ominus}(298\text{K})+\int_{298\text{K}}^{T}\frac{\Delta C_P}{T}\mathrm{d}T$$

得 $$\Delta_r G_m^{\ominus}(T)=\Delta_r H_m^{\ominus}(298\text{K})-T\Delta_r S_m^{\ominus}(298\text{K})+\int_{298\text{K}}^{T}\Delta C_P\,\mathrm{d}T-T\int_{298\text{K}}^{T}\frac{\Delta C_P}{T}\mathrm{d}T$$

如果 $C_{P,m}$ 的数据不全，或者不需要精确计算时，则可作如下近似计算。

（1）设若 $\Delta C_P=\alpha$（常数），则

$$\Delta_r G_m^{\ominus}(T)=\Delta_r H_m^{\ominus}(298\text{K})-T\Delta_r S_m^{\ominus}(298\text{K})+\alpha T\left(\ln\frac{T}{298\text{K}}-1+\frac{298\text{K}}{T}\right)$$

令 $$M_0=\left(\ln\frac{T}{298\text{K}}-1+\frac{298\text{K}}{T}\right)$$

则上式可写成

$$\Delta_r G_m^{\ominus}(T)=\Delta_r H_m^{\ominus}(298\text{K})-T\Delta_r S_m^{\ominus}(298\text{K})+\alpha T M_0$$

式中 M_0 仅与温度有关，与物性无关，所以可以事先制成不同温度下 M_0 的数值表备用。

（2）设 $\Delta C_P=0$，则

$$\Delta_r G_m^{\ominus}(T)=\Delta_r H_m^{\ominus}(298K)-T\Delta_r S_m^{\ominus}(298K)=a-bT$$

从 298.15K 的表值求出任意温度时的 $\Delta_r G_m^{\ominus}(T)$ 值。

4.6.2　估计反应的有利温度

$$\Delta_r G_m^{\ominus}(T)=\Delta_r H_m^{\ominus}(T)-T\Delta_r S_m^{\ominus}(T)$$

通常焓变与熵变在化学反应中的符号是相同的。

若 $\Delta_r H_m^{\ominus}(T)>0,\Delta_r S_m^{\ominus}(T)>0$，提高温度对反应有利。

$\Delta_r H_m^{\ominus}(T)<0,\Delta_r S_m^{\ominus}(T)<0$，降低温度对反应有利。

通常将 $\Delta_r G_m^{\ominus}(T)=0$ 时的温度称为转折温度。

$$T_{转折}=\frac{\Delta_r H_m^{\ominus}}{\Delta_r S_m^{\ominus}}$$

转折温度可以用 298.15K 时的 $\Delta_r H_m^{\ominus}$ 和 $\Delta_r S_m^{\ominus}$ 值进行近似估算。

$$T_{转折}=\frac{\Delta_r H_m^{\ominus}(298K)}{\Delta_r S_m^{\ominus}(298K)}$$

例 4-5　$\frac{1}{2}N_2+\frac{1}{2}O_2 \longrightarrow NO$

已知 298.15K、$P^{\ominus}$时　$\Delta_r H_m^{\ominus}(298.15K)=90.37kJ/mol$

$\Delta_r S_m^{\ominus}(298.15K)=12.36JK/mol$

解得：

$$T_{转折}=\frac{\Delta_r H_m^{\ominus}(T_r)}{\Delta_r S_m^{\ominus}(T_r)}=7311K$$

习　题

4.1　在某恒定的温度和压力下，取 n_0 的 A（g）进行如下化学反应

$$A(g) \longrightarrow B(g)$$

若 $\mu_B^{\ominus}=\mu_A^{\ominus}$，试证明，当反应进度 $\xi=0.5mol$ 时，系统的 Gibbs 函数 G 值为最小，这时 A，B 间达化学平衡。

4.2　已知四氧化二氮的分解反应

$$N_2O_4(g) \longrightarrow 2NO_2(g)$$

在 298.15K 时，$\Delta_r G_m=4.75kJ/mol$。试判断在此温度及下列条件下，反应进行的方向。

（1）$N_2O_4(100kPa),NO_2(1000kPa)$；

（2）$N_2O_4(1000kPa),NO_2(100kPa)$；

（3）$N_2O_4(300kPa),NO_2(200kPa)$；

4.3　1000K 时，反应 $C(s)+2H_2(g) \longrightarrow CE_4(g)$ 的 $\Delta_r G_m=19.397kJ/mol$。现有与碳

反应的气体混合物，其组成为体积分数 $\varphi(CH_4)=0.10$，$\varphi(CH_2)=0.80$，$\varphi(CH_2)=0.10$。试问：

(1) $T=1000K$，$P=100kPa$ 时，$\Delta_r G_m$ 等于多少，甲烷能否形成？

(2) 在 1000K 下，压力需增加到若干，上述合成甲烷的反应才可能进行。

4.4 已知同一温度，两反应方程及其标准平衡常数如下：

$$CH_4(g)+CO_2(g)=\!=\!=2CO(g)+2H_2(g), K_1^{\ominus}$$

$$CH_4(g)+H_2O(g)=\!=\!=CO(g)+3H_2(g), K_2^{\ominus}$$

求反应 $CH_4(g)+2H_2O(g)=\!=\!=CO_2(g)+4H_2(g)$ 的 $K^{\ominus}$。

4.5 在一个抽空的恒容容器中引入氯和二氧化硫，若它们之间没有发生反应，则在 375.3K 时的分压分别为 47.836kPa 和 44.786kPa。将容器保持在 375.3K，经一定时间后，总压力减少至 86.096kPa，且维持不变。求反应 $SO_2Cl(g)=\!=\!=SO_2(g)+Cl_2(g)$ 的 K。

4.6 使一定量摩尔比为 1∶3 的氮、氢混合气体在 1174K、3MPa 下通过铁催化剂以合成氨。设反应达到平衡。出来的气体混合物缓缓地通入 $20cm^3$ 盐酸吸收氨。用气量计测得剩余气体的体积相当于 273.15 K、101.325kPa 的干燥气体（不含水蒸气）$2.02dm^3$。原盐酸溶液 $20cm^3$ 需用浓度为 $52.3mmol/dm^3$ 的氢氧化钾溶液 $18.72cm^3$ 滴定至终点。气体通过后只需用同样浓度的氢氧化钾溶液 $15.17cm^3$。求 1174K 时，下列反应 $N_2(g)+3H_2(g)=\!=\!=2NH_3(g)$ 的 $K^{\ominus}$。

4.7 五氯化磷分解反应 $PCl_5(g)=\!=\!=PCl_3+Cl_2(g)$ 在 200℃时的 $K=0.312$，计算：

(1) 200℃，200kPa 下 PCl_5 的解离度。

(2) 摩尔比为 1∶5 的 PCl_5 与 Cl_2 的混合物，在 200℃，101.325kPa 下，求达到化学平衡时 PCl_5 的解离度。

4.8 在 994K，使纯氢气慢慢地通过过量的 CoO(s)，则氧化物部分地被还原为 Co(s)。出来的平衡气体中氢的体积分数 $\varphi(H_2)=2.5\%$。在同一温度，若用 CO 还原 CoO(s)，平衡后气体中一氧化碳的体积分数 $\varphi(HCO)=1.92\%$。求等物质的量的一氧化碳和水蒸气的混合物在 994K 下，通过适当催化剂进行反应，其平衡转化率为多少？

4.9 在真空的容器中放入固态的 NH_4HS，于 25℃下分解为 $NH_3(g)$ 与 $H_2S(g)$，平衡时容器内的压力为 66.66kPa。

(1) 当放入 NH_4HS 时容器内已有 39.99kPa 的 $H_2S(g)$，求平衡时容器中的压力。

(2) 容器内原有 6.666kPa 的 $NH_3(g)$，问需加多大压力的 H_2S，才能形成 NH_4HS。

4.10 现有理想气体反应 $A(g)+B(g)=\!=\!=C(g)+D(g)$ 开始时，A 与 B 均为 1mol，25℃下，反应达到平衡时，A 与 B 的物质的量各为 1/3mol。

(1) 求此反应的 K。

(2) 开始时，A 为 1mol，B 为 2mol。

(3) 开始时，A 为 1mol，B 为 1mol，C 为 0.5mol。

（4）开始时，C 为 1mol，D 为 1mol。

分别求反应达平衡时 C 的物质的量。

4.11　将 1mol 的 SO_2 与 1mol 的 O_2 混合气体，在 101.325kPa 及 903K 下通过有铂丝的玻璃管，控制气流速度，使反应达到平衡，把产生的气体急剧冷却，并用 KOH 吸收 SO_2 及 SO_3。最后测量余下的氧气在 101.325kPa，273.15K 下体积为 13.78dm³。试计算反应 $SO_2+\frac{1}{2}O_2 \longrightarrow SO_3$ 在 903K 时的 $\Delta_r G_m^{\ominus}$ 及 $K^{\ominus}$。

4.12　383.3K，60.483kPa 时，存在反应 $2CH_3COOH \longrightarrow (CH_3COOH)_2$，从测定醋酸蒸气的密度所得到的平均摩尔质量是醋酸单体分子摩尔质量的 1.520 倍。假定气体分子中只含有单分子及双分子。求反应 $2CH_3COOH \longrightarrow (CH_3COOH)_2$ 的 $\Delta_r G_m^{\ominus}$。

4.13　（1）在 1120℃下用 H_2 还原 FeO(s)，平衡时混合气体中 H_2 的摩尔分数为 0.54。求 FeO(s)的分解压。已知同温度下

$$2H_2O(g) \longrightarrow 2H_2(g)+O_2(g), K^{\ominus}=3.4\times10^{-13}$$

（2）在炼铁炉中，氧化铁按如下反应还原：$FeO(g)+CO(g) \longrightarrow Fe(s)+CO_2(g)$ 求 1120℃下，还原 1mol 的 FeO 需要多少 CO？已知同温度下

$$2CO_2(g) \longrightarrow 2CO(g)+O_2(g), K^{\ominus}=1.4\times10^{-12}$$

4.14　求下列反应在 298.15K 下平衡的蒸气压。

$$CuSO_4\cdot5H_2O(s) \longrightarrow CuSO_4\cdot3H_2O(s)+2H_2O(g)$$
$$CuSO_4\cdot3H_2O(s) \longrightarrow CuSO_4(s)\cdot H_2O+2H_2O(g)$$
$$CuSO_4\cdot H_2O(s) \longrightarrow CuSO_4(s)+H_2O(g)$$

已知 298.15K 下各物质的标准摩尔生成 Giibs 函数 $\Delta_f G_m^{\ominus}$ 如下。

物质	$CuSO_4\cdot5H_2O(s)$	$CuSO_4\cdot3H_2O(s)$	$CuSO_4\cdot H_2O(s)$	$CuSO_4(s)$	$H_2O(g)$
$\Delta_f G_m^{\ominus}$/(kJ/mol)	−1879.6	−1399.8	−917.0	−661.8	−228.6

第5章 溶液

5.1 引 言

两种或两种以上的物质（或称为组分）所形成的系统称为多组分系统。在这一章中，我们主要讨论以分子大小的粒子相互分散的均相系统，多组分分散系统可以是单相的，也可以是多相的。

研究多组分单相系统时，需对一些名词，如混合物（mixture）、溶液（solution）和稀薄溶液（dilute solution）等予以界定。

混合物是指含有一种以上组分的系统，它可以是气相、液相或固相，是多组分的均匀系统。在热力学中，对混合物中的任何组分可按同样的方法来处理，不需要具体指出是哪一种组分，只需任选其中一种组分 B 作为研究对象，其结果可以用于其他组分。例如标准态的选择、化学势的表示式以及各组分都遵守相同的经验定律，如拉乌尔（Raoult）定律等。

溶液是指含有一种组分以上的液体相和固体相（简称液相和固相，不包含气体相），将其中一种组分称为溶剂（solvent），而将其余的组分称为溶质（solute）。通常是将其中含量较多者称为溶剂，含量较少者称为溶质。在热力学上将溶剂和溶质按不同方法来处理。例如，标准态的选择不同，化学势的表示式虽然在形式上相同，但其内涵有所不同，它们遵守的经验定律也不同（例如，溶剂遵守拉乌尔（Raoult）定律，溶质遵守亨利（Henrry）定律。溶质又有电解质和非电解质之分，本章只讨论非电解质。

如果溶质的含量很少，溶质摩尔分数的总和远小于 1，则这种溶液就称为稀溶液。对于无限稀薄的稀溶液，在代表其某种性质符号的右上角加注“∞”以示区别（由于不同系统内部粒子之间的相互作用不同，所以究竟稀释到什么程度才叫稀薄溶液或无限稀薄溶液，并无严格的界定）。

简言之，有溶剂、溶质之分者为溶液，无溶剂、溶质之分者为混合物。多组分的气相只能称为混合物。其实，从本质上来讲，它们并没有什么不同，它们都是由多种组分的物质以分子形式混合在一起而形成的均相系统。

5.2 多组分系统的组成表示法

多组分系统的状态除与系统的温度、压力和体积等性质有关以外，还与其组成（即相对含量）关系密切，所以，如何表示系统的组成是研究多组分系统的一个基本问题。一般常用的溶液组成表示法有以下几种。

(1) 组分 B 的质量分数 w_B

$$w_B \overset{\text{def}}{=\!=\!=} m_B/m_{总} \tag{5-1}$$

即 B 的质量 m_B 与溶液的总质量 $m_{总}$ 之比。无量纲，单位为 1。

(2) 组分 B 的质量浓度 ρ_B

$$\rho_B \overset{\text{def}}{=\!=\!=} m_B/V \tag{5-2}$$

即用 B 的质量 m_B 除以混合物的体积 V，ρ_B 的单位是 kg/m^3。

(3) 组分 B 的物质的量浓度 c_B

$$c_B \overset{\text{def}}{=\!=\!=} n_B/V \tag{5-3}$$

即用B的物质的量 n_B 除以混合物的体积V。c_B 的单位是 mol/m^3，通常用 mol/dm^3 表示。

在式(5-3)中，分母用的是混合物的体积。如果系统的温度有定值，或体积保持不变，或准确度要求不高时，分母也可用溶液的体积来代替，这时 c_B 就是习惯上常用的溶质 B 的浓度。

(4) 组分 B 的摩尔分数

组分 B 的摩尔分数 x_B(无量纲)，即组分 B 的物质的量与溶液总物质的量之比：

$$x_B = \frac{n_B}{\sum n_B} = \frac{n_B}{n} \tag{5-4}$$

(5) 组分 B 的质量摩尔浓度

组分 B 的质量摩尔浓度 b_B(mol/kg)，溶质 B 的物质的量与溶剂的质量之比：

$$b_B = \frac{n_B}{m_A} \tag{5-5}$$

下标“A”表示溶剂。

物理化学中最常用的溶液浓度表示法为：摩尔分数(x_B)；质量摩尔浓度(b_B)、质量分数(w_B)。这些浓度表示法都是可以相互换算的。

例如，在足够稀的溶液中：

$$\sum n_i = n \approx n_A$$

$$\sum m_i = m \approx m_A$$

$$X_B = \frac{n_B}{n} \approx \frac{n_B}{n_A} = \frac{n_B/m_A}{n_A/m_A} = \frac{b_B}{1/M_A} = M_A b_B \text{（稀溶液）}$$

式中，M_A 为溶剂的摩尔质量，kg/mol。

$$c_B=\frac{n_B}{V}=\frac{n_B}{m/\rho}=\frac{\rho n_B}{m}\approx\frac{\rho n_B}{m_A}=\rho b_B \text{（稀溶液）}$$

式中，ρ 为溶液的密度，kg/m^3。

由 $$X_B\approx M_A b_B，c_B\approx\rho b_B$$

得：$$c_B\approx\frac{\rho}{M_A}x_B$$

由于 $\rho=\rho_A$ 随温度变化而变化，故 c_B随温度变化而变化；但 x_B、b_B与温度无关，所以物理化学中常用 x_B、b_B表示浓度。

5.3　稀溶液中的两个经验定律

稀溶液中有两个重要的经验定律——拉乌尔（Raoult）定律和亨利（Henry）定律。这两个定律都是经验的总结，它们在溶液热力学的发展中起着重要作用。

5.3.1　拉乌尔(Raoult)定律

（1）拉乌尔（Raoult）定律表述

很早以前人们就已经知道，当溶质溶于溶剂中时，将使溶剂的蒸气压降低。1887年，拉乌尔（Raoult）总结了这方面的规律，得到拉乌尔定律，即定温下，稀溶液中溶剂的饱和蒸气压 P_A 等于纯溶剂的饱和蒸汽压乘以溶液中溶剂的摩尔分数。用公式表示为：

$$P_A=P_A^*x_A \text{（稀溶液）} \tag{5-6}$$

式中，P_A^* 代表纯溶剂 A 的蒸汽压；x_A 代表溶液中 A 的摩尔分数。上式适用于单溶质或多溶质稀溶液。

对于单溶质溶液（两组分溶液），上式可写为：

$$P_A=P_A^*x_A=P_A^*(1-x_B)=P_A^*-P_A^*x_B$$

得到 $$P_A^*-P_A=P_A^*x_B \tag{5-7}$$

对多溶质溶液：

$$P_A^*-P_A=P_A^*\sum_i x_{i(i\neq A)} \tag{5-8}$$

（2）拉乌尔定律适用范围

只有在稀溶液中的溶剂才能较准确地遵守拉乌尔定律。

由于在稀溶液中，溶质分子很稀疏地散布于大量溶剂中，溶剂分子之间的相互作用受溶质的影响很小，溶剂分子的周围环境与纯溶剂分子的几乎相同。因此，溶剂的饱和蒸气压只与单位体积（或单位面积表面层）中溶剂分子数成正比，而与溶质分子的性质无关，即 $P_A\propto x_A$。

对于不挥发性溶质溶液，当溶质为不挥发性物质时，溶液的蒸气压即为溶剂的蒸气压；可通过测定溶液与纯溶剂的蒸气压之差($P_A^* - P_A$)，并根据拉乌尔定律求算此不挥发性溶质的摩尔分数，进而推得其分子量：

$$\frac{P_A^* - P_A}{P_A^*} = x_B \approx M_A b_B = M_A \frac{n_B}{m_A} = \frac{M_A}{m_A} \times \frac{m_B}{M_B}$$

则，

$$M_B = \left(\frac{m_B}{m_A} \times \frac{P_A^*}{P_A^* - P_A}\right) M_A \tag{5-9}$$

式中，m_B、m_A 分别为配制溶液时溶质、溶剂的质量。

例 5-1 A、B两液体能形成理想液态混合物，已知在温度为 T 时，纯A、纯B的饱和蒸汽压分别为 $P_A^* = 40\text{kPa}$，$p_B^* = 120\text{kPa}$。若将A、B两液体混合，并使此混合物在 100kPa、T 下开始沸腾，求该液态混合物的组成及沸腾时饱和蒸汽压的组成（摩尔分数）？

解：

$$P = P_A^* x_A + p_B^* x_B = P_A^* + (P_B^* P_A^*) x_B$$

$$x_B = (P - P_A^*) / (P_B^* P_A^*) = (100-40) / (120-40) = 0.75$$

$$y_B = P_A^* x_B / P = 120 \times 0.75/100 = 0.90$$

例 5-2 A、B两液体能形成理想液态混合物。已知在温度 T 时纯A的饱和蒸气压 $P_A^* = 40\text{kPa}$，纯B的饱和蒸气压 $P_B^* = 120\text{kPa}$。

(1) 在温度 T 下，于气缸中将组成为 $y_A = 0.4$ 的A、B混合气体恒温缓慢压缩，求凝结出第一滴微小液滴时系统的总压及该液滴的组成（以摩尔分数表示）为多少？

(2) 若将A、B两液体混合，并使此混合物在 100kPa、温度 T 下开始沸腾，求该液态混合物的组成及沸腾时饱和蒸气的组成（摩尔分数）。

解：(1) 由于形成理想液态混合物，每个组分均符合拉乌尔定律：

$$P_{总} = P_A + P_B = P_A^* x_A + P_B^* x_B$$

$$\frac{P_A}{P_{总}} = y_A,\ \frac{P_B}{P_{总}} = y_B,\ \frac{P_A^* x_A}{P_{总}} = y_A,\ \frac{P_B^* x_B}{P_{总}} = y_B$$

$$\frac{P_A^* x_A}{P_B^* x_B} = \frac{y_A}{y_B} = \frac{0.4}{0.6},\ \frac{x_A}{1-x_A} = \frac{0.4 \times 120}{0.6 \times 40} = 2$$

$$x_A = 0.667 x_B = 0.333$$

$$P_{总} = P_A + P_B = P_A^* x_A + P_B^* x_B = 66.6\text{kPa}$$

(2) 混合物在 100kPa、温度 T 下开始沸腾，

$$P = x_A P_A^* + x_B P_B^*$$

所以

$$x_A = \frac{P - P_B^*}{P_A^* - P_B^*} = \frac{100-120}{40-120} = 0.25, x_B = 0.75$$

$$y_A = \frac{x_A P_B^*}{P} = \frac{0.25 \times 40}{100} = 0.1, y_B = 0.9$$

5.3.2 亨利(Henry)定律

(1) 亨利定律的表述

1803年，亨利在研究一定温度下气体在溶剂中的溶解度时，发现其溶解度与溶液液面上该气体的平衡压力成正比。后来进一步研究发现，这一规律对挥发性溶质（不仅仅是气体）也适用。由此得到亨利定律，即定温下，稀溶液中挥发性溶质的平衡分压（P_B）与溶质在溶液中的溶解度（摩尔分数）x_B 成正比”。用公式表示为：

$$P_B = k_{x,B} x_B \text{（稀溶液）} \tag{5-10}$$

式中，$k_{x,B}$为比例系数，是一个常数，其数值取决于温度、压力及溶质和溶剂的性质。

亨利定律能够以不同的形式表达，如：

$$P_B = k_{b,B} b_B \tag{5-11}$$

$$P_B = k_{c,B} c_B \tag{5-12}$$

k_x、k_b、k_c 均称亨利常数。亨利常数 k_x、k_b、k_c 的单位各不相同，同一溶质的 k_x、k_b、k_c 数值上也不相同；温度改变时，k 值也会随之而变。

在稀溶液中，溶质分子极稀疏地散布于大量溶剂分子中，每个溶质分子周围几乎均被溶剂分子所包围，溶质分子的周围环境均相同，其逸出液相的能力（即蒸气压）正比于溶质的浓度。而相应的比例系数 $k_{x,B}$ 取决于溶质分子与周围溶剂分子的相互作用，而不是 P_B^*（P_B^* 取决于纯溶质中溶质分子间的相互作用）。

当溶质、溶剂分子间的引力大于纯溶质分子本身之间的引力时，$k_{x,B} < P_B^*$。

当溶质、溶剂分子间的引力小于纯溶质分子本身之间的引力时，$k_{x,B} > P_B^*$。

当溶质、溶剂分子性质相近，即溶质、溶剂分子的引力等于纯溶质分子间的引力时，$k_{x,B} = P_B^*$，此时亨利定律就表现为类似拉乌尔定律形式 $P_B = P_B^* x_B$。

因此，从形式上看，亨利定律与拉乌尔定律相似，区别在于其比例系数 $k_{x,B}$并非纯溶质在该温度时的饱和蒸气压，即 $k_x \neq P_B^*$。$k_{x,B}$的大小不仅与溶质的性质有关，还与溶剂的性质有关。

当溶液的浓度增大到一定程度时，溶质分子的周围环境发生变化，即每个溶质分子周围不但有溶剂分子，还有溶质分子，并且随着溶液浓度的改变而改变。此时，溶质分子逸出液相的能力不同于稀溶液中，并且随浓度变化而变化。因此其蒸气压不再与溶质分子的浓度成正比关系，即不再遵守亨利定律。

(2) 亨利定律的适用范围

① 稀溶液：对大多数气体溶质，温度升高，溶解度降低，更能使稀溶液服从亨利定律。

② 溶质在气相中和在溶液相中的分子状态必须相同。

如果溶质分子在溶液中与溶剂形成了化合物（或水合物），或发生了聚合或解离（电离），就不能简单地套用亨利定律。使用亨利定律时，溶液的浓度必须是与气相分子状态相同的分子的浓度。

例如，SO_2 在 $CHCl_3$ 中；HCl 在 C_6H_6 中；H_2S 在 H_2O 中；CO_2 在 H_2O 中。通常压力下遵循亨利定律。但 HCl 在水中就不遵守亨利定律，因为 HCl 在水稀溶液中完全电离成 H^+、Cl^-，而 SO_2 在水中也不能较好地遵守亨利定律。

例 5.3 0℃时 101325Pa 的氧气，在一定体积水中的溶解度为 344.90cm³，同温下 101325Pa 的氮气在相同体积水中的溶解度为 23.50cm³。求：0℃与常压下空气成平衡的水中所溶解氧，氮的摩尔比。

解：

$$c_{O_2}=k_{O_2}P_{O_2}=k_{O_2}0.21P$$

$$c_{N_2}=k_{N_2}P_{N_2}=k_{O_2}0.79P$$

$$P=101325\text{Pa}$$

已知

$$\frac{K_{O_2}}{K_{N_2}}=\frac{344.9}{23.50}$$

得

$$C_{O_2}/C_{N_2}=\frac{344.90\times0.21}{23.50\times0.79}=3.9$$

5.4 理想液态混合物

5.4.1 理想液态混合物的定义

溶液中任意组分在任意浓度均遵守拉乌尔定律的溶液为理想液态混合物。

理想液态混合物中各组分分子的大小、相互作用力几乎完全相同，即溶剂分子之间、溶质分子之间及溶剂与溶质分子之间的相互作用均相同。在这种情况下，溶液中任一组分的一个分子所处的环境与它在纯物质时的情况完全相同。所以该组分在溶液上的分压（蒸气压）正比于它在溶液中的浓度，而且其比例系数即为该组分在纯态时的饱和蒸气压。

5.4.2 理想液态混合物中组分的化学势

多组分溶液，溶质为挥发性的，则当此溶液与蒸气相达成平衡时，根据相平衡条件，此时溶液中任意组分 i 在两相中的化学势相等，即：

$$\mu_i^{\sin}(T,P)=\mu_i^{g}(T,P)(P\text{ 为体系总压力}) \tag{5-13}$$

而蒸气相为混合气体，通常可假定蒸气均遵守理想气体定律，则：

$$\mu_i^{g}(T,P)=\mu_i^{\ominus}(T,P_i=P^{\ominus})+RT\text{lh}\frac{P_i}{P^{\ominus}} \tag{5-14}$$

亦即：

$$\mu_i^{\text{sln}}(T,P)=\mu_i^{\ominus}(T,P_i=P^{\ominus})+RT\ln\frac{P_i}{P^{\ominus}} \tag{5-15}$$

式（5-15）适用于理想气体蒸气下的任何溶液组分 i 的化学势。

如果溶液为理想液态混合物，则任一组分 i 均遵守拉乌尔定律：

$$P_i=P_i^* x_i$$

代入式（5-15）

得：

$$\begin{aligned}\mu_i^{\text{sln}}(T,P)&=\mu_i^{\ominus}(T,P_i=P^{\ominus})+RT\ln\frac{P_i}{P^{\ominus}}\\&=\mu_i^{\ominus}(T,P_i=P^{\ominus})+RT\ln\frac{P_i^*}{P^{\ominus}}+RT\ln x_i\\&=\mu_i^*(T,P_i=P^*)+RT\ln x_i\end{aligned} \tag{5-16}$$

式中，P_i^* 为 $x_i=1$ 纯组分 i 的饱和蒸气压；$\mu_i^*(T,P_i=P^*)$为 T、P 下纯液体 i 的化学势，它在数值上等于理想气体 i 在压力为 P_i^* 时的化学势。总压 P 对纯液体的饱和蒸气压影响甚微，P_i^* 仅与温度有关，即 $\mu_i^*(T,P_i=P^*)$仅与温度有关，可表示为 $\mu_i^*(T)$。

$$\mu_i^{\text{sln}}(T,P)=\mu_i^*(T)+RT\ln x_i(\mu_i^*\text{ 仅与温度有关}) \tag{5-17}$$

式（5-17）表明，压力对溶液中组分的化学势几乎不起作用，故溶液组分的化学势通常表示为：

$$\mu_i^{\text{sln}}(T)=\mu_i^*(T)+RT\ln x_i(\text{理想溶液}) \tag{5-18}$$

μ_i^*（T）与 $\mu_i^{\ominus}$（T）的区别为 μ_i^*（T）为纯液体 i 的化学势；$\mu_i^{\ominus}$（T）为理想气体 i 压力为 $P^{\ominus}$时的化学势。

凡溶液中任一组分的化学势在全部浓度范围内都满足化学势公式 $\mu_i(T)=\mu_i^*(T)+RT\ln x_i$ 溶液称为为理想液态混合物。反之亦然。

例 5-4 在 298K 时，将 1mol 纯苯转移到苯的摩尔分数为 0.2 的大量苯和甲苯的溶液中去，计算此过程的 ΔG。

解：

$$\begin{aligned}\Delta G_{\text{m}}&=\overline{G}_{\text{苯}}-G_{m,\text{苯}}=\mu_{\text{苯}}-\mu_{\text{苯}}^*\\&=RT\ln x_{\text{苯}}=RT\ln 0.2\\&=-3.99\text{kJ/mol}\end{aligned}$$

5.4.3 理想液态混合物的热力学特性

（1）由化学势 μ_i 与 P 的关系：

$$\left(\frac{\partial \mu_i}{\partial P}\right)_{T,n}=\overline{V_i}$$

将 $\mu_i(T)=\mu_i^*(T)+RT\text{lh}x_i$ 代入上式，偏摩尔体积：

$$\overline{V_i}=\left(\frac{\partial\mu_i^*(T)}{\partial P}\right)_{T,n}=\left(\frac{\partial G_{\text{m},i}}{\partial P}\right)_{T,n}=V_{\text{m},i} \qquad (5\text{-}19)$$

即理想溶液中任一组分的偏摩尔体积等于该组分纯态时的摩尔体积。

理想溶液中，组分混合前后的体积改变：

$$\Delta_{\text{mix}}V=V_{混合后}-V_{混合前}=\sum_i n_i\overline{V_i}-\sum_i n_iV_{\text{m},i}=0$$

即 $\Delta_{\text{mix}}V=0$，纯组分混合成理想溶液时，混合体积变化为零。

(2) 由化学势 μ_i 与 T 的关系：

$$\left(\frac{\partial\mu_i}{\partial T}\right)_{P,n}=-\overline{S_i}$$

将 $\mu_i=\mu_i^*(T)+RT\text{lh}x_i$ 代入上式：

$$\begin{aligned}\overline{S_i}&=-\left\{\frac{\partial}{\partial T}[\mu_i^*(T)+RT\ln x_i]\right\}_{P,n}\\&=-\left(\frac{\partial\mu_i^*}{\partial T}\right)_{P,n}-R\ln x_i\\&=-\left(\frac{\partial G_{\text{m},i}}{\partial T}\right)_{T,n}-R\ln x_i\\&=S_{\text{m},i}-R\ln x_i\end{aligned} \qquad (5\text{-}20)$$

混合熵变：

$$\begin{aligned}\Delta_{\text{mix}}S&=\sum_i n_i\overline{S_i}-\sum_i n_iS_{\text{m},i}\\&=\sum_i n_i(\overline{S}_i-S_{\text{m},i})\\&=-\sum_i n_iR\ln x_i\end{aligned}$$

即：　$\Delta_{\text{mix}}S=-R\sum n_i\ln x_i$（$x_i<1$，所以 $\Delta_{\text{mix}}S>0$，自发）　(5-21)

由　$\mu_i=\overline{G}_i=\mu^*(T)+RT\ln x_i=G_{\text{m},i}+RT\ln x_i$

（$\mu_i^*=G_{\text{m},i}$，纯组分化学势即纯组分摩尔自由能）

即：　$\overline{G}_i=G_{\text{m},i}+RT\ln x_i$　(5-22)

混合自由能变化：

$$\begin{aligned}\Delta_{\text{mix}}G&=\sum n_i\overline{G}_i-\sum n_iG_{\text{m},i}\\&=\sum n_i(\overline{G}_i-G_{\text{m},i})\\&=RT\sum n_iR\ln x_i\end{aligned}$$

即：　$\Delta_{mix}G=RT\sum n_i \ln x_i\ (x_i<1)$　(5-23)

所以　$\Delta_{mix}G<0$，自发

(4)由 $\overline{H}_i=\overline{G}_i+T\overline{S}_i$ 得：

$$\begin{aligned}\Delta_{mix}H&=\sum(n_i\overline{H}_i-n_iH_{m,i})\\&=\sum(n_i\overline{G}_i-n_iG_{m,i})+T\sum(n_i\overline{S}_i-n_iS_{m,i})\\&=\sum(n_iR\ln x_i)+T\sum(-n_iR\ln x_i)\\&=0\end{aligned} \tag{5-24}$$

所以　$\Delta_{mix}H=0$　(5-25)

纯组分混合成理想液态混合物时，混合热效应为零。

因此，理想液态混合物的通性：

$\Delta_{mix}V=0$

$\Delta_{mix}H=0$

（显然 $\Delta_{mix}U=0$）

5.4.4 理想液态混合物的蒸气压-组成关系

当 A 和 B 两种挥发性物质组成一理想溶液时，根据拉乌尔定律，有：

$P_A=P_A^*x_A$，$P_B=P_B^*x_B$

此溶液上方的总蒸气压为 A、B 蒸气分压之和，即：

$P=P_A+P_B=P_A^*x_A+P_B^*x_B$

将 $x_A=1-x_B$ 代入上式：

$$P=(P_B^*-P_A^*)x_B+P_A^* \tag{5-26}$$

在总蒸气压 P-x_B 关系图上得到一条斜率为（$P_B^*-P_A^*$），截距为 P_A^* 的直线。

此线已把所有可能的液相（A 和 B）组成溶液的总蒸气压都包括在内了。

对于双组分理想溶液，其总蒸气压一定是在两个纯物质蒸气压 P_A^*、P_B^* 之间的一条直线。如图 5-1，当液相组成为 x 点时：

$$P_A=a,\ P_B=b,\ P=P_A+P_B=a+b \tag{5-27}$$

上述为溶液总蒸气压与溶液组成的关系。

那么，当液相组成为 x 点时蒸气相的组成如何呢？

设 y_A、y_B 分别为蒸气相中 A、B 的摩尔分数，则：

$$y_B=\frac{P_B}{P}=\frac{P_B}{P_A+P_B}=\frac{P_B^*x_B}{P_A^*x_A+P_B^*x_B}=\frac{x_B}{\dfrac{P_A^*}{P_B^*}x_A+x_B}$$

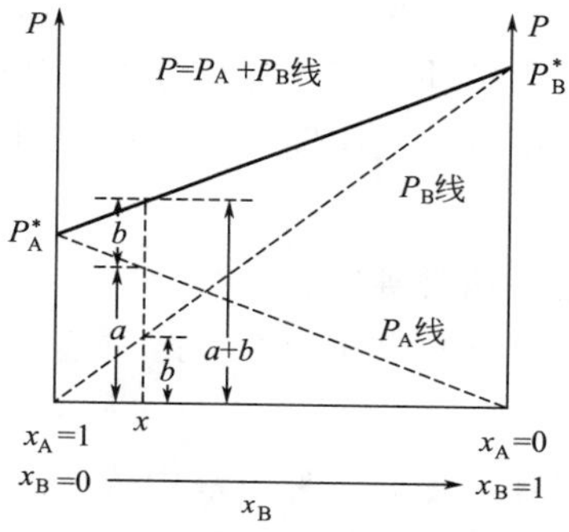

图 5-1　总蒸气压 P-x_B 关系图

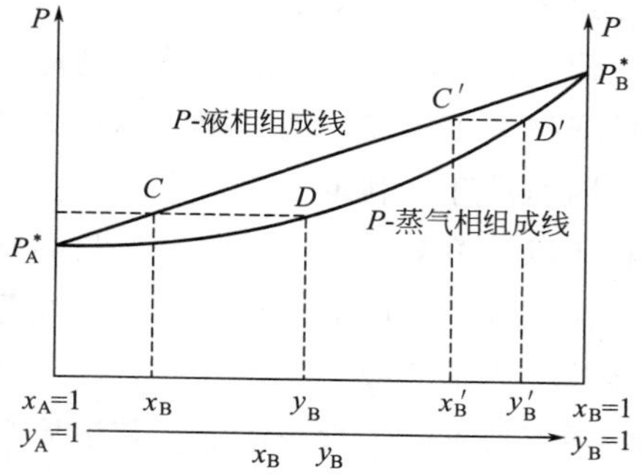

图 5-2　蒸气压与气相组成关系图

若组分 B 比组分 A 易挥发，即 $P_B^* > P_A^*$，

则
$$\frac{P_A^*}{P_B^*}x_A + x_B < x_A + x_B = 1$$

即：
$$y_B > x_B \quad (\text{当 } P_B^* > P_A^*)$$

反之，若组分 A 比组分 B 易挥发，即 $P_A^* > P_B^*$，则：

$$y_B < x_B \quad (\text{当 } P_B^* < P_A^*)$$

纯态时，蒸气压较大的组分在气相中的浓度要大于其在液相中的浓度。

由于较易挥发组分 B 在蒸气相中的浓度一定大于其液相浓度，即

$$y_B > x_B$$

所以，P-蒸气相组成线一定位于 P-液相组成线右下方（如图 5-2）。

当溶液组成为 x_B 时，气相总压力为 CD 线；在此压力下，蒸气相的组成即为 D 点所对应的组成 y_B；且 $y_B > x_B$，即 y_B 在 x_B 的右侧。

同理，溶液组成为 $x_B{}'$时，气相组成　y'_B，$y'_B > x'_B$。

当 $P_A^* > P_B^*$ 时，P-液相组成线斜率为负值，而 P-蒸气相组成线位于 P-液相组成线左下方（如图 5-3）。

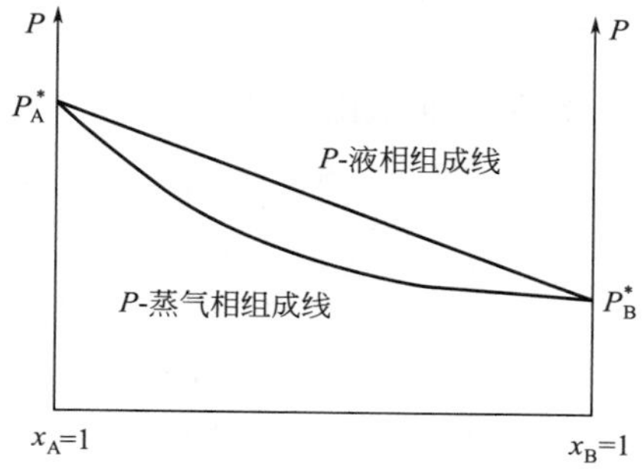

图 5-3　蒸气压与气相组成关系图

5.5　稀溶液及其组分化学势

经验告诉我们，当两种挥发性物质组成一非理想溶液，在溶液浓度较稀时，若溶剂

遵守拉乌尔定律，则溶质就遵守亨利定律；若溶剂不遵守拉乌尔定律，溶质也不遵守亨利定律。这是因为，当溶液稀释到每个溶剂分子的周围环境与纯溶剂分子一样时，即溶剂遵守拉乌尔定律，这时相应地每个溶质分子的周围环境也相同，完全被溶剂分子所包围，因而遵守亨利定律。

所以，溶剂遵守拉乌尔定律与溶质遵守亨利定律两者等价。

在定温、定压下，在一定的浓度范围内，溶剂遵守拉乌尔定律、溶质遵守亨利定律的溶液称为稀溶液。

稀溶液不同于理想溶液，其溶质只遵守亨利定律。因此，稀溶液中溶质的化学势与溶剂的化学势表示式有所不同。

在本节中，下标“A”表示溶剂；下标“B”表示任意一种溶质。

(1) 溶剂的化学势

溶剂遵守拉乌尔定律：

$$\mu_A=\mu_A^*(T,P_A=P_A^*)+RT\ln x_A(P_A=P_A^*x_A) \tag{5-28}$$

溶剂的 μ_A^* 即为纯溶剂 ($x_A=1$) 的化学势，

μ_A^* 在数值上等于压力为纯溶剂饱和蒸气压 P_A^* 的理想气体化学势 $\mu_A^*(T,P_A^*)$；

$$\mu_A=\mu^*{}_A(T,P_A^*)+RT\ln x_A \tag{5-29}$$

P_A^* 在一定温度 T、压力 P 下为一定值，故上式中的 $\mu_A^*(T,P_A^*)$ 可用 $\mu_A^*(T,P)$ 表示，即：

$$\mu_A(T,P)=\mu_A^*(T,P)+RT\ln x_A(\text{稀溶液的溶剂}) \tag{5-30}$$

式中 $\mu_A^*(T,P)$ 为 T、P 下纯溶剂的化学势：

$$\mu_A^*(T,P)=\mu_A^{\ominus}(T,P^{\ominus})+RT\ln\frac{P_A^*}{P^{\ominus}} \tag{5-31}$$

$\mu_A^{\ominus}$ (T, $P^{\ominus}$) 为理想气体 A 标准态化学势。

(2) 溶质的化学势

对于溶质组分 B，

$$\mu_B^{sln}=\mu_B^g=\mu_B^{\ominus}(T,P^{\ominus})+RT\ln\frac{P_B}{P^{\ominus}} \tag{5.32}$$

稀溶液溶质遵守亨利定律： $P_B=k_{x,B}x_B$

代入上式：

$$\begin{aligned}\mu_B&=\mu_B^*(T,P)+RT\ln\frac{K_{x,B}}{P^{\ominus}}RT\ln x_B\\&=\mu_B^*(T,P_B=k_{x,B},x_B=1)+RT\ln x_B\end{aligned}$$

即

$$\mu_B=\mu_B^*(T,P_B=k_{x,B},x_B=1)+RT\ln x_B \tag{5-33}$$

式中，$\mu_B^*(T,P_B=k_{x,B},x_B=1)$为纯溶质（$x_B=1$）并且具有蒸气压 k_x 的组分 B 的化学势。

此为一“假想态”化学势：

$$\mu_B^*(T,P_B=k_{x,B},x_B=1)=\mu_B^{\ominus}(T,P^{\ominus})+RT\ln\frac{k_{x,B}}{P^{\ominus}} \tag{5-34}$$

如图 5-4 所示，图中实线为溶质蒸气压与浓度的关系。纯溶质（$x_B=1$）的真实状态是：$x_B=1$，$P_B=P_B^*$ 的“•”点；而假想的标准态是指 $x_B=1$，$P_i=k_x$ 的“•”点，此点并非系统真实存在的状态。所以，μ_B^*（T，$P_B=k_{x,B}x_B=1$）为溶质的假想标准态化学势。

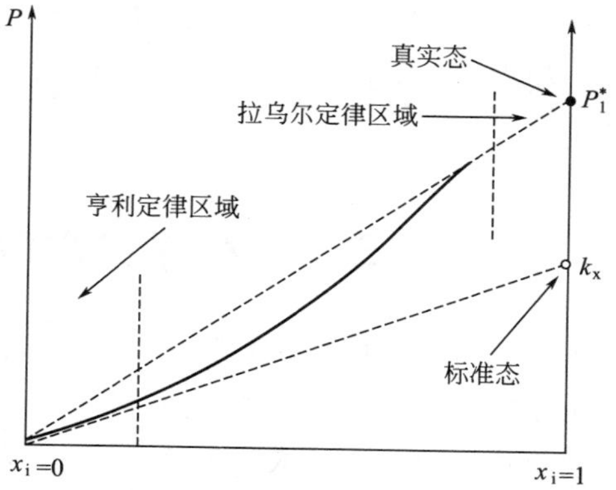

图 5-4　溶质蒸气压与浓度的关系

虽然溶质的标准态“○”是一个假想态，但对稀溶液来说，溶质的化学势 μ_B 与假想的标准态化学势 μ_B^* 仅相差一个浓度项，$RT\ln x_B$；其表达形式简洁，并且与溶剂或理想溶液组分的化学势表达形式一致，故常被采用。

μ_B^* 仅为一相对参考值，在定温，定压下 μ_B^* 为一定值，故可用 μ_B^*（T，P）表示，则：

$$\mu_B=\mu_B^*(T,P)+RT\text{lh}x_B(\text{稀溶液的溶质}) \tag{5-35}$$

式中，μ_B^*（T，P）为 T、P 下溶质假想标准状态（T，$P_B=k_{x,B}$，$x_B=1$）的化学势，其值等于压力为 k_x 的理想气体 B 的化学势。

稀溶液溶质的化学势虽然是根据挥发性溶质导出的，但其表达形式对不挥发性溶质也可适用。因为不管其挥发性如何，我们均可假设其纯态的蒸气压为某 k_4 值。则浓度为 x_i 的稀溶液溶质的化学势可表示为：

$$\mu_B=\mu_B^*(T,P_B=k_{x,B},x_B=1)+RT\ln x_B\text{或}\mu_B=\mu_B^*(T,P)+RT\text{lh}x_B \tag{5-36}$$

由于亨利定律亦可表示为如下形式：

$$P_B=k_{b,B}b_B\text{或}P_B=k_{c,B}c_B \tag{5-37}$$

所以，稀溶液溶质的化学势也可表示为：

$$\mu_i=\mu_i^*(T,P_i=k_bb^{\ominus},b_i=b^{\ominus})+RT\ln\frac{b_i}{b^{\ominus}} \tag{5-38}$$

$$\mu_B=\mu_B^*(T,P)+RT\ln\frac{b_B}{b^{\ominus}} \tag{5-39}$$

标准态“⊖”为 $b_B=b^\ominus$，且 $P_B=k_b b^\ominus$ 的假想标准状态；

$$\mu_B=\mu_B^\ominus(T,P)+RT\ln\frac{b_B}{b^\ominus} \tag{5-40}$$

$\mu_B^\ominus$ 在数值上等于压力为 $k_b b^\ominus$ 的理想气体 B 的化学势。

同理：

$$\mu_B=\mu_B^\ominus(T,P)+RT\ln\frac{c_B}{c^\ominus} \tag{5-41}$$

标准态“⊖”为 $c_B=c^\ominus$，且 $P_B=k_c c^\ominus$ 的假想标准状态。

必须指出，上述三种表达式均假设蒸气为理想气体，显然稀溶液中溶质的蒸气压可以适用。

5.6 不挥发性溶质稀溶液的依数性

本节只讨论不挥发性溶质二组分稀溶液的依数性如沸点升高、凝固点降低及渗透压等。由于在指定溶剂的种类和数量后，不挥发性溶质二组分稀溶液的沸点升高、凝固点降低及渗透压等性质只取决于所含溶质分子的数目，而与溶质的本性无关，因此称为稀溶液的依数性。

为何这些性质在稀溶液时仅与溶质浓度有关而与溶质特性无关？对“蒸气压降低”来说，比较明显。因为稀溶液中溶剂遵守拉乌尔定律：

$$P_A^*-P_A=P_A^* x_B$$

蒸气压的降低值（$P_A^*-P_A$）与溶质的摩尔分数 x_B 成正比，此即为依数性。

对其他依数性，均可在溶剂遵守拉乌尔定律的基础上，利用热力学原理加以推导。

5.6.1 凝固点降低

溶液的凝固点通常指溶剂和溶质不生成固溶体的情况下，固态纯溶剂和液态溶液成平衡时的温度。固液平衡时，溶剂组分在两相中的化学势相等，即固态纯溶剂的蒸气压与溶液中溶剂的蒸气压相等。

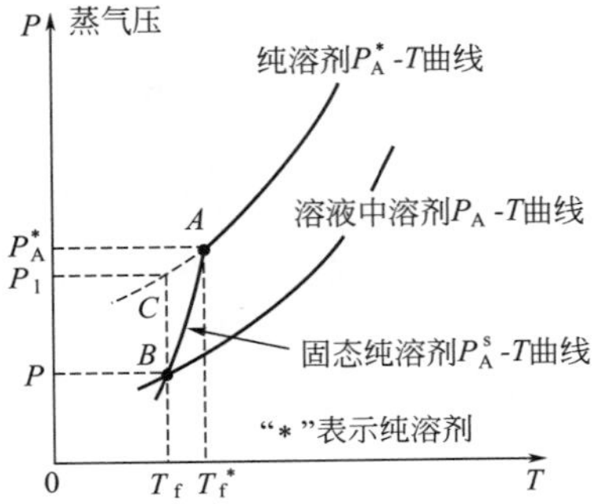

图 5-5　溶剂的蒸气压-温度曲线

根据拉乌尔定律，一定温度下溶液中溶剂的蒸气压 P_A 小于纯溶剂的蒸气压 P_A，因此溶液的凝固点通常低于纯溶剂的凝固点，如图 5-5 所示。

从图 5-5 中可分析得出，液态纯溶剂 P_A-T 曲线与固态纯溶剂 P_A^s-T 曲线相交于 A 点（$T=T_f^*$）。在此温度下，液态纯溶剂和固态纯溶剂的蒸气压均为 P_A^*，化学势相等，平衡可逆。T_f^* 即为纯溶剂的凝固点，T_f 为溶液的凝固点。在此温度下，溶液和固态纯溶剂的蒸气压均为 P，AC 线为过冷液态纯溶剂的蒸气压曲线。在溶液的凝固点 T_f，过冷纯液态溶剂的蒸气压为 P_l。

将克拉贝龙方程用于液态纯溶剂的蒸气压曲线上。由于温度 T_f、T_f^* 相差不大，可以认为液态纯溶剂的汽化热 $\Delta_v H_{m,A}$ 不变，则不同温度下液态纯溶剂的蒸气压之比：

$$\ln\frac{P_A^*}{P_l}=\frac{\Delta_v H_{m,A}}{R}\left(\frac{1}{T_f}-\frac{1}{T_f^*}\right)=\frac{\Delta_v H_{m,A}(T_f^*-T_f)}{RT_fT_f^*}\approx\frac{\Delta_v H_{m,A}\Delta T_f}{RT_f^{*2}} \tag{5-42}$$

$$(T_f^*\approx T_f, T_f>0)$$

同样，将克拉贝龙方程用于固态纯溶剂蒸气压曲线 AB 上：

$$\ln\frac{P_A^*}{P}=\frac{\Delta_s H_{m,A}(T_f^*-T_f)}{RT_fT_f^*}\approx\frac{\Delta_s H_{m,A}\Delta T_f}{RT_f^{*2}} \tag{5-43}$$

式中，($\Delta_s H_{m,A}$ 为摩尔升华热。)

$$\ln\frac{P_A^*}{P_l}\approx\frac{\Delta_v H_{m,A}\Delta T_f}{RT_f^{*2}} \tag{5-44}$$

$$\ln\frac{P_A^*}{P}\approx\frac{\Delta_s H_{m,A}\Delta T_f}{RT_f^{*2}} \tag{5-45}$$

所以

$$\ln\frac{P}{P_l}=-\frac{\Delta_f H_{m,A}}{RT_f^{*2}}\Delta T_f \tag{5-46}$$

式中溶剂摩尔熔化热：

$$\Delta_f H_{m,A}=\Delta_s H_{m,A}-\Delta_v H_{m,A} \tag{5-47}$$

根据拉乌尔定律，温度 T_f 时溶液上方溶剂蒸气压：

$$P=P_l x_A=P_l\ (1-x_B)$$

$$\frac{P}{P_l}=1-x_B$$

式中，P_l 为 T_f 时过冷纯液态溶剂的蒸气压。

将

$$P/P_l=1-x_B \text{ 代入}$$

得

$$\ln(1-x_B)=-\frac{\Delta_f H_{m,A}}{RT_f^{*2}}\Delta T_f\text{（理想溶液或稀溶液）} \tag{5-48}$$

稀溶液：$0<x_B\ll 1$，得 $\ln(1-x_B)\approx -x_B$，代入式(5-48)

$$\Delta T_f\approx\frac{RT_f^{*2}}{\Delta_f H_{m,A}}x_B\text{（稀溶液）} \tag{5-49}$$

式中，R、T_f^*、$\Delta_f H_{m,A}$ 均为常数。

式 (5-49) 说明，在稀溶液中，凝固点的降低量 ΔT_f 只与溶质在溶液中的摩尔分

数 x_B 成正比（即依数性），而与溶质的性质无关。

对于稀溶液双组分系统（只有一种溶质）：

$$x_B=\frac{n_B}{n_A+n_B}\approx\frac{n_B}{n_A}=M_Ab$$

式中，M_A 为溶剂 A 的摩尔质量。代入式(5-49)

得
$$\Delta T_f=\frac{RT_f^{*2}M_A}{\Delta_f H_{m,A}}b$$

或：
$$\Delta T_f=K_f b \tag{5-50}$$

式中，$K_f=\frac{RT_f^{*2}M_A}{\Delta_f H_{m,A}}$ 为凝固点降低常数，kg·K/mol。几种常见常溶剂的 K_f 值见表 5-1。

表 5-1　几种常见溶剂的 K_f 值　　单位：kg·K/mol

溶剂	水	醋酸	苯	环已烷	萘	三溴甲烷
T_f^*/K	273.15	289.75	278.65	279.65	353.5	280.95
K_f/(kg·K/mol)	1.86	3.90	5.12	20	6.9	14.4

利用 $\Delta T_f=K_f b$ 求得 b，可推测溶质的摩尔质量 M_B：

由 $b=\frac{\frac{m_B}{M_B}}{m_A}$ 代入式（5-50），得

$$M_B=\frac{K_f m_B}{\Delta T_f m_A} \tag{5-51}$$

式中，m_A、m_B 为溶液中溶剂和溶质的质量，根据实验可测得的 ΔT_f，已知溶剂的 K_f，即可求算未知溶质的摩尔质量 M_B。

5.6.2　沸点升高

沸点是指液体的蒸气压等于外压时的温度。根据拉乌尔定律，在定温时当溶液中含有不挥发性溶质时，溶液的蒸气压总是比纯溶剂的蒸气压低，所以溶液的沸点纯溶剂的沸点高。

由克拉贝龙方程可得图 5-6 曲线，按照上面凝固点降低的推导过程有如下结果：

$$\ln\frac{P_g}{P_A^{\ominus}}=\frac{\Delta_v H_{m,A}(T_b-T_b^*)}{RT_b^* T_b}\approx\frac{\Delta_v H_{m,A}\Delta T_b}{RT_b^{*2}} \tag{5-52}$$

在溶液的沸点 T_b，（不挥发溶质）溶液中溶剂的蒸气压为 $P_A^{\ominus}$

且 $P_A^{\ominus}=P_g x_A=P_g$（$1-x_B$）（$P_g$ 为 T_b 下过热纯 A 的蒸气压）时，

得
$$P_g/P_A^{\ominus}=1/（1-x_B）$$

代入式（5-52）：

$$\ln\frac{1}{1-x_B}=\frac{\Delta_v H_{m,A}\Delta T_b}{RT_b^{*2}}\approx x_B$$

$$\Delta T_B=\frac{RT_b^{*2}}{\Delta_v H_{m,A}}x_B$$或

$$\Delta T_b=K_b b \qquad (5\text{-}53)$$

式中，$K_b=\dfrac{RT_b^{*2}M_A}{\Delta_v H_{m,A}}$（kg · K/mol）。

若溶质为挥发性的，设沸点 T_b 时蒸气相中溶质的摩尔分数为 y_B，若溶液是理想溶液，气体是理想气体，则沸点上升量：

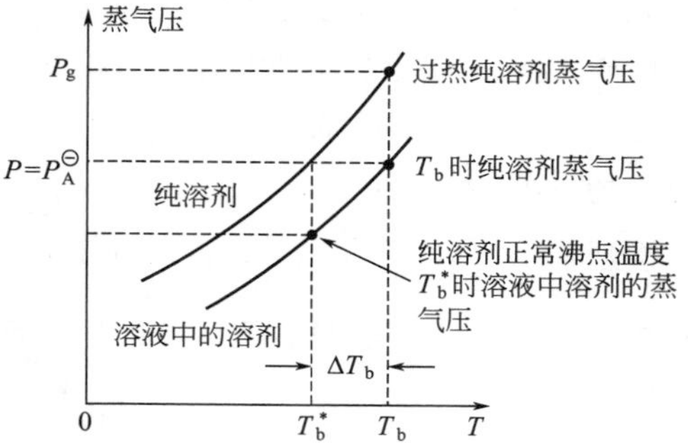

图 5-6　纯溶剂曲线

$$\Delta T_b=\frac{RT_b^{*2}M_A}{\Delta_V H_{m,A}}b\left(1-\frac{y_B}{x_B}\right)$$

$$=K_B b\left(1-\frac{y_B}{x_B}\right) \qquad （二元系统）$$

若 $y_B<x_B$，气相中 B 的浓度小于其液相浓度（挥发性比溶剂差），则 $\Delta T_b>0$，溶液的沸点升高；

若 $y_B=x_B$，溶质的挥发性比溶剂高，则 $T_b<0$，溶液的沸点下降；

若 $y_B=x_B$，溶质的挥发性与溶剂相等，则 $T_b=0$，溶液的沸点不变；

若 $y_B=0$，不挥发溶质，上式还原成：

$$\Delta T_b=K_b b \qquad (5\text{-}54)$$

5.6.3　渗透压

在一恒温容器中（如图 5-7），用一半透膜（只允许溶剂分子通过，溶质分子不能通过）将容器分为两部分，左边是纯溶剂，右边是含有不挥发性溶质的溶液。根据拉乌尔定律，在一定温度下，纯溶剂的蒸气压 P_A^* 比溶液的蒸气压 P_A 大，则由 $\mu=\mu^{\ominus}+RT\ln\dfrac{P}{P^{\ominus}}$，得出 $\mu_{A(左)}>\mu_{A(右)}$。所以，溶剂分子有透过半透膜向化学势较低的溶液方向转移的趋势，这种现象称为渗透现象。

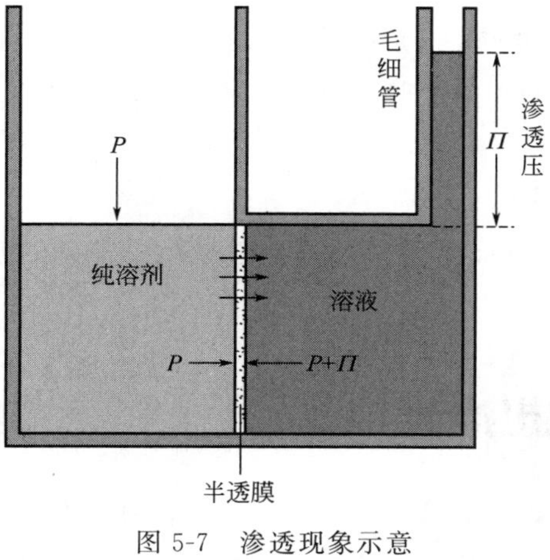

图 5-7　渗透现象示意

溶剂的渗透使右侧毛细管液面上升，从而增加了半透膜右侧溶液的压力，使半透膜右侧溶剂的 $\mu_{A(右)}$ 增加，直到膜两侧的化学势达成平衡，即：

$$\mu_{A(右)}=\mu_{A(左)}$$

此时，毛细管中液柱产生的额外的压力称为渗透压，用符号 Π 表示。

由于右侧液面是毛细管上升，体积变化微小，所以可以认为渗透前后溶液的浓度不变。分析半透膜两侧溶剂的 μ_A：

渗透（平衡）前后：$\mu_{A(左)}=\mu_A^*\ (T,\ P)$

渗透前：$\mu_{A(右)}=\mu_A^*(T,\ P)+RT\ln x_A$

渗透平衡后，半透膜右侧溶液的压力增加至（$P+\Pi$），由

$$\left(\frac{\partial \mu_A^*}{\partial p}\right)_T=V_{m,A}$$

$$\begin{aligned}\mu_{A(右)}&=\mu_A^*(T,P+\Pi)+RT\ln x_A\\&=\mu_A^*(T,P)+\int_P^{P+\Pi}\left(\frac{\partial \mu_A^*}{\partial P}\right)_T\mathrm{d}P+RT\ln x_A\\&=\mu_A^*(T,P)+V_{m,A}\Pi+RT\ln x_A\end{aligned}$$

即平衡后 $\mu_{A(右)}=\mu_A^*(T,P)+V_{m,A}\Pi+RT\ln x_A$

因为平衡后 $\mu_{A(左)}=\mu_{A(右)}=\mu_A^*(T,P)$

则有：$\mu_A^*(T,P)=\mu_A^*(T,P)+V_{m,A}\Pi+RT\ln x_A$

$$\begin{aligned}V_{m,A}\Pi&=-RT\ln x_A=-RT\ln(1-x_B)\\&\approx RTx_B\approx RT(n_B/n_A)\end{aligned}$$

$$V_{m,A}\Pi\approx RT(n_B/n_A)\text{（稀溶液}, x_B\ll 1\text{）}$$

稀溶液：$n_AV_{m,A}=V_A\approx V$（溶液体积）

代入上式：$\Pi V=n_BRT$（稀溶液）

或：$\Pi=c_BRT$（稀溶液） (5-55)

式中，$c_B=n_B/V$ 为稀溶液溶质的物质的量浓度，式（5-55）称为范特霍夫（van't Hoff）公式。从公式的推导过程可看出，有关渗透压的各公式只适用于稀溶液，而溶质是否挥发不受影响；半透膜两边均为同溶剂的稀溶液时，其渗透压可以认为是两边溶液的浓差引起的，所以更一般性的公式是：

$$\Pi=cRT$$

式中，Δc 为半透膜两边的浓差。渗透压（数值大小）是稀溶液依数性中对浓度最敏感的一个性质。

5.7 非理想溶液

理想溶液中，溶剂和溶质均遵守拉乌尔定律，溶液中不同分子之间的相互作用和同种分子之间的相互作用相同，在形成理想溶液时无体积变化和热效应。但这类理想溶液

（或类似理想溶液）毕竟只是极少数。大多数溶液中由于不同分子之间的作用与同种分子间的作用有着较大的差别，甚至溶剂和溶质分子之间有化学作用。

因此，在溶液中各组分分子所处的环境与其在纯态时的很不相同，在形成溶液时往往伴随着体积变化和热效应发生。此种溶液即为“非理想溶液”或“实际溶液”。

非理想溶液不具备理想溶液的特性，下面就以蒸气压-组成图来讨论实际溶液对理想溶液的偏差。

（1）正偏差

若实际溶液在一定浓度时蒸气压比同浓度时的理想溶液的蒸气压大，即实际溶液的蒸气压大于用拉乌尔定律的计算值。这种情况称为“正偏差”（如图5-8）。

两种组分A、B同时产生正偏差的原因，往往是A、B分子间的作用力小于A与A及B与B分子间的作用力。可以理解为溶液中A、B分子间的距离明显大于纯溶剂A或纯溶剂B中分子间的距离。特别是在A组分原来为缔合分子（如水），在形成溶液时发生部分缔合解离的情况下，更易产生正偏差。由纯物质混合制备具备正偏差的溶液时，往往发生吸热现象。

溶液中各组分的化学势将大于同浓度时理想溶液各组分的化学势。

（2）负偏差

若实际溶液在一定浓度时蒸气压比同浓度时的理想溶液的蒸气压小，即实际溶液的蒸气压小于拉乌尔定律的计算值，这种情况叫“负偏差”（如图5-9）

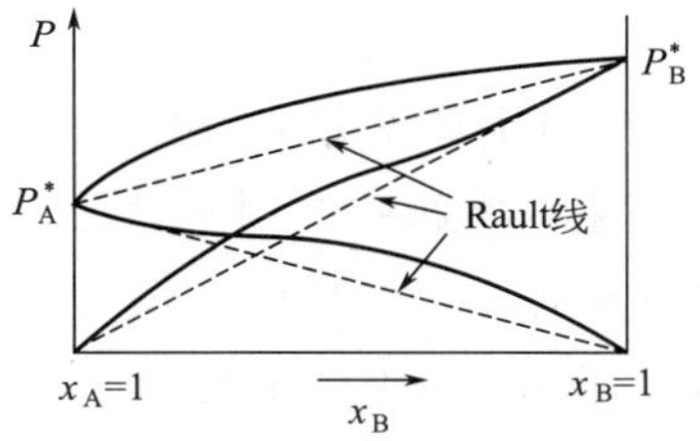

图5-8　“正偏差”示意

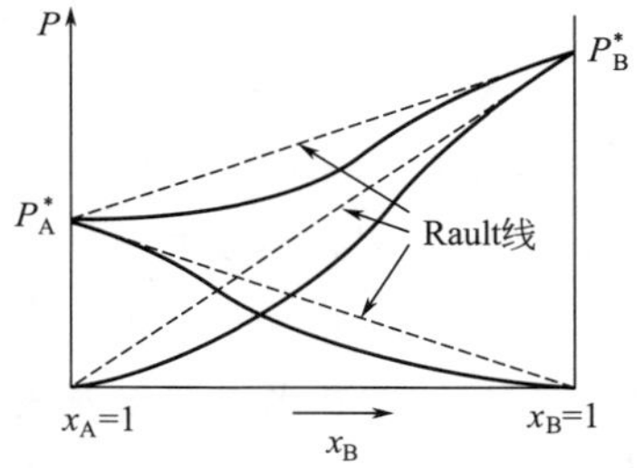

图5-9　“负偏差”示意

实验表明，实际溶液中往往各组分同时产生负偏差，各组分的化学势小于同浓度时理想溶液各组分的化学势。产生负偏差的原因，往往是异种分子A、B之间的作用力大于同种分子之间A与A或B与B之间的作用。

特别是在A和B分子间有化学（键）作用而形成化合物时，更易产生负偏差。

习　题

5.1　D-果糖 $C_6H_{12}O_6$（B）溶于水（A）中形成的某溶液，质量分数 $w_B=0.095$，此溶液在20℃时的密度 $\rho=1.0365\text{Mg/m}^3$。求此溶液中D-果糖的：（1）摩尔分数；（2）浓度；（3）质量摩尔浓度。

5.2　在25℃，1kg水（A）中溶有乙酸（B），当乙酸的质量摩尔浓度 b_B 介于0.16mol/kg和2.5mol/kg之间时，溶液的总体积

$$V/\text{cm}^3=1002.935+51.832\{b_B/(\text{mol/kg})\}+0.1394\{b_B/(\text{mol/kg})]^2$$

求：(1)把水(A)和乙酸(B)的偏摩尔体积分别表示成 b_B 的函数关系。

(2) b_B=1.5mol/kg 时水和乙酸的偏摩尔体积。

5.3 60℃时甲醇的饱和蒸气压是 84.4kPa，乙醇的饱和蒸气压是 47.0kPa。二者可形成理想液态混合物。若混合物的组成为二者的质量分数各 50%，求 60℃时此混合物的平衡蒸气组成，以摩尔分数表示。

5.4 20℃下 HCl 溶于苯中达平衡，气相中 HCl 的分压为 101.325kPa 时，溶液中 HCl 的摩尔分数为 0.0425。已知 20℃时苯的饱和蒸气压为 10.0kPa，若 20℃时 HCl 和苯蒸气总压为 101.325kPa，求 100g 苯中溶解多少克 HCl。

5.5 A，B 两液体能形成理想液态混合物。已知在温度 T 时纯 A 的饱和蒸气压 P_A^* = 40kPa，纯 B 的饱和蒸气压 P_B^* =120kPa。

(1) 在温度 T 下，于汽缸中将组成为 y（A）=0.4 的 A、B 混合气体恒温缓慢压缩，求凝结出第一滴微小液滴时系统的总压及该液滴的组成（以摩尔分数表示）为多少？

(2) 若将 A，B 两液体混合，并使此混合物在 100kPa，温度 T 下开始沸腾，求该液态混合物的组成及沸腾时饱和蒸气的组成（摩尔分数）。

5.6 25℃下，由各为 0.5mol 的 A 和 B 混合形成理想液态混合物，试求混合过程的 ΔV、ΔH、ΔS 及 ΔG。

5.7 液体 B 与液体 C 可形成理想液态混合物。在常压及 25℃下，向总量 n=10mol，组成 x_C=0.4 的 B、C 液态混合物中加入 14mol 的纯液体 C，形成新的混合物。求过程的 ΔG、ΔS。

5.8 (1) 25℃时将 0.568g 碘溶于 50cm^3 CCl_4 中，所形成的溶液与 500cm^3 水一起摇动，平衡后测得水层中含有 0.233mmol 的碘。计算碘在两溶剂中的分配系数 K，$K=c(I_2, H_2O\ 相)/c(I_2, CCl_4O\ 相)$。设碘在两种溶剂中均以 I_2 分子形式存在。

(2) 若 25℃ I_2 在水中的浓度是 1.33mmol/dm^3，求碘在 CCl_4 中的浓度。

5.9 在 100g 苯中加入 13.76g 联苯（$C_6H_5C_6H_5$），所形成溶液的沸点为 82.4℃。已知纯苯的沸点为 80.1℃。求：(1) 苯的沸点升高系数；(2) 苯的摩尔蒸发焓。

5.10 已知 0℃、101.325kPa 时，O_2 在水中的溶解度为 4.49cm^3/100g；N_2 在水中的溶解度为 2.35cm^3/100g。试计算被 101.325kPa，体积分数 φ（N_2）=0.79，φ（O_2）=0.21 的空气所饱和了的水的凝固点较纯水的降低了多少？

5.11 现有蔗糖（$C_{12}H_{22}O_{11}$）溶于水形成某一浓度的稀溶液，其凝固点为−0.200℃，计算此溶液在 25℃时的蒸气压。已知水的 K_f=1.86K·kg/mol，纯水在 25℃时的蒸气压为 P^*=3.167kPa。

5.12 在 20℃下将 68.4g 蔗糖（$C_{12}H_{22}O_{11}$）溶于 1kg 的水中。求

(1) 此溶液的蒸气压。

(2) 此溶液的渗透压。

已知 20℃下此溶液的密度为 1.024g/cm。纯水的饱和蒸气压 P^*=2.339kPa。

第6章 相平衡

6.1 引言

多相系统相平衡的研究有着重要的实际意义，例如研究金属冶炼过程中相的变化，根据相变进而研究金属的成分、结构与性能之间的关系。各种天然的或人工合成的熔盐系统（主要是硅酸盐如水泥、陶瓷、炉渣、耐火黏土、石英岩等），天然的盐类（如岩盐、盐湖盐等）以及一些工业合成产品，都是重要的多相系统。开发并利用属于多相系统的天然资源，用适当的方法如溶解、蒸馏、结晶、萃取、凝结等从各种天然资源中分离出所需要的成分，这些过程中都需要有关相平衡的知识。

多相平衡包括液体的蒸发（液相和气相平衡）、固体的升华或熔化（固相与气相或液相平衡）、气体或固体在液体中的溶解度（气-液、固-液相平衡）、溶液的蒸气压（溶液各组分-气相组分平衡）、溶质在不同相之间的分布（溶质在两溶液相中的平衡）、固体或液体与气体之间的化学平衡等。这些都是我们常见的多相平衡的例子，这些类型多相平衡各有一定的方法来研究它们的规律。例如拉乌尔定律、亨利定律、分配定律、平衡常数及某些其他经验性规则。本章要介绍的“相律”，不同于上述这些规律。“相律”是一种从统一的观点来处理各种类型多相平衡的理论方法。相律所反映的是多相平衡中最有普遍性的规律，即独立变量数、组分数和相数之间的关系。下面首先介绍相平衡中所涉及到的几个基本概念。

（1）相

相是系统内部物理性质和化学性质完全均匀（完全相等）的一部分。

系统中所具有的相的总数目，称为“相数”，记作 ϕ。对于相数 ϕ 的确定，有几条原则。

① 气相：对系统中的气体来说，由于在通常条件，不论有多少种气体混合在一起，均能无限掺和，所以系统中的气体只可能有一个气相。

② 液相：对系统中的液体来说，由于不同液体的互溶程度不同，可以有一个液相、两个液相，一般情况下不会超过三个液相。

③ 固相：系统中有一种固体就算一个相，不论其数量多少，增加一种固体就增加了一个相。对系统中的固体来说，固溶体是一个相。如果固体之间不形成固溶体，则不论固体分散得多细，一种固体物质就有一个相。而同一种固体的不同颗粒仍属同一相，因为尽管颗粒之间有界面，但体相的性质是相同的。例如，糖和沙子混合，尽管混得很均匀，仍然是两个相。

没有气相或讨论时不考虑气相的系统，称为“凝聚系统”。相与相之间有一明显的物理界面，越过此界面，性质就有一突变。

（2）独立组分数和物种数

① 物种数：系统中所包含的化学物质数目，称为系统的“物种数”，记作 S。

② 独立组分数 C：足以确定平衡系统中的所有各相组成所需要的最少数目的独立物质的数目。所谓独立物质是指可以单独分离出来并能够单独存在的物质。

独立组分数与物种数之间存在关系：$C=S-R-R'$，式中，R 是指独立化学平衡数，R'是指独立浓度关系数。

例如，PCl_5、PCl_3 和 Cl_2 三种物质构成的系统，由于有下列化学平衡存在：

$$PCl_5\ (g) \longrightarrow PCl_3\ (g) + Cl_2\ (g)$$

系统中有三种物质，$S=3$，但由于有了一个化学平衡，$R=1$，所以 $C=2$，该系统的独立组分数是 2，是二组分系统。再进一步分析，假如指定了 PCl_3 和 Cl_2 的物质的量之比为 1∶1，或系统一开始只有 PCl_5，而 PCl_3 和 Cl_2 只是分解反应产生的，它们之间的数量之比当然是 1∶1，这样，系统还存在一个浓度关系数，即 $R'=1$，这样的系统 $C=1$，是单组分系统。

对于独立化学平衡数，要注意“独立”这两个字，例如系统中含有 C（s）、CO（g）、H_2O（g）、CO_2（g）、H_2（g）等五种物质，已知它们之间可以有三个化学平衡式

（1） $$C(s) + H_2O(g) \longrightarrow CO(g) + H_2(g)$$

（2） $$C(s) + CO_2(g) \longrightarrow 2CO(g)$$

（3） $$CO(g) + H_2O(g) \longrightarrow CO_2(g) + H_2(g)$$

但这三个反应并不是独立的，反应（3）可以由（2）－（1）得到，所以真正独立的平衡数只有 $R=2$。

对于浓度关系数 R'，要注意应限于在同一相中应用，假如分解产物（反应产物）分别处于不同相中，则不能计算浓度关系数。

例如，$CaCO_3(s) \longrightarrow CaO(s) + CO_2(g)$这个分解反应的产物 CaO 是固相，$CO_2$ 是气相，所以，虽然两者的量之比是 1∶1，但无浓度限制关系，$R'=0$，$S=3$，$R=1$，$C=2$。

（3）自由度

确定平衡系统的状态所需要的可在一定范围内变动的独立强度变量数称为系统的自由度。

例如，要确定一定量液态水的状态，需指定水所处的温度和压力。如果只指定温度，则水的状态还不能完全确定；如果指定了温度和压力，不能再任意指定其他性质（如 V_m、ρ 等），因为水的状态已经完全确定了。因此，当系统只有水存在时，系统的自由度 $f=2$，此时水的温度和压力两个状态函数（当然也可以是其他强度性质），可以任意指定；即系统中有两个变量（T，P）可在一定范围内任意改变，而系统仍为水一个相。

6.2 相律及其热力学推导

6.2.1 多相系统平衡的一般条件

在一个封闭的多相系统中，相与相之间可以有热的交换、功的传递和物质的交流。对具有多个相系统的热力学平衡，实际上包含了如下 4 个平衡条件。

① 热平衡条件：系统中的各相具有相同温度。

② 压力平衡条件：系统达到平衡时各相的压力相等。

③ 相平衡条件：系统中任一物质 B 在各相中的化学势相等，相变达到平衡。

④ 化学平衡条件：系统中不再有物质的转变，化学变化达到平衡。

6.2.2 相律推导

在平衡系统中，联系系统内相数、组分数、自由度及影响物质性质的外界因素（如温度、压力、重力场、磁场、表面能等）之间关系的规律为相律。

假设 C 个组分在 ϕ 个相中均存在，对于其中任意一个相，只要任意指定（$C-1$）个组分的浓度，该相的浓度就确定了；共有 ϕ 个相，所以需要指定 ϕ（$C-1$）个浓度，才能确定系统中各个相的浓度。

热力学平衡时，各相的温度和压力均相同，故整个系统只能再加（温度、压力）两个变量。

因此，确定系统所处的状态所需的变量数应为：

$$f=\phi(C-1)+2 \tag{6-1}$$

式中，f 为系统的自由度数；C 为独立组分数；ϕ 为相数；“2”为温度和压力两个变量。

但是，这些变量彼此并非完全独立。因为在多相平衡时，还必须满足：“任一组分在各个相中的化学势均相等”这样一个热力学条件，即对组分 i 来说，有：

$$\mu_i^{\alpha}=\mu_i^{\beta}=\cdots=\mu_i^{\phi}$$

共有（$\phi-1$）个等号。有 C 个组分，所以总共有 $C(\phi-1)$ 个化学势相等的关系式。

要确定系统的状态所需的独立变量数，应在上述式（6-4）中再减去 C（$\phi-1$）个变量数（化学势等号数），即为系统真正的独立变量数（自由度）：

$$f=\phi(C-1)+2-C(\phi-1)=C-\phi+2 \tag{6-2}$$

这就是相律的数学表达式。

如果考虑重力场、电场等外界因素，平衡系统的相律则为：

$$f=C-\phi+n \tag{6-3}$$

称为相律的一般形式。

如果研究的系统为凝聚相，可忽略压力对系统的影响时：

$$f=C-\phi+1 \tag{6-4}$$

此时，f 称为条件自由度。

这些基本现象和规律早就为人们所公认，但直到 1876 年才由吉布斯推导出上述简洁而有普遍意义的形式。

例 6-1 碳酸钠与水可组成下列几种化合物：$Na_2CO_3 \cdot H_2O$，$Na_2CO_3 \cdot 7H_2O$，$Na_2CO_3 \cdot 10H_2O$。

① 试说明在 1atm 下，与碳酸钠的水溶液和冰共存的含水盐最多可以有几种？

② 试说明 30℃时可与水蒸气平衡共存的含水盐有几种？

解：此系统由 Na_2CO_3 和水构成，为二组分系统。虽然 Na_2CO_3 和水可形成几种水合物，但对组分数没有影响，因为每形成一种水合物，就有一化学平衡，故组分数仍为 2，即 $C=2$。

① 在指定 1atm 下，条件自由度

$$f^*=C-\phi+1$$

得

$$\phi=C+1-f^*=3-f^*$$

当 $f^*=0$ 时相数最多，有三相共存。

现已经有溶液相和冰两个相，所以与其共存的含水盐相最多只能有一种。

② 同理，在恒定温度下，

$$f^*=C-\phi+1=3-\phi$$

最多有三相，所以定温下与水蒸汽平衡共存的含水盐最多可有两种。

例 6-2 说明下列平衡系统的自由度。

① 25℃和 1atm（1atm=101325Pa，下同）下，固体 NaCl 与其水溶液成平衡。

解：$C=2$，$\phi=2$（固相、溶液相），温度和压力都确定的条件自由度

$$f^{**}=C-\phi+0=2-2+0=0。$$

即一定温度、压力下，NaCl 在水中的饱和溶液浓度为定值。

若计算 25℃和 1atm 下 NaCl 水溶液的自由度，

则

$$\phi=1，f^{**}=C-\phi+0=2-1=1，$$

即一定温度、压力下，NaCl 溶液的浓度在一定范围内可变化。

② I_2（s）与 I_2（g）成平衡。

解：$C=1$，$\phi=2$，$f=C-\phi+2=1-2+2=1$

I_2（s）与 I_2（g）达成平衡时，温度和压力只有一个可变，一旦温度确定，蒸气压也就确定；反之亦然。

③ 若初始为任意量的 HCl(g) 和 NH_3(g)，在反应 $HCl(g)+NH_3(g) \rightleftharpoons NH_4Cl(s)$ 达到平衡时。

解：

$$C=2(S=3,R=1,C=3-1=2),\phi=2,$$

则

$$f=C-\phi+2=2-2+2=2$$

即一旦温度和压力确定，平衡系统中各组分的浓度就确定了。因为一旦温度、压力确定，$P=P_{NH_3}+P_{HCl}$确定，由$P_{HCl}P_{NH_3}=1/K_P$（平衡常数）得到P_{HCl}，P_{NH_3}也确定了，或一旦平衡温度及P_{HCl}确定，P_{NH_3}也确定了。

例 6-3　在水、苯和苯甲酸的系统中，若指定了下列事项，试问系统中最多可能有几个相，并各举一例。

① 指定温度。

解：　$C=3$，$f^*=C-\phi+1=4-\phi$，$\phi=4-f^*$，得$\phi_{max}=4$。

例如，在一定条件下，苯和苯甲酸在水中的饱和溶液，苯甲酸和水在苯中的饱和溶液，水和苯在苯甲酸中的饱和溶液，蒸气相，四相共存。

② 指定温度和水中苯甲酸的浓度。

解：　$C=2$，$f^*=2-\phi+1=3-\phi$，得$\phi_{max}=3$。

例如，在一定条件下，苯甲酸（浓度指定）和苯在水中的溶液，苯甲酸和水在苯中的溶液，蒸气相，三相共存。

③ 指定温度、压力和苯中苯甲酸的浓度。

解：　$C=2$，$f^{**}=2-\phi+0=2-\phi$，得$\phi_{max}=2$。

例如，在一定条件下，苯甲酸、水在苯中的溶液，苯甲酸、苯在水中的溶液，两相共存。

6.3　单组分系统的相平衡

在一定温度和压力下，任何纯物质达到两相平衡时，在两相中 Gibbs 自由能相等

$$G_1=G_2$$

若温度改变 dT，则压力改变 dP，达新的平衡时

$$dG_1=dG_2$$

根据热力学基本公式，可以推导得到克拉佩龙方程

$$\frac{dP}{dT}=\frac{\Delta H}{T\Delta V}$$

可应用于任何纯物质的两相平衡系统，设有 1mol 物质，则气-液、固-液和气-固平衡的克-克方程分别为

$$\frac{dP}{dT}=\frac{\Delta_{vap}H_m}{T\Delta_{vap}V_m} \tag{6-5}$$

$$\frac{dP}{dT}=\frac{\Delta_{fus}H_m}{T\Delta_{fus}V_m} \tag{6-6}$$

$$\frac{dP}{dT}=\frac{\Delta_{sub}H_m}{T\Delta_{sub}V_m} \tag{6-7}$$

说明压力随温度的变化率（单组分相图上两相平衡线的斜率）受焓变和体积变化的影响。

下面以水的相图为例进行分析。

在通常压力下，水的相图为单组分系统相图中最简单的相图。

在单水系统中，当只有一个稳定相时，即水以气相、或液相、或固相单相存在时，系统的自由度：

$$f=C-\phi+2=1-1+2=2$$

即温度和压力均可变。

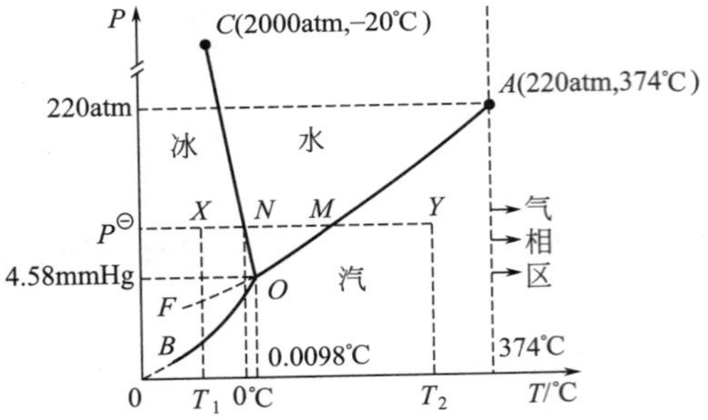

图 6-1 水的单组分系统 P-T 相图

1atm＝101325Pa，1mmHg＝133.322Pa

因此，在 P-T 图上，每一相均占据一块面积（因为单相稳定存在时其自由度 $f=2$，在一定范围内 P、T 均可变化）。即在 P-T 图上可以划出三块面积，各代表这三个稳定存在的相，如图 6-1 所示。

在单水系统中，可能存在的两相平衡有三种情形：水-汽平衡（OA），冰-汽平衡（OB），冰-水平衡（OC），此时系统的自由度：

$$f=C-\phi+2=1-2+2=1$$

即两相平衡时，T 和 P 只有一个能任意变更，或者说 P 是 T 的函数。

因此，在相图上每一种两相平衡即由一条相应的 P-T 曲线表示，共有三条曲线各代表上述三种两相平衡。

在单水系统中，可能存在的三相平衡只有一种情形，即冰-水-汽三相平衡，此时系统的自由度：

$$f=C-\phi+2=1-3+2=0$$

即三相平衡点的 T、P 均已确定，不能变更。因此，在相图上有一个确定的点代表三相平衡。这个点“O”叫作水的三相点。显然，水在三相点时，固、液、汽三相两两平衡，所以三相点应为三个两相平衡曲线的交点。

通过相律虽能得到水的相图的大致轮廓，但相图中所有线和点的具体位置却不能由相律给出，必须由实验来测定。

此图与相律所预示的完全一致，即有三个单相面（水、汽、冰）；三条两相平衡线（OA、OB、OC）；一个三相平衡点“O”。

① 从图中可以看出，三相点的温度和压力均已确定，温度为 0.0098℃，压力为 610.48Pa。

在大气压力为 101.325kPa 时，水的冰点是 273.15K，而在水的相图中三相点的温度是 273.16K，二者相差 0.01K，这是两个原因造成的。

a. 压力的影响：在水的相图中是单组分系统，根据相律，在三相点时系统的自由

度 $f=0$，此时系统的压力为 610.48Pa，温度为 273.16K，这两个数据都由系统自定，而不能人为任意指定。

b. 水中溶有空气的影响：通常在空气中测定水的冰点时，已有极少量的空气溶入水中，它实际上已不是单组分系统。因此，通常所说的水的冰点在水的相图上并不是 O 点（相图是单组分系统，而通常的水中溶有空气，应是多组分系统），而是在非常靠近 O 点的 OB 联线上（低于 O 点 0.01K）。

冰点是指大气压力为 101.325kPa 时，水与冰两相平衡时的温度。

② 水的蒸气压曲线 OA 向右上不能无限地延伸，只能延伸到水的临界点（即温度为 647.4K，2.2×10^7 Pa）。在此点以外，汽-水分界面不再能确定，液体水不能存在。

OA 线往左下延伸到三相点"O"以下的 OF 线是可能的，这时的水为过冷水。OF 线为不稳定的液-汽平衡线（亚稳态）。

从图 6-1 中可以看出，OF 高于 OB 线，此时水的饱和蒸汽压大于同温下的冰的饱和蒸汽压。即过冷水的化学势高于同温度下冰的化学势，只要稍受外界因素的干扰（如振动或有小冰块或杂质放入），立即会出现冰。

③ OB 线向左下可延伸到无限接近绝对零度。

根据克-克（Clausius-Clapeyron）方程，冰-汽平衡曲线符合：

$$\ln P=-\frac{\Delta_V H_m}{RT}+K$$

式中，$\Delta_V H_m$ 为冰的摩尔汽化热。

当 $T\to 0$ 时，$\ln P\to -\infty$，即 $P\to 0$，所以 OB 线理论上可无限逼近坐标原点，只是实验上尚未有能力达到。OB 线向右上不能超过"O"点延伸，因为不存在过热冰。冰转化为水时，属于熵增过程，混乱度增加，无时间滞后，所以不存在过热冰。反之，水转化为冰属于熵减过程，有序度增加，有可能时间滞后，所以存在过冷水。

④ OC 线向上可延伸到 2.03×10^8 Pa 和 253.15K 左右，如果压力再高，相图开始变得复杂，有其他的固态晶型的冰生成。从图 6-1 中可以看出，OC 线的斜率是负值，这说明随着压力的增加，水的冰点将降低。

由克拉贝龙方程：

$$\frac{dP}{dT}=\frac{\Delta_f H_m}{T\Delta V_{m,冰\to水}}$$

式中，$V_{m,水}<V_{m,冰}$，所以，$\Delta V_{m,冰\to水}<0$，

即：
$$\frac{dP}{dT}<0,$$

因此，OA、OB、OC 线的斜率可用克拉贝龙方程定量计算。

6.4　二组分系统的相图及其应用

根据相律，二组分系统的自由度 $f=2-\phi+2=4-\phi$，当 $f=0$ 时，$\phi=4$，即二组分系统最多可以有 4 相共存达成平衡；当 $\phi=1$ 时，$f=3$，即双组分系统单相时可有三

个自由度。因此，要完整地表示双组分系统的状态图，需用三维坐标的立体模型。系统有 4 个可能的相，而每一相在 P-T-x 坐标空间中各占据一块体积。这给我们定量图示带来困难（不同于单组分二维 P-T 图）。

为方便表示起见，往往指定某一变量（温度或压力）固定不变，考察另外两个自由度的变化关系。这样，只要用二维平面就可以表示二组分系统的状态。

在这种情况下，相律应为 $f^*=2-\phi+1=3-\phi$，$\phi=1$ 时，$f^*=2$，即二组分系统（二维）相图中，每一相占据一块面积。系统处于三相点时，$\phi=3$，$f^*=0$；在两相平衡线上时，$\phi=2$，$f^*=1$。

二组分系统的类型有很多种，但从物态来区分，大致可分为三大类：①双液系统，②固液系统，③固气系统。其中，固-气系统实际上就是多相化学平衡，在化学平衡中已经讨论。

6.4.1 完全互溶双液系统

若两个纯液体组分可以按任意的比例互相混溶，可形成理想的液态混合物。根据“相似相溶”的原则，一般来说，两种结构相似和极性（或偶极矩）相似的化合物（例如苯和甲苯、正己烷和正庚烷、邻二氯苯和对二氯苯或同位素的混合物、立体异构体的混合物等），大都能以任意比例混合，并形成接近于理想的液态混合物。我们先讨论理想情况，再推及非理想情况。

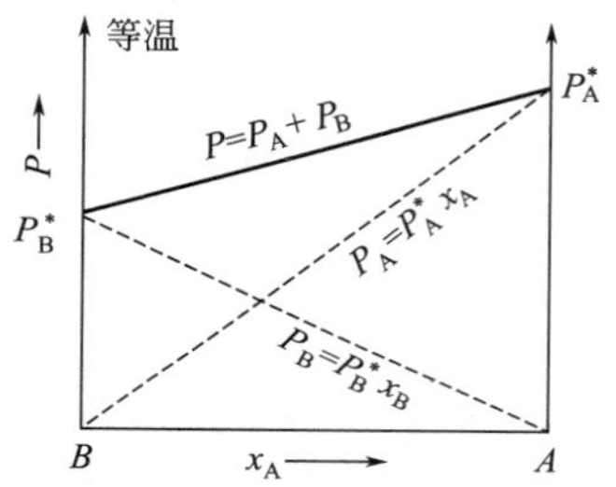

图 6-2 理想的液态混合物的 p-x 图

（1）理想溶液

当两个液体能无限互溶形成一溶液，如果在任何浓度范围内，溶液中各组分的蒸气压与组成的关系均能遵守拉乌尔定律，则此溶液称为理想溶液（液态混合物）

设液 A 和液 B 形成理想的液态混合物。根据拉乌尔定律可得图 6-2。

此种溶液的蒸气压-组成符合如下关系：

$$P_A=P_A^*x_A$$

$$P_B=P_B^*x_B=P_B^*(1-x_A)$$

式中 P_A^*、P_B^* 分别为在该温度是纯 A、纯 B 的蒸气压；x_A、x_B 分别为溶液中组分 A 和 B 的摩尔分数。溶液的总蒸气压为 P：

$$\begin{aligned}P&=P_A+P_B=P_A^*x_A+P_B^*x_B\\&=P_A^*x_A+P_B^*(1-x_A)\\&=P_B^*+(P_A^*-P_B^*)x_A\end{aligned}\tag{6-8}$$

由于 A、B 两个组分的蒸气压不同，所以当气、液两相平衡时，气相的组分与液相的组分也不相同。显然蒸气压较大的组分，它在气相中的成分比它在液相中多。设蒸气

符合道尔顿（dolton）分压定律，气相的摩尔分数用 y 表示，则

$$y_A=\frac{P_A}{P}=\frac{P_A^* x_A}{P_B^*+(P_A^*-P_B^*)x_A} \tag{6-9}$$

$$y_B=1-y_A \tag{6-10}$$

从式（6-9）可知，只要知道一定温度下纯组分的 P_A^* 和 P_B^*，就能从溶液的组成（x_A 或 x_B）求出和它平衡共存的气相的组成（Y_A 或 y_B）。

又因为

$$y_B=\frac{P_B}{P}=\frac{P_B^* x_B}{P}$$

所以

$$\frac{y_A}{y_B}=\frac{P_A^*}{P_B^*}\frac{x_A}{x_B}$$

设 A 为易挥发组分，$P_A^*>P_B^*$，故从上式得

$$\frac{y_A}{y_B}>\frac{x_A}{x_B}$$

由于 $x_A+x_B=1$，$y_A+y_B=1$，由此可导出

$$y_A>x_A$$

即易挥发组分在气相中的摩尔分数 y_A 大于它在液相中的摩尔分数 x_A（同理，对于组分 B 可得 $x_B>y_B$，即不易挥发的组分，在液相中的摩尔分数比它在气相中多）。这个结论符合实验事实。

（2）实际溶液

对于绝大多数实际溶液，或多或少总是与拉乌尔定律有偏差。其偏差程度与溶液所处的温度和两个组分的性质有关

① 40℃时 C_6H_{12}-CCl_4 系统的蒸气压-组成　图 6-3 中总蒸气压和蒸气分压均大于拉乌尔定律所要求的数值，即发生了正偏差；而在所有的浓度范围内，溶液的总蒸气压在两个纯组分的蒸气压之间。

② $CH_2(OCH_3)_2$-CS_2 系统在 35℃时的蒸气压-组成　图 6-4 中，蒸气压也发生正偏差，但在某一浓度范围内，溶液的总蒸气压高于任一纯组分的蒸气压，即有一蒸气压极大点存在。

③ CH_3COCH_3-$CHCl_3$ 系统 55℃时的蒸气压-组成　图 6-5 中，蒸气压发生负偏差，在某一浓度范围内，溶液的总蒸气压低于任何一纯组分的蒸气压，所以说有一蒸气压极小点存在。

（3）完全互溶双液系统的沸点-组成图

在恒定 $P^{\ominus}$ 下，描述溶液沸点与组成关系的相图叫做沸点-组成图，即 T-x 图。由于较易挥发的物质其沸点较低，因此蒸气压-组成图中，蒸气压较高的物质 B 有较低的

沸点，而具有较低沸点的组分在平衡气相中的浓度要大于其在溶液中的浓度。所以蒸气组成曲线 v 在溶液组成曲线 l 的右上方（如图 6-6）。

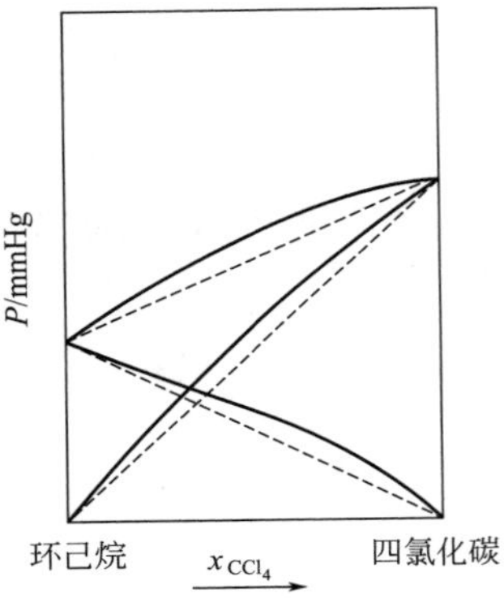

图 6-3　400C 时 C_6H_{12}-CCl_4 系统的蒸气压组成

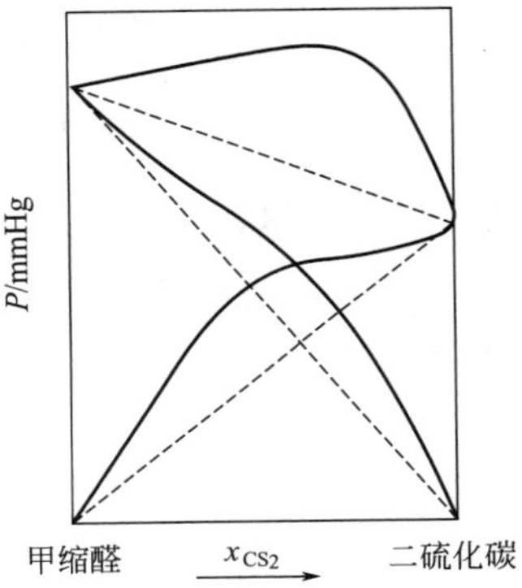

图 6-4　$CH_2(OCH_3)_2$-CS_2 系统在 35℃时的蒸气压-组成

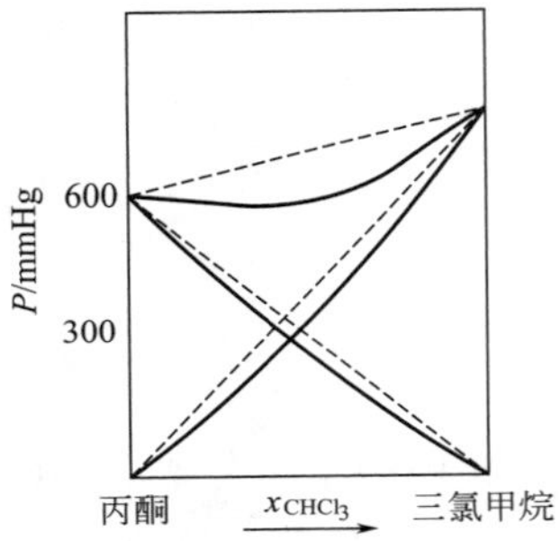

图 6-5　CH_3COCH_3-$CHCl_3$ 系统 55℃时的蒸气压-组成

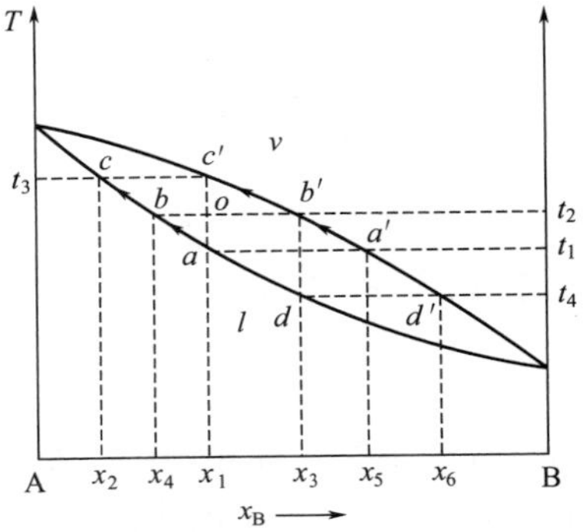

图 6-6　完全互溶双液系统的 T-x 图

在曲线 v 以上为单相气相区域，在此区域中只有气体存在：$f^* = C - \phi + 1 = 2 - 1 + 1 = 2$，有 T、x_B 两个自由度；

在曲线 l 以下为单相液相区域，在此区域中只有溶液相存在；$f^* = C - \phi + 1 = 2 - 1 + 1 = 2$，有 T、x_B 两个自由度；

根据相律，在曲线 $l \sim v$ 之间两相平衡区：$f^* = C - \phi + 1 = 2 - 2 + 1 = 1$，即曲线 l 和 v 之间的两相平衡区内，只能有一个自由度。也就是说：如果温度确定，则两个平衡相的组成也就随之而定了；反之亦然。

（4）杠杆规则

两个相互平衡的相在状态图中所代表的点之间的连线称为“连接线”。在连接线上任何一点所表示的系统总组成，都可分成两个组成一定的相互平衡的相；这两个相的互比量（即两个相的物质量之比）与系统总组成（点）的关系应遵守“杠杆规则”。

以图 6-6 中的结线 bob' 为例，假设系统的总组成点为“o”，系统中共有 n mol 物质，其中 B 的总的摩尔分数为 x_1，此系统包含相互平衡的液相和气相，组成分别为 b 和 b'。

设液相的摩尔数为 n_l，气相的摩尔数为 n_v，则：

$$\frac{n_v}{n_l}=\frac{\overline{ob}}{\overline{ob'}}=\frac{x_1-x_4}{x_3-x_1} \text{或 } n_v\overline{ob'}=n_l\overline{ob} \tag{6-11}$$

式（6-11）即杠杆规则的一般方程式。

杠杆规则的证明：

系统中组分 B 的总摩尔数为 nx_1，等于气、液两平衡相中组分 B 的摩尔数之和（见图 6-6）$n_vx_3+n_lx_4$，则有摩尔数为

$$nx_1=n_vx_3+n_lx_4$$

又 $n=n_l+n_v$，两边乘以 x_1，有

$$nx_1=n_vx_1+n_lx_1$$

两式联立可得，　$n_vx_1+n_lx_1=n_vx_3+n_lx_4$，移项得：

$$n_v(x_3-x_1)=n_l(x_1-x_4) \tag{6-12}$$

即，

$$n_v\overline{ob'}=n_l\overline{ob} \text{（杠杆规则）} \tag{6-13}$$

如果溶液的组成不是以摩尔分数 x 而是用质量浓度来代替，不难证明杠杆规则仍然成立。只是将摩尔 n 换成质量 W，摩尔分数 x 换成质量浓度 W。

（5）蒸馏（或精馏）基本原理

通常所采用的蒸馏步骤是将所形成的蒸气尽可能快地通过冷凝器凝聚而移去（收集）。蒸馏的情形与前面所述的溶液和蒸气成平衡时的蒸发情形不同。

如图 6-6 所示，在 $t_1 \to t_2$ 温度间馏出物的组成近似等于由 $a' \to b'$ 的气相组成平均值（而不是 t_2 时蒸气的组成 b'）。而在剩下的溶液组成是 b 点的组成，即 x_4（而不是由 a 到 b 的平均值）。这就是说，在蒸馏达 t_2 时，馏出物的组成（$a' \to b'$ 的平均值）不同于平衡蒸发情况。即如果将馏出物重新在 t_2 时汽化，并不能与剩余溶液达成平衡。与平衡蒸发情况下的气相组分 b' 相比，整个馏出物中低沸点组分 B 的含量（$a' \to b'$ 的平均值）较大。随着蒸馏继续进行，溶液中 A 的组成逐渐增加，溶液的沸点就逐渐向 A 的沸点移动。最后剩下很少量的溶液将为纯 A。

（6）蒸馏（不平衡蒸发）与平衡蒸发的区别

① 平衡蒸发过程　沸点为 $t_1 \to t_3$ 区间，溶液浓度由 a 逐渐过渡到 c，然后全部汽化；气相浓度由 a' 逐渐过渡到 c'，最后全为组成为 c' 的气体。

② 蒸馏过程中　一旦有蒸气出现，立即被冷凝而移去，所以烧瓶中气体的量可忽略不计。蒸馏过程中烧瓶内物质（系统）的状态点“o”始终落在液相组成线 l 上（杠杆规则）并且沿 $a \to b \to c$ 逐渐升温，甚至超过 c 直到最后的纯 A。

将这开始部分蒸气冷凝后，再蒸馏。如此反复多次，每次都得到比上一次 B 组成更高（但量更少）的冷凝液。最后就可得到很少量的纯 B。

实际操作时，溶液馏出物的组成是逐渐变化的。除非只需要得到极少量的纯 A 或纯 B，若要使溶液中的组分 A 和 B 全部分离，还需将蒸馏剩余的冷凝液重新合并，多次重复蒸馏，最后才能使 A 和 B 全部分离，此即为精馏。精馏就是采用反复蒸馏的方法将溶液中的组分分开。

现在比较实用的精馏都是用精馏柱，使冷凝和蒸发的诸多步骤自动而连续地在精馏柱中进行。

最简单的精馏柱就是一根内部充以碎玻片的管子。当第一部分蒸气遇到玻片时即冷凝，冷凝的液体沿玻片往下滴，此时遇到上升的蒸气，由于冷凝的液体沸点比上升蒸气的温度低，于是上面的冷凝液体重新蒸发，而下面上升的蒸气却冷凝成液体。此冷凝液体又与上升蒸气相遇，再重新蒸发。如此连续不断地在此管中进行冷凝与蒸发的过程。当此管子足够高时，则从管上口逸出的蒸气将趋近于较易挥发的纯组分 B。最后留在下面的将是纯 A，而精馏柱中各部分的组成将随高度的增加而变化，这就是可连续生产的较节能的精馏方法。

工业上的分馏则用精馏塔（例如分离有机溶液），至于定量计算精馏塔的效率等问题，不在此详述。

6.4.2 部分互溶双液系

(1) 部分互溶双液系相平衡

当两种液体性质上有明显的不同，系统的行为比之理想溶液有很大的正偏差时，会发生“部分互溶”的现象，即一液体在另一液体中只有有限的溶解度。

例如，在通常温度下将少量的酚加入水中时，开始酚是完全溶解的。如果继续往水里加酚，在浓度超过一定数值以后，就不再溶解。这时溶液中出现两个液层，这两个液层是部分互溶的饱和溶液，酚在水中的饱和溶液；水在酚中的饱和溶液。

这两液层（液相）是相互平衡的，称为“共轭溶液”。正因为共轭溶液的两个相平衡，所以它们有着相同的蒸气压。这类系统有酚-水、水-苯胺、苯胺-环己烷、二硫化碳-甲醇、水-丁醇等。

根据相律，在温度和压力一定的情况下，共轭溶液的组成是确定的。因为这时自由度：

$$f^{**}=C-\phi+0=2-2+0=0$$

而在压力一定的条件下，共轭溶液的组成将随温度的不同而改变，因为这时，自由度：

$$f^{*}=C-\phi+1=2-2+1=1$$

图 6-7 即为水-酚系统在恒压下的温度-组成图。

图 6-7 中 ACB 曲线以外的区域是单相区，只有一个液相，自由度：

$$f^{*}=C-\phi+1=2-1+1=2\text{（阴影面积）}$$

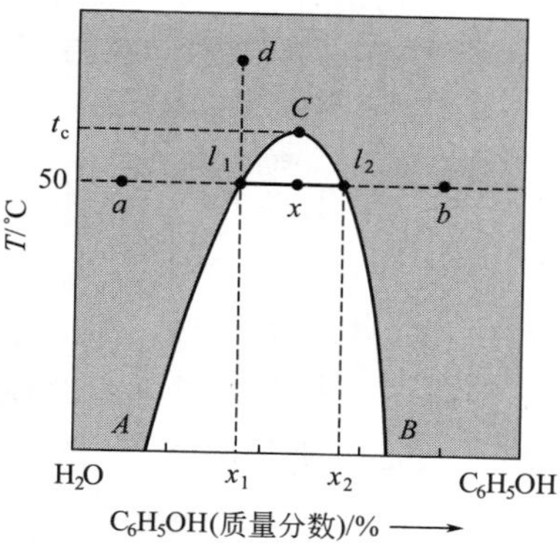

图 6-7　水-酚系统在恒压下的温度-组成图

在 ACB 曲线以内的区域是两相区，在此区域内有两个相互平衡的液相存在，自由度：$f^*=C-\phi+1=2-2+1=1$（曲线 ACB 包围面积）

例如，在 50℃时，这两个相互平衡的液相（即共轭溶液）为 l_1 和 l_2，其组成分别为 x_1 和 x_2。x_1 是酚在水中的饱和溶液组成；x_2 是水在酚中的饱和溶液的组成。

连接 l_1 和 l_2 的线就是“结线”。当系统的总组成（物系点）落在结线上时，系统两相共存。且这两相的互比量（质量比）应遵守杠杆规则。

比如系统的总组成为 x 时，共轭溶液的组成分别为 x_1 和 x_2，而这两个相的互比量为：

$$w_{l_1}\cdot\overline{l_1x}=w_{l_2}\cdot\overline{l_2x}\text{或}\frac{w_{l_1}}{w_{l_2}}=\frac{\overline{xl_2}}{\overline{xl_1}}$$

（2）临界溶解温度

由图 6-7 中可以看出，对酚-水系统来说，随着温度的下降，共轭溶液的组成的差别就增大，即两种液体的互溶度减小；而随着温度的升高，共轭溶液的组成就靠近，即两种液体的互溶度增大。当温度到达 t_c 时，共轭溶液的组成相同，即为曲线上的极大点 C，此温度称为“临界溶解温度 t_c。在 t_c 以上，两种液体就无限互溶。

有时液体的互溶度随着温度的降低而增大，如水-三乙基胺，这种情况的相图如图 6-8 所示。其他情形的分析与上述一样，可自行分析。

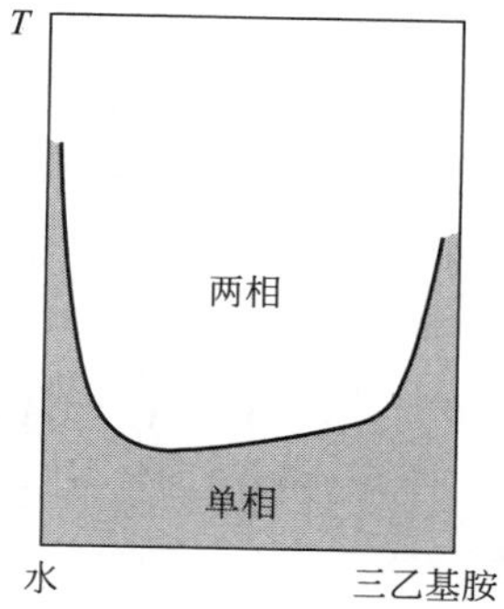

图 6-8　水-三乙基胺系统在恒压下的温度-组成示意

6.4.3　简单低共熔二元相图

（1）固-液凝聚系统

通常情况下，系统置于 $P^{\ominus}$ 大气中。从理论上讲，固-液平衡研究应在固-液-气三相平衡条件下研究，此时系统的压力（平衡压力）等于固体的蒸气压及液体的蒸气压。但是由于压力对凝聚系统的影响很小，对凝聚系统的蒸气压的影响也很小。所以 $P^{\ominus}$ 下所得的关于固-液平衡的结果与平衡压力下所得的结果没有什么差别。因此，在研究只涉及凝聚相的平衡时，从实验、实际出发，系统的蒸气相常常可以不予考虑，通常都是在恒定 $P^{\ominus}$ 下讨论平衡温度和组成的关系（这一点不同于单组分相图）。

由相律：

$$f^*=C-\phi+1=2-\phi+1=3-\phi$$

关于二组分固-液系统的相图类型很多，但不论相图如何复杂，都是由若干基本类型的相图构成。只要掌握基本类型的相图知识，就能看懂复杂相图的含义。简单低共熔混合物系统就是其中的一类。

（2）简单低共熔混合物系统相图

① 冰点降低及溶液的饱和浓度　我们知道，将某一种盐溶于水中，会使水的冰点降低，究竟冰点降低多大，与盐在溶液中的浓度有关。

如果将此溶液降温，则在0℃以下某个温度时，将析出纯冰。但当盐在水中的浓度比较大时（非稀溶液时），将溶液冷却，析出的固体不是冰而是盐，这时该溶液称为盐的饱和溶液。这时盐在水中的浓度称为饱和浓度。饱和浓度的大小与温度有关。

② 硫酸铵和水构成的二组分系统的相图

a. 图6-9中的 EL 曲线是冰和溶液成平衡的曲线，一般称为水的冰点线。

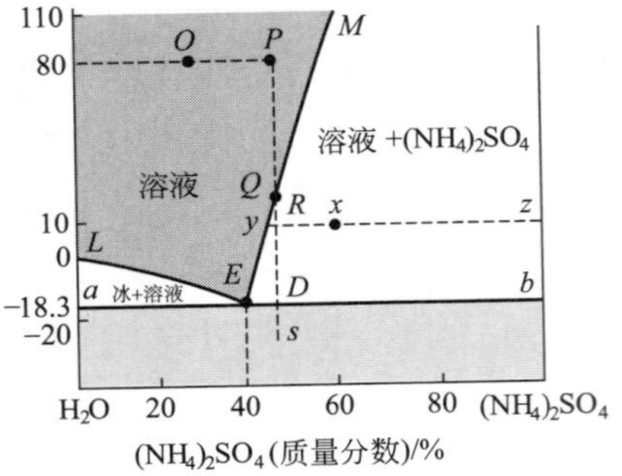

图 6-9　硫酸铵和水构成的二组分系统的相图

b. EM 曲线是固体 $(NH_4)_2SO_4$ 与溶液成平衡的曲线，一般称为 $(NH_4)_2SO_4$ 在水中的溶解度曲线。

c. 从这两条曲线的斜率可以看出，水的冰点随 $(NH_4)_2SO_4$ 浓度的增加而下降，盐的溶解度随温度的升高而增大。

但一般说来，由于盐的熔点很高，超过了饱和溶液的沸点，所以 EM 曲线不会沿长到 $(NH_4)_2SO_4$ 的熔点。

因为当 EM 沿长到一定高温时，饱和盐溶液开始沸腾汽化而不能稳定存在。而 EL 线可达纯水的冰点 L。

d. 在 EL 和 EM 曲线以上的区域为单相溶液区域，在此区域中，根据相律：

$$f^* = C - \phi + 1 = 2 - 1 + 1 = 2$$

有两个自由度。

LaE 区域是冰和溶液共存的两相平衡区，溶液的组成一定在 EL 曲线上。

MEb 区域是溶液和固体 $(NH_4)_2SO_4$ 共存的两相平衡区，溶液的组成一定落在 EM 线上。

在以上 LaE 区域和 MEb 区域中，根据相律

$$f^* = C - \phi + 1 = 2 - 2 + 1 = 1$$

只有一个自由度。这就是说，当温度指定后，系统中各相的组成也就确定了。

e. E 点是 EL 曲线和 EM 曲线的相交点，冰、固体 $(NH_4)_2SO_4$ 同时与溶液成三相平衡，根据相律：

$$f^* = C - \phi + 1 = 2 - 3 + 1 = 0$$

三相点自由度为零，即两种固体同时与溶液成平衡的温度只有一个（-18.3℃），同时溶液和两种固体的组成也是确定的。

从图6-9中可以看出，E点为溶液所能存在的最低温度，也是冰和$(NH_4)_2SO_4$能够共同熔化的最低温度，所以E点称为“最低共熔点”。在E点析出的固体称为“最低共熔混合物”。

在-18.3℃以下为固相区，根据相律此区域只有一个自由度（即温度）：

$$f^* = C - \phi + 1 = 2 - 2 + 1 = 1 \text{（固相为两个相）}$$

f. LaE和MEb区域内，在EL或EM曲线上经任何一点作一平行于底边的直线，即为“结线”。在此线的两端即为相互平衡的两个相，系统的总组成在此线上的任何一点时，则系统中两个相的互比量应遵守杠杆规则。

例如：有60g固体$(NH_4)_2SO_4$和40g水组成的系统，100C时系统的状态点即为图中的x点。由图6-9可看出，此时系统中的固体$(NH_4)_2SO_4$和它的饱和溶液两相共存。这两个相的状态点分别用z和y表示。y点的溶液含$(NH_4)_2SO_4$为42%，根据杠杆规则：yx的长度代表固体$(NH_4)_2SO_4$的量；xz的长度应代表饱和溶液的量。从横坐标的比例关系可以看出：yx的长度为18；xz的长度为40，总长58，$yx=18$，$xz=40$，$yz=58$，固体在系统中所占的百分数：18/58=31%；饱和溶液在系统中所占的百分数：40/58=69%。

③ 合金系统和化合物系统　在合金系统（如Bi-Cd，Pb-Sb）和化合物系统（如KCl-AgCl、C_6H_6-CH_3Cl）中也有类似的相图。

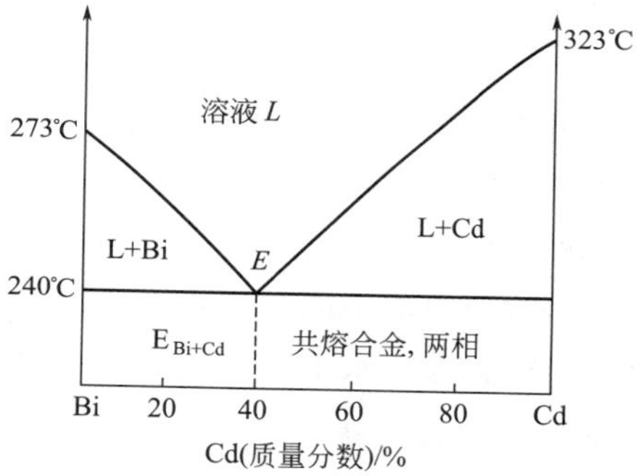

图6-10　Bi-Cd系统相图

以Bi-Cd系统为例，其相图如图6-10。

图中E为Bi和Cd的最低共熔点（140℃），其组成为含Cd40%、Bi60%，此时析出的固体称为“共熔合金”。

分析此相图的方法与水-盐系统相同，由图可以看出，只有将含Cd量超过40%的液体溶液冷却时，方能有纯Cd析出。将含Cd小于40%的溶液冷却，只能析出纯Bi。

6.4.4　步冷曲线-热分析法绘制相图

（1）步冷曲线与热分析法

当系统均匀冷却时，如果系统中不发生相变化，则系统的温度随时间的变化将是均匀的。

如果在冷却过程中系统发生了相变化，由于在相变的同时总伴随有热效应（潜热），所以系统温度随时间的变化速度将发生突然变化。所以，可以从系统的温度-时间曲线上斜率的变化，来判断系统在冷却过程中所发生的相变化。这种温度-时间曲线称为“步冷曲线”。用步冷曲线来研究固-液相平衡的方法称为“热分析法”。

（2）步冷曲线图

在水-硫酸铵相图中，由P（80℃，45%，溶液）冷却到S（<-20℃）过程的步

冷曲线可用图 6-11 表示。

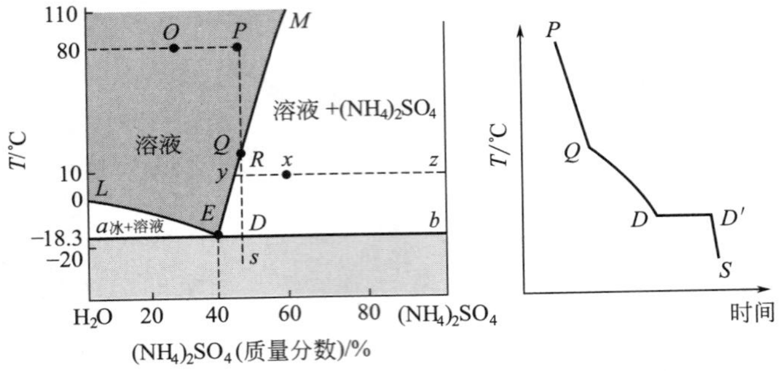

图 6-11　水-硫酸铵系统的相图与步冷曲线对照图

步冷曲线图中的符号和水-硫酸铵相图中的符号是对应的。从 P 到 Q，溶液的冷却比较快，到 Q 点开始有固体析出。随着固体的析出，有热量放出，所以系统的冷却速度减慢，步冷曲线的斜率变小。在 Q 点温度时，步冷曲线出现转折，意味着有固相析出。当温度由 Q 冷却到 D 时，溶液组成已到达最低共熔点的组成。根据相律：$f^*=0$，所以在溶液完全固化以前温度保持不变，在步冷曲线上出现 DD' 的水平线段。待所有溶液固化以后，温度又可迅速下降，即步冷曲线上从 D 到 S 的线段）。

（3）分析

对组成一定的溶液来说，可以根据它的步冷曲线斜率的变化来判断有固体析出时的温度和最低共熔混合物生成时的温度。固体析出时的温度与溶液的组成有关，而最低共熔混合物生成时的温度则与溶液的组成无关，即任意组成的溶液其最低共熔温度应该相同。但是溶液组成不同时，步冷曲线上最低共熔温度的水平线段的长度不同，生成低共熔物的数量越多，水平线段就越长。因此，当溶液组成越靠近共熔混合物的组成时，水平线段 DD 的长度就愈长。当溶液的组成恰好与共熔混合物组成一致时，水平线 DD 最长（此时就没有 QD 线段）。

（4）应用

根据上述对步冷曲线的分析，我们可以从一系列不同组成的溶液的步冷曲线来绘制相图。

不同组成溶液的步冷曲线与对应相图的关系可从图 6-12 看出。

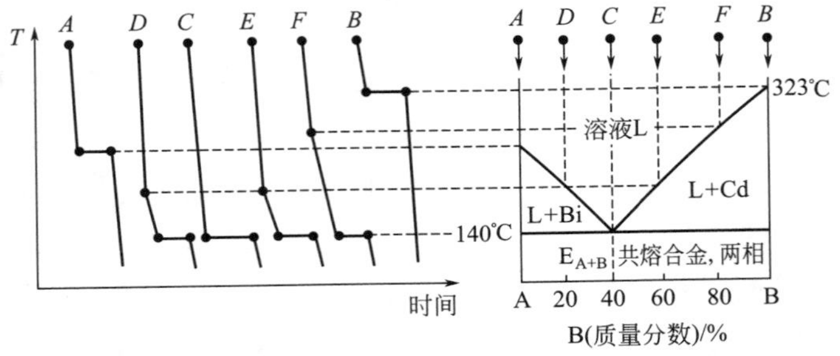

图 6-12　不同组成溶液的步冷曲线与对应相图的关系

6.4.5 有化合物生成的系统

（1）生成稳定化合物的系统

① 稳定化合物——“相合熔点”化合物　这里所谓的稳定化合物系指该化合物熔化时所形成的液相与固体化合物有相同的组成，也即该化合物稳定，当升温到其熔点时不会分解或转化。我们称此化合物为具有“相合熔点”的化合物。此“相合熔点”意指化合物熔化时液相组成与固相组成相同。

如果系统中两个纯组分之间可以形成一稳定化合物（例如 CuCl 和 $FeCl_3$ 能形成化合物 $CuCl \cdot FeCl_3$），则其温度-组成图的形式较前述简单低共熔混合系统复杂些。

② 相图

a. CuCl-$FeCl_3$ 系统

虽然比较复杂，但可看作是由两个简单低共熔点的相图拼合而成：左侧是化合物 AB 和 A 之间有一简单低共熔混合物 E_1；右侧是化合物 AB 和 B 之间有一简单共熔混合物 E_2，如图 6-13。

在两个低共熔点 E_1 和 E_2 之间有一极大点 C，在 C 点溶液的组成与化合物 AB 组成相同，故 C 点温度即为化合物 AB 的“相合熔点”。

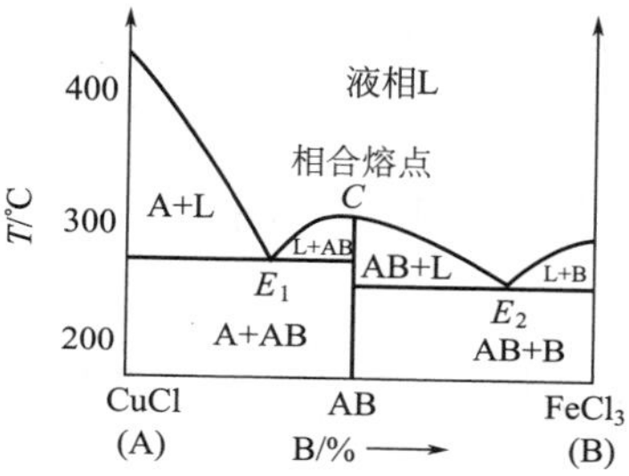

图 6-13　CuCl-$FeCl_3$ 系统相图

在 C 点时，二组分系统实际上可看作单组分系统，在此组成的溶液冷却时，其步冷曲线的形式与纯物质相同，温度到达 C 点时将出现一水平线段。其他情形均与前述简单低共熔点的系统相同。

b. H_2O-$Mn(NO_3)_2$ 系统　有时在两个组分之间形成不止一个稳定化合物，特别在水-盐系统中。例如，H_2O-$Mn(NO_3)_2$ 系统的相图。利用这类相图，可以看出欲生成某种水合物时的合理步骤。

例如，要制备 $Mn(NO_3)_2 \cdot 6H_2O$，由图 6-14 所示，必须使 $Mn(NO_3)_2$ 的水溶液浓度在 E_1 和 E_2 之间，即 $Mn(NO_3)_2$ 的浓度必须在 40.5%～64.5%之间。溶液的浓度越接近 D 点，则将此溶液冷却时所得 6 水合硝酸锰的结晶也就越多。

由图 6-14 还可以看出冷却液的条件，当溶液浓度稍小于 BW_6 时，则溶液温度最低可冷到 36℃，此时除 BW_6 之外没有其他物析出；但当溶液浓度稍大于 BW_6 时，则溶液的温度不可能冷却到 23.5℃以下，且析出的固体既有 $Mn(NO_3)_2 6H_2O$，亦有 $Mn(NO_3)_2 \cdot 3H_2O$。

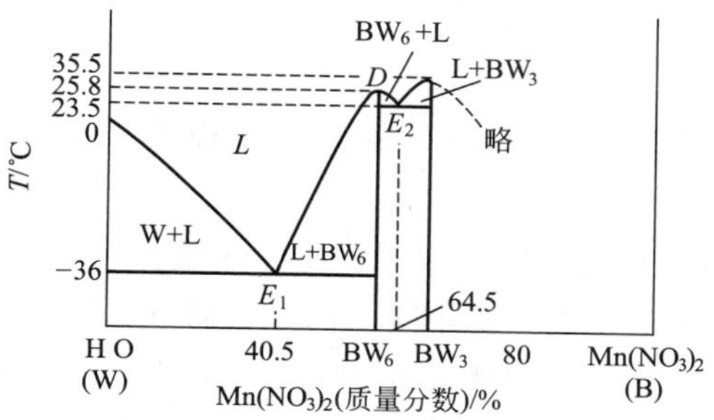

图 6-14　H_2O-$Mn(NO_3)_2$ 系统的相图

（2）生成不稳定化合物的系统

① 不稳定化合物——“不相合熔点”化合物　如果系统中两个纯组分之间形成一不稳定化合物，将此化合物加热时，在其熔点以下就会分解为一个新固相和一个组成与此化合物不同的溶液

相。正因为溶解所形成的溶液的组成与化合物的组成不同，故我们称此类不稳定化合物为具有“不相合熔点”的化合物，这种分解反应称为“转熔反应”。

转熔反应可表示为：

$$C_2 \rightleftharpoons C_1 + S$$

式中，C_2 为所形成的不稳定化合物；C_1 为分解反应所生成的新固相；C_1 可以是纯组分，也可以是“化合物”；S 为分解反应所生成的溶液。

这种转熔反应是可逆反应，加热时反应自左向右移动，冷却时反应就逆向进行。

根据相律：

$$f^* = C - \phi + 1 = 2 - 3 + 1 = 0$$

即发生此反应时，自由度为零。所以系统的温度和各相组成都不能变化。在步冷曲线上此时应出现一水平线段。K 和 Na 的系统即为能生成不稳定化合物的例子。

② K-Na 系统相图 Na 和 K 形成一化合物 Na_2K，此化合物加热到 7℃即分解为纯 Na 和组成为 S 的溶液如图 6-15 所示。按杠杆规则，其互比量应为：$w_{Na} : w_S = \overline{GS} : \overline{GT}$。

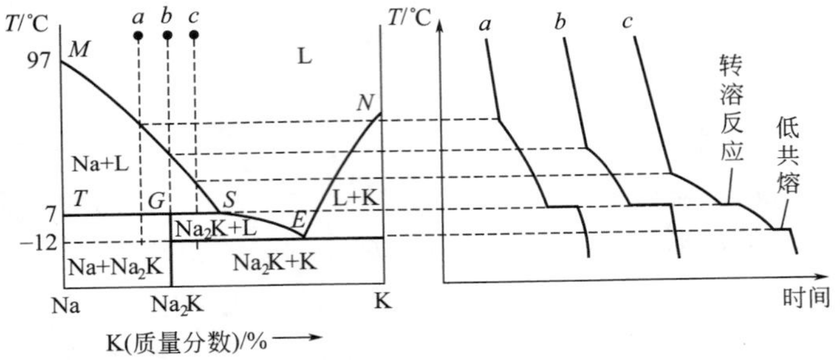

图 6-15 K-Na 系统相图

MS 曲线是溶液和固体 Na 的两相平衡线；*SE* 曲线是溶液和固体 Na_2K 的两相平衡线；*EN* 曲线是溶液和固体 K 的平衡线；*E* 是 Na_2K 和 K 的最低共熔点。

S 点称为化合物 Na_2K 的“不相合熔点”（即 *S* 和 *G* 不相合）。

由于 *S* 点是 *MS* 线和 *SE* 线的交点，因此，*S* 点所代表的溶液同时与 Na_2K 和 Na 成平衡，即在 7℃时：

$$Na_2K \longrightarrow Na + 溶液(S)$$

在此相图中，溶液中 K 浓度大于 S 时，溶液的步冷曲线及冷却过程的相变化与简单低共熔点的相图相似。

以下分别讨论组成为 *a*、*b*、*c* 的溶液的冷却过程的相变化和步冷曲线。

a. 溶液“*b*”的冷却　溶液 *b* 的组成与化合物 Na_2K 相同，因此，将此溶液冷却将得到化合物 Na_2K。但在冷却过程中，一开始析出的固体并非 Na_2K，当冷却到 *MS* 曲线上时，首先析出固体 Na，此时步冷曲线相应有一转折点。继续冷却，溶液的组成沿 *MS* 线向 *S* 点移动，但温度在 7℃以上时，只有 Na 析出。当温度到达 7℃时，组成为 *S*

的溶液和固体 Na 的互比量为 $GT:GS$，这时发生转熔反应：

$$溶液(S)+Na \longrightarrow Na_2K$$

$$f^*=C-\phi+1=2-3+1=0$$

温度保持不变，这时在步冷曲线上相应有一水平线段。由于 Na 和溶液（S）的比例恰好能全部生成化合物 Na_2K，故没有多余的 Na 或溶液剩余，全部生成 Na_2K（放热过程），步冷曲线上对应较长的水平线。

b. 溶液“a”的冷却　冷却过程的相变与“b”基本相同，但由于溶液 a 所含 Na 量较大些，因此当温度冷却到 7℃发生转熔反应时，在溶液 S 全部转化以后还有多余的固体 Na。此时系统中为固体 Na_2K 和 Na 的混合物，温度又可继续下降。所有组成在 $G \sim T$之间的溶液的冷却情况均是如此，只不过最终系统中 Na_2K 和 Na 的比例不同罢了。

c. 溶液“c”的冷却　在 7℃以前的冷却情况与前相同，但由于溶液 c 中含 Na 量小于 Na_2K，所以在 7℃发生转熔反应时，固体 Na 全部转化为 Na_2K 以后还有多余的溶液 S 存在。此时系统中只有 Na_2K 和溶液 S，温度又可下降，溶液继续析出 Na_2K，溶液组成沿 SE 曲线变化。当温度到达－12℃时，溶液组成到达 E 点。这时，Na_2K 和 K 开始同时析出。由于在 E 点，$f^*=0$，温度可保持不变，相应的步冷曲线上又有一水平线段。待所有 E 溶液固化（共熔混合物）以后，温度又可继续下降。

③ $NaI-H_2O$ 系统　两个纯组分之间有时可能生成不止一个不稳定化合物，如图 6-16。

若要利用此相图从 NaI 的水溶液冷却制备 $NaI \cdot 5H_2O$，从图 6-16 中可看出，如果将组成与 $NaI \cdot 5H_2O$ 相同的溶液（含 NaI62.5%）冷却，首先得到的是 $NaI \cdot 2H_2O$ 而不是 $NaI \cdot 5H_2O$。

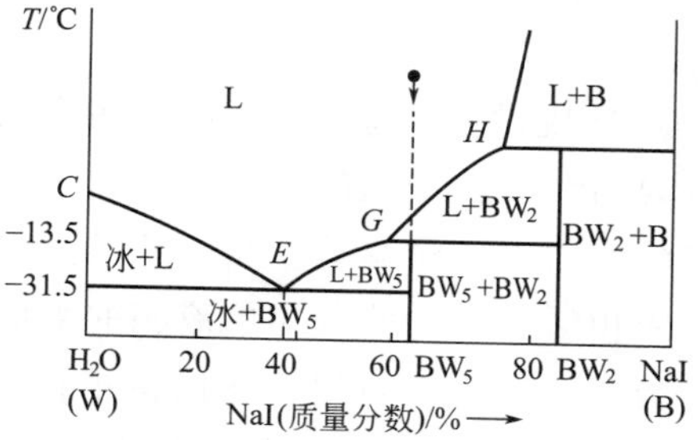

图 6-16　$NaI-H_2O$ 系统相图

当温度冷却到－13.5℃时，从理论上说，先产生的 $NaI \cdot 2H_2O$ 开始与组成为 G 的溶液发生转熔反应，生成 $NaI \cdot 5H_2O$。但由于固相转化速度很慢，所以冷却过程所生成的 $NaI \cdot 5H_2O$ 中往往夹杂有 $NaI \cdot 2H_2O$。因此，欲制备纯 $NaI \cdot 5H_2O$，最好溶液的浓度在 EG 之间，不超过 G，此时溶液冷却时所得的 $NaI \cdot 5H_2O$ 就比较纯净。

6.4.6　固相完全互溶的系统

（1）完全互溶系统

当两组分不仅能在液相中完全互溶，而且在固相中也能互溶，即从液相中析出的固体不是纯物质而是固体溶液（或称固溶体），这种系统叫固相互溶系统。若在任何浓度下都只析出固溶体而无纯物质析出，则称为完全互溶系统。此时，系统的温度-组成图与前面讲述的类型有较大不同，而与双液系统气-液平衡的温度-组成的形状类似。

（2）固相完全互溶系统相图

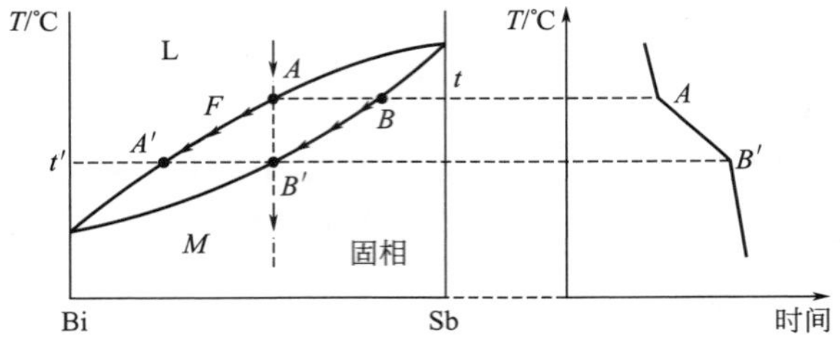

图 6-17　固相完全互溶系统相图

① 相图分析　在此系统中，某一组分（如 Bi）的冰点可能会由于加入另一组分（如 Sb）而升高。同时，因两个纯组分在固相完全互溶，故析出固相只能有一个相。所以系统中最多只有液相和固相两个相共存，根据相律：

$$f^*=C-\phi+1=2-2+1=1$$

即在恒定压力下，系统的自由度最少为 1，而不是零。因此，这种系统的步冷曲线上不可能出现水平线段，如图 6-17。

F 线以上的区域为液相区；*M* 线以下的区域为固相区；*F* 线和 *M* 线之间区域为液相和固相共存的两相平衡区；*F* 线为液相冷却时开始凝出固相的“冰点线”；*M* 线为固相加热时开始熔化的“熔点线”。

由图 6-17 看出，一定温度下，两相平衡时的液相组成与固相组成是不同的。平衡液相中熔点较低的组分（Bi）的含量要大于相应固相中该组分的含量。例如，与组成为 A 的液相平衡的固相组成为 B。

② 冷凝过程　将组成为 A 的单液相冷却时，当冷却到 *A* 点，将有组成为 *B* 的固（溶体）相析出。随着固相的析出，液相组成沿 AA' 方向移动，与液相平衡的固相的组成就沿 BB' 方向移动。当液相组成到达 A' 时，即温度达 t' 时，固相组成到达 B'，这时固相组成与初始冷却单液相的组成（*A*）相同，即液相全部固化了。在冷却过程中，为了使液相和固相始终保持平衡，必须具备 2 个条件：a. 要使析出的固相与液相保持接触；b. 为了保持固相组成均匀一致，固相中组分的扩散速度必须大于析出固相的速度。

以上 2 个条件只有在冷却过程很慢时才能满足。

如果冷却速度比较快，固相析出速度超过了固相内部组分扩散速度，这时液相只来得及与固相的表面达到平衡；而固相内部保持着最初析出的固相组成（B），即其中含有较多的高熔点组分。这样，固相析出的温度范围就将扩大。因为当温度达到 t' 时，固相中只有表面的组成为 B′，整个固相的组成在 B 和 B′之间；此时液相 A' 不会全部消失，而且固相和液相也不成平衡。所以随着温度的继续降低，还有固相析出，直到液相组成与固相表面组成相同为止。这就是说，系统可一直冷却到低熔点组分 B_i 的熔点时，液相才全部固化。在这种快速冷却过程中，所析出的固相组成是不均匀的，起先析出的固相高熔点组分较多，愈往后析出的固相高熔点组分就愈少，最后析出的固相就几乎是

纯 B_i 了。根据这一原理，可用此法提纯金属。在制备合金时，快速冷却会造成合金性能上的缺陷（固相组成不均匀）。为使固相组成均一，可将固相温度再升高到接近于熔化而又低于熔化温度，并在此温度保持一相当长的时间，让固相扩散达到组成均匀一致，这种方法称为“扩散退火”。

③ 区域提纯（金属提纯）　在熔融液体凝固时，析出的固相中高熔点组分的含量较多，可利用此来提纯金属。区域提纯法为对制备高纯度金属提供了一个有效的方法。例如，半导体原料锗的纯度常常需要达到 8～9 个 9，用化学处理方法难以达到，可采用区域提纯法。区域提纯法的基本原理在于，杂质在液相和固相中的溶解度不同，这种溶解度的差别可用分凝系数 K_s 来表示：

$$K_S=\frac{\text{杂质在固相中的溶解度}}{\text{杂质在液相中的溶解度}}=\frac{C_s}{C_l} \tag{6-14}$$

如果杂质的存在使金属的熔点降低，如图 6.18（a）所示，则熔融液体凝固开始时，固相中杂质（B）的含量将减少，这时：

$$K_s=\frac{C_s}{C_l}<1 \tag{6-15}$$

如果杂质的存在使金属的熔点升高，如图 6-18（b）所示，这时熔融液体凝固时，固相中杂志含量将增多，$K_s>1$。

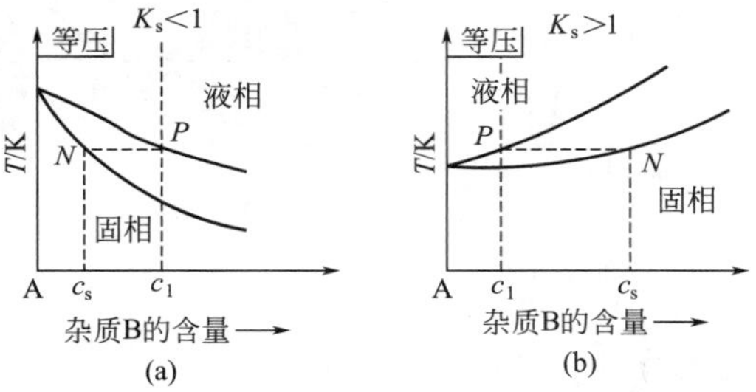

图 6-18　熔融液体凝固相中杂质含量的变化图

而一般情况下，杂质在金属中的分凝系数 $K_s<1$。

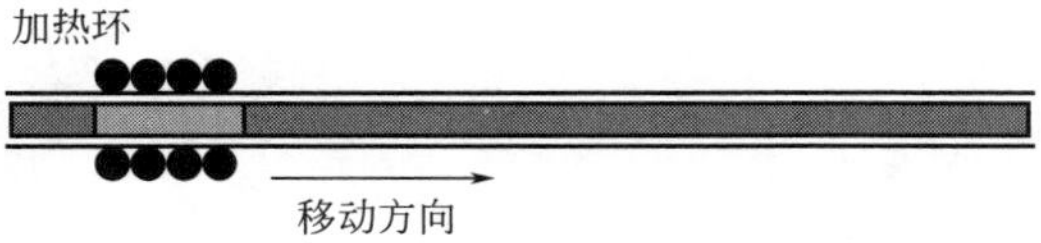

图 6-19　区域提纯法的机理示意图

区域提纯法的机理如下如图 6-19 所示：将一细长条的金属锭（其中杂质浓度为 C_l）放在管式高温炉中，管外有可以移动的加热环。一开始加热环放在管的最左端加热，把金属锭的一个小区域熔化；然后让加热环缓慢地向右移动，于是熔化的小区域也逐渐向右移动。在熔化小区域右移时，最左端就渐渐凝固，这时开始析出固相 N 中的杂质含量为 C_s，使 $K_s<1$ 系统的杂质减少（$C_s<C_l$）。随着熔化小区域的右移，杂质亦右移（因为杂质在熔融液相溶解度大）。在加热环移到最右端以后，再把它重新放到最左端重

复上述操作。如此重复操作，加热环犹如扫帚，反复地把杂质从左端扫到右端，而左端就可得到极纯的金属。

区域提纯的效率一方面取决于分凝系数 K_s 的大小，K_s 愈小，提纯效率越高；提纯效率还取决于金属原来的纯度，原金属纯度越高，则区域提纯的效果就越好。所以在使用区域提纯方法以前，必须先用化学处理法将金属提纯到足够的纯度。

6.4.7 固相部分互溶系统

固体部分互溶的现象与液体部分互溶的现象很相似，也是一物质在另一物质中有一定的溶解度，超过此浓度将有另一固溶体产生。两物质的互溶度往往与温度有关。

（1）相律分析

对这种系统来说，系统中可以有三个相（两个固溶体相和一个液相）共存。因此，根据相律，此时：

$$f^* = C - \phi + 1 = 2 - 3 + 1 = 0$$

自由度为零，在步冷曲线上可能出现水平线段。

（2）KNO_3-$TlNO_3$ 系统相图（见图 6-20）

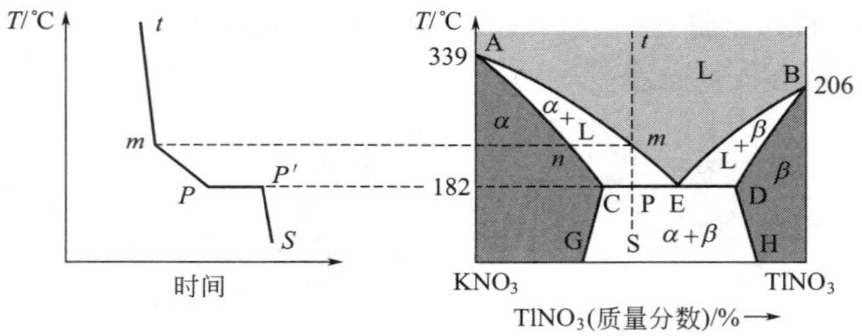

图 6-20　KNO_3-$TlnO_3$ 系统相图

α 相：$TlNO_3$ 溶于 KNO_3 的固溶体。

β 相：KNO_3 溶于 $TlNO_3$ 的固溶体。

AE 线：与 α 相平衡的熔化物 L 的“冰点线”。

BE 线：与 β 相平衡的熔化物 L 的“冰点线”

AC 线：α 相的“熔点线”。

BD 线：β 相的“熔点线”。

AEC 区域：熔化物 L 与 α 相的两相平衡区。

BED 区域：熔化物 L 与 β 相的两相平衡区。

ACG 线的左侧：α 相的单相区。

BDH 线的右侧：β 相的单相区。

GCDH 区域：α 相和 β 相两相共存区。

三相点（线）：*E* 点是组成为 *C* 的 α 相固溶体和组成为 *D* 的 β 相固溶体的最低共熔点。它是两种固溶体的最低共熔点，而非两纯物质的最低共熔点。

如果将组成为 *t* 的熔化物冷却，当温度冷却到 *m* 点时，开始有组成为 *n* 的 α 相固溶体析出；随温度的降低，液相和 α 相的组成分别沿 mE 曲线和 nC 曲线移动；当温度降低到 P 点（182℃）时，α 相的组成为 C，液相组成为 E；按杠杆规则，这两个相的互比量为 $PE:PC$。由于组成为 E 的熔化物同时与组成为 C 的 α 相及组成为 D 的 β 相达成平衡，根据相律，此时温度和组成都确定不变，步冷曲线上呈现水平线段 PP′。待有熔化物固化以后，只剩下组成为 C 的 α 固溶体和组成为 D 的 β 固溶体，其互比量为 $PD:PC$。

$$f^{*}=C-\phi+1=2-3+1=0$$

这时，温度又可继续下降，α 相和 β 相的组成分别沿 CG 线和 DH 线移动。如果初始熔化物组成在 ED 之间，首先析出的将是 β 固溶体，情形与上述类似。

6.4.8　小结

相图的类型很多，我们不可能一一介绍。通过以上对简单相图的分析，应了解绘制相图的方法，能看懂一些相图，并能初步了解如何利用相图来解决一些实际问题。

本章所涉及的仅只是多相系统 T，P，x 和相的形态之间的关系。系统的性质远不止这些。例如，一个平衡系统的物理化学性质（ε）可以是电阻、折射率、旋光率、热膨胀系数、硬度、黏度等，这些性质都与温度、压力、浓度有关。这种依赖关系可以用表格的方式把具体的数据表达出来，但表格的缺陷是缺乏明显性，直接看不出变化的大小趋势，有时还要利用内插法，这样就易于引入误差。而当性质的变化不规则时，更不易说明问题。另一种办法是表达为函数的形式，$\varepsilon=f(x_1,x_2,\cdots x_{k-1},T,P)$，有了一定的公式，便于求微分和积分，但若性质的变化不连续时，公式的形式就要改变。但遗憾的是，在大多数情况下，函数中的一些常数项不知道，需要大量的实验数据才能总结。计算机广泛应用后，为此类计算提供了极大的方便，只要根据一定量的实验数据，设计计算模型和程序，就能很方便的求出模型中的经验常数。第三种方法是用图的方式来表达，用物理的方法研究系统性质和组成的关系，并用图来表示这种变化关系，这种研究方法也叫做物理化学分析。研究系统的性质与组成的关系，不仅有理论上的意义，而且有很大的实用价值。例如随着工业的发展，需要各种特殊的材料，像耐高温材料、特殊合金等，组成-性质图有助于掌握制造这些材料的过程。

我们还要强调实践第一的观点，相图都是根据一定的实验数据绘制出来的，到目前为止，根据理论的计算来绘制多组分系统相图的工作做得还不多。对于多组分的问题比较复杂，相图只是从宏观的角度反映了系统某些性质之间的一些联系，而要真正了解现象的本质，单单依靠现象之间的外部联系还不够，还必须在详细资料的基础上，根据物质结构的知识进一步深入探讨组分间的相互作用关系。

习　题

6.1　指出下列平衡系统中的组分数 C，相数 P 及自由度 F。

(1) $I_2(s)$与其蒸气成平衡；

(2) $CaCO_3(s)$与其分解产物 $CaO(s)$和 $CO_2(g)$成平衡；

(3) $NH_4HS(s)$放入一抽空的容器中，并与其分解产物 $NH_3(g)$和 $H_2S(g)$成平衡；

(4) 取任意量的 $NH_3(g)$ 和 $H_2S(g)$ 与 $NH_4HS(s)$ 成平衡；

(5) I_2 作为溶质在两不互溶液体 H_2O 和 CCl_4 中达到分配平衡（凝聚系统）。

6.2 已知液体甲苯(A)和液体苯(B)在 90℃ 时的饱和蒸气压分别为 $P_A^*=54.22kPa$ 和 $P_B^*=136.12kPa$。两者可形成理想液态混合物。今有系统组成为 $x_{B,0}=0.3$ 的甲苯-苯混合物 5mol，在 90℃ 下成气-液两相平衡，若气相组成为 $y_B=0.4556$，求：

(1)平衡时液相组成 x_B 及系统的压力 P。

(2)平衡时气、液两相的物质的量 n_g •n_l。

6.3 101.325kPa 下水(A)-醋酸(B)系统的气-液平衡数据如下。

t/℃	100	102.1	104.4	107.5	113.8	118.1
x_B	0	0.300	0.500	0.700	0.900	1.000
y_B	0	0.185	0.374	0.575	0.833	1.000

(1) 画出气-液平衡的温度-组成图。

(2) 从图上找出组成为 $x_B=0.800$ 的气相的泡点。

(3) 从图上找出组成为 $y_B=0.800$ 的液相的露点。

(4) 105.℃时气-液平衡两相的组成是多少？

(5) 9kg 水与 30kg 醋酸组成的系统在 105.0℃达到平衡时，气-液两相的质量各为多少？

6.4 已知水-苯酚系统在 30℃液-液平衡时共轭溶液的组成 w（苯酚）为：L_1（苯酚溶于水），8.75%；L_2（水溶于苯酚），69.9%。

(1) 在 30℃，100g 苯酚和 200g 水形成的系统达液-液平衡时，两液相的质量各为多少？

(2) 在上述系统中若再加入 100g 苯酚，又达到相平衡时，两液相的质量各变到多少？

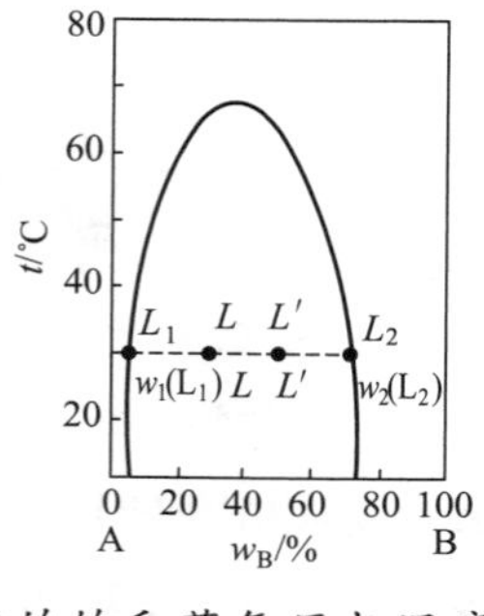

6.5 液体 $H_2O(A)$、$CCl_4(B)$ 的饱和蒸气压与温度的关系如下：

t/℃	40	50	60	70	80	90
p_A/kPa	7.38	12.33	19.92	31.16	47.34	70.10
p_B/kPa	28.8	42.3	60.1	82.9	112.4	149.6

两液体成完全不互溶系统。

(1) 绘出 H_2O-CCl_4 系统气、液、液三相平衡时气相中 H_2O、CCl_4 的蒸气分压对温度的关系曲线；

(2) 从图中找出系统在外压 101.325kPa 下的共沸点；

(3) 某组成为 y_B（含 CCl_4 的摩尔分数）的 H_2O-CCl_4 气体混合物在 101.325kPa 下恒压冷却到 80℃时，开始凝结出液体水，求此混合气体的组成；

(4) 上述气体混合物继续冷却至 70℃时，气相组成如何；

(5) 上述气体混合物冷却到多少度时，CCl_4 也凝结成液体，此时气相组成如何？

第7章 电化学基础

电化学主要是研究电能和化学能之间的互相转化以及转化过程中相关规律的科学。生产上的需要推动着电化学的发展，电化学工业在今天已成为国民经济中的重要组成部分。许多有色金属以及稀有金属的冶炼和精炼都采用电解的方法。利用电解的方法可以制备许多基本的化工产品，如氢氧化钠、氯气、氯酸钾、过氧化氢以及一些有机化合物等，在化工生产中也广泛采用电催化和电合成反应。材料科学在当今新技术开发中占有着极其重要的位置，用电化学方法可以生产各种金属复合结构材料或表层具有特殊功能的材料。

电镀工业与机械工业、电子工业和人们日常生活都有密切的关系，绝大部分机械的零部件、电子工业中的各种器件都要镀上很薄的金属镀层，从而起到装饰、防腐、增强抗磨能力和便于焊接等作用。此外，工业上发展很快的电解加工、电铸、电抛光、铝的氧化保护、电着色以及电泳喷漆法等也都是采用电化学方法。

化学电源是电化学在工业上应用的另一个重要方面，锌锰干电池、铅酸蓄电池等以其稳定、便于移动等特点在日常生活和汽车工业等方面已起到了重要作用。随着尖端科技如火箭、宇宙飞船、半导体、集成电路、大规模集成电路、计算机和移动通信等技术的迅速发展，对化学电源也提出了新的要求，故而能连续工作的燃料电池，各种体积小、质量轻、既安全又便于存放的新型高能电池，微电池（如锂离子电池），不断地被研制、开发，使得它们在照明、宇航、通信、生化、医学等方面得到了越来越广泛的应用。

电化学与生物学和医学之间有密切的联系。生物体的细胞膜便具有电化学电极的作用，生物体内有双电层和电势差存在，从而通过神经传递信息，心电图、脑电图等与电化学有关。微电极作为电化学传感器在生物学研究及医学诊断中起着十分重要的作用。

能量的转变需要一定的条件（即要提供一定的装置和介质）。例如，化学能转变为电能必须通过原电池（primary cell）来完成；电能转变为化学能则需要借助电解池（electrolytic cell）来完成。无论是电池还是电解池，都需要知道电极（electrode）和相应的电解质溶液（electrolytic solution）中所发生的变化及其机理。

1893年，能斯特（Nernst，1864—1941，德国化学家和物理学家）根据热力学的理论提出了可逆电池电势的计算公式，即能斯特方程。该方程表示电池的电动势与参与电池反应的各种物质的性质，浓度以及外在条件（温度、压力等）的关系，为电化学的平衡理论发展做出了突出的贡献。

电化学无论在理论上还是在实际应用上都有十分丰富的内涵，其内容相当广泛，并已形成一支独立的科学。本章着重于讨论电化学中一些基本原理和共同规律。

7.1　电解质溶液

7.1.1　电化学中的基本概念

电化学在微观上是关于电子导电相（金属）与离子导电相（电解质及其溶液）之间的界面上所发生的界面效应，在宏观上是关于电能与化学能相互转变的科学。

电化学中主要考虑两类导体。

电子导体：只传递电子而不发生化学反应，如金属导体。

离子导体：在溶液内部通过离子定向迁移来导电，在电极与溶液界面处则依靠电极上的氧化-还原反应得失电子来导电。

（1）原电池和电解池

电池：由第一类导体联结两个电极并使电流在两极间通过，构成外电路的装置叫做电池。

电解池：在外电路中并联一个有一定电压的外加电源，则将有电流从外加电源流入电池，迫使电池中发生化学变化，这种将电能转变为化学能的电池称为电解池。

原电池：电池能自发地在两极上发生化学反应，并产生电流，此时化学能转化为电能，则该电池就称为原电池。

例如，丹尼尔电池（原电池），如图 7-1 所示。

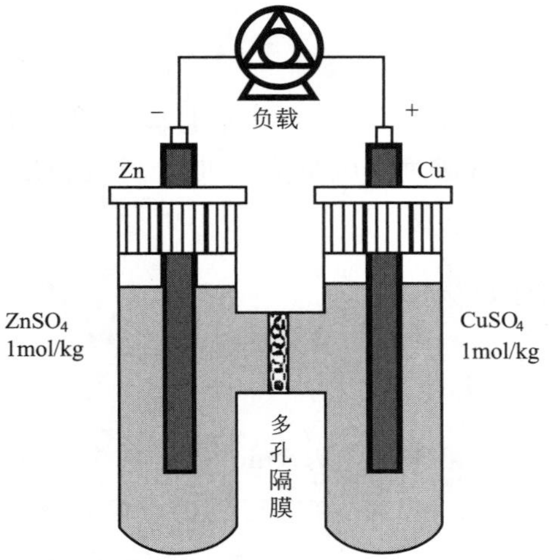

图 7-1　丹尼尔电池（原电池）

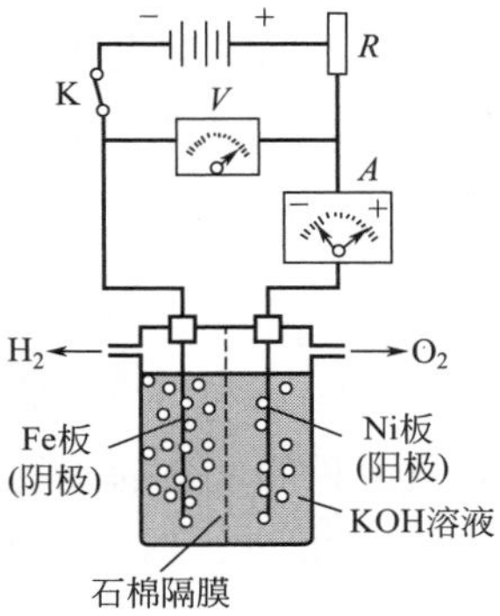

图 7-2　水的电解池

电极反应：

$$-)\,Zn \longrightarrow Zn^{2+} + 2e$$

$$+)\,Cu^{2+} + 2e \longrightarrow Cu$$

总反应：

$$Zn + Cu^{2+} \longrightarrow Zn^{2+} + Cu$$

水的电解池如图 7-2 所示。

电极反应：

$$+)\ 4OH^- = 2H_2O + O_2 + 4e^-\ \uparrow$$

$$-)\ 2H^+ + 2e^- = H_2\uparrow$$

总反应：
$$2H_2O = 2H_2\uparrow + O_2\uparrow$$

电极一般是指电池中与电解质溶液发生氧化还原反应的位置。电极可以是金属或非金属，只要能够与电解质溶液交换电子，即称为电极。

① 按电极电势的高低分：电势较高的极称为正极，电势较低的极称为负极。规定外电路中电流方向为正极到负极，电子的流向与之相反。

② 按电极反应分：发生氧化反应的电极称为阳极，发生还原反应的电极称为阴极。无论是原电池还是电解池中，阳离子向还原电极（发生还原反应的电极）定向迁移；阴离子向氧化电极（发生氧化反应的电极）定向迁移。电流在溶液中的总传导是由阴、阳离子的定向迁移共同承担的。

（2）法拉第（Faraday）定律

电解是电能转化为化学能的过程。当把两个电极插入装有电解质溶液的电解槽中并接上直流电源，此时在电极和溶液界面上可以观察到有化学反应发生。

法拉第在总结大量实验的基础上，于 1833 年总结出了两条基本规则，称为法拉第定律。内容为：通电于电解质溶液之后，① 在电极上（即两相界面上）发生化学变化的物质的量与通入的电量成正比；② 将几个电解池串联，通入一定的电量后，在各个电解池的电极上发生反应的物质其物质的量等同，析出物质的质量与其摩尔质量成正比。

假设有如下电极反应：

$$M^{z+} + ze^- = M$$

如欲从含有 2mol M 离子的溶液中沉积 1mol 金属 M，即需要通过 $z$mol 个电子，z 是出现在电极反应式中的电子计量系数。此时，若通过的电量为 Q 时，所沉积出该金属的物质的量为（法拉第定律的数字表达式）：

$$n=\frac{Q}{zF}\text{或一般写作 }Q=nzF$$

$$m=nM=\frac{Q}{zF}M \tag{7-1}$$

式中，所沉积的金属的质量为 m；F 称为法拉第常数，为 1mol 质子的电荷（或单位电荷）具有的电量，即 $F=Le=6.022\times10^{23}\,mol^{-1}\times1.6022\times10^{-19}\,C\approx96500C/mol$，其中，$L$ 为阿伏伽德罗常数，e 是质子的电荷，M 为该析出物的摩尔质量，其值随所取的基本单元而定。

法拉第定律由实验总结得出，适用于在任何温度和压力下所有液态或固态电解质，电解池或原电池，且实验越精确，所得结果吻合越好，此类定律在科学上并不多见。

在实际电解时，电极上常发生副反应或次级反应。例如镀锌时，在阴极上除了进行锌离子的还原反应以外，同时还可能发生氢离子还原的副反应。又如电解食盐溶液中，在阳极上所生成的氯气，有一部分溶解在溶液中发生次级反应而生成次氯酸盐和氯酸盐。因此要析出一定数量的某一物质时，实际上所消耗的电量要比理论电量多一些，此两者之比称为电流效率，通常用百分数来表示。当析出一定量的某物质时：

$$\text{电流效率}=\frac{\text{按法拉第定律计算所需理论电荷量}}{\text{实际所消耗的电荷量}}\times 100\% \qquad (7\text{-}2)$$

或者，当通过一定电荷量时：

$$\text{电流效率}=\frac{\text{电极上产物的实际质量}}{\text{按法拉第定律计算应获得的产物质量}}\times 100\% \qquad (7\text{-}3)$$

7.1.2 离子的电迁移率和迁移数

（1）离子的电迁移现象

离子在外电场的作用下发生定向运动成为离子的电迁移。通电于电解质溶液之后，溶液中承担导电任务的阴、阳离子分别向阳、阴两极移动，在相应的两极界面上发生氧化或还原作用，因而两极周围溶液的浓度也发生变化，如图 7-3 所示。

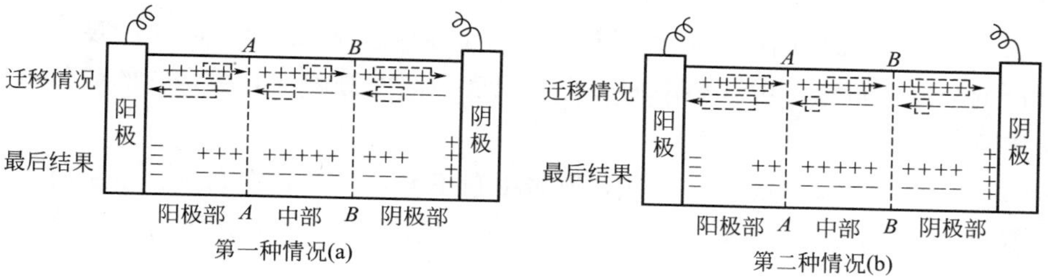

图 7-3　离子的电迁移现象

设在两个惰性电极（本身不起化学变化）之间有假想的两个平面 AA 和 BB，将电解质溶液分成三个区域，即阳极区、中间区及阴极区。没有通电流前，各区有 5mol 的正离子及负离子（分别用“+”、“−”表示，数量多少表示物质的量）。当有 4mol 电子电量通入电解池后，则有 4mol 的负离子移向阳极，并在其上失去电子而析出。同样有 4mol 的正离子移向阴极并在其上获得电子而沉积。如果正、负离子迁移速率相等，同时在电解质溶液中与电流方向垂直的任一截面上通过的电量必然相等。所以 AA（或 BB）面所能通过的电量也应是 4mol×F，当有 2mol 的正离子和 2mol 的负离子通过 AA（或 BB）截面，就是说在正、负离子迁移速率相等时，电解质溶液中的导电任务由正、负离子均匀分担。离子迁移的结果，使得阴极区和阳极区的溶液中各含 3mol 的电解质，即正、负离子各为 3mol，只是中间区所含电解质的物质的量仍不变。如图 7-3（a）所示。

如果正离子的迁移速率为负离子的 3 倍，则 AA 平面（或 BB 平面）上分别有 3mol 正离子和 1mol 的负离子通过，通电后离子迁移的总结果是，中间区所含的电解质的物质的量仍然不变，而阳极区减少了 3mol 电解质，阴极区减少了 1mol 电解质。如图 7-3（b）所示。

从上述两种假设可归纳出如下规律，即：向阴、阳两极方向迁移的正、负离子的物质的量的总和恰等于通入溶液的总的电荷量，并且有如下关系：

$$\frac{\text{阳极部的物质的量的减少}}{\text{阴极部的物质的量的减少}}=\frac{\text{正离子所传导的电荷量}\ (Q_+)}{\text{负离子所传到的电荷量}\ (Q_-)}$$

上面讨论的是惰性电极的情况，若电极本身也参加反应，则阴、阳两极溶液浓度变化情况要复杂一些，可根据电极上的反应具体分析，但它仍满足上述两条规律。

为了表示正、负离子在溶液中所迁移的电量占通过溶液的总电量的分数，需要引进离子迁移数的概念。

（2）离子的电迁移率和迁移数

实验结果表明，在一定温度和浓度时，离子在外界电场作用下的运动速率 r 与两极间的电压降 E 成正比，而与两极间的距离 l 成反比，即与电位梯度成正比，可表示为

$$r_+ = U_+(\mathrm{d}E/\mathrm{d}l) \tag{7-4}$$

$$r_- = U_-(\mathrm{d}E/\mathrm{d}l)$$

式中，$\mathrm{d}E/\mathrm{d}l$ 为电位梯度，比例系数 U_+ 和 U_- 分别称为正、负离子的电迁移率，又称为离子淌度（ionic mobility），即相当于单位电位梯度时离子迁移的速率，单位 $m^2/(s \cdot V)$。

离子在电场中运动的速率除了与离子本性（包括离子半径、离子水化程度、所带电荷等）以及溶剂的性质（如黏度等）有关以外，还与电场的电位梯度 $\mathrm{d}E/\mathrm{d}l$ 有关，显然电位梯度越大，推动离子运动的电场力也越大。引进电迁移率概念后就可以不必考虑两极间的电压降 E 和极间距 l 对离子运动速率的影响，因已指定电位梯度等于 1。这样，讨论就会方便得多。电迁移率的大小与温度、浓度等因素有关，它的数值可用界面移动法实验来测定。

由于正、负离子移动的速率不同，所带电荷不等，因此它们在迁移电量时所分担的分数也不同，我们把离子 B 所运载的电流与总电流之比称为离子 B 的迁移数，用符号 t_B 表示，$t_B = I_B/I = Q_B/Q$。显然 t_B 是无量纲量。

7.1.3 电解质溶液的电导

（1）电导、电导率和摩尔电导率

物体导电的能力通常用电阻 R（单位为欧姆，Ω）来表示，而对于电解质溶液，其导电能力则用电阻的倒数即电导 G 来表示，$G = 1/R$。电导的单位为 S（西门子）或 Ω^{-1}（姆欧）。根据欧姆定律，电压、电流和电阻三者之间的关系为

$$R = \frac{U}{I} \tag{7-5}$$

式中，U 为外加电压，V；I 为电流强度，A。又因 $G = R^{-1}$，所以 $G = R^{-1} = I/U$。

导体的电阻与其长度成正比，而与其横截面积成反比，可写成

$$R \propto l/A \quad 或 \quad R = \rho \frac{l}{A} \tag{7-6}$$

式中，ρ 是比例系数，称为电阻率。电阻率定义为长为 1m，截面积为 $1m^2$ 时导体所具有的电阻，或是 $1m^3$ 导体的电阻，单位为 $\Omega \cdot m$。

电阻率的倒数是电导率，$\kappa = 1/\rho$，则

$$G = \kappa A/l \tag{7-7}$$

式中，κ 也是比例系数，定义为电极面积各为 $1m^2$，两极间相距 1m 时电解质溶液的电导，单位是 S/m^{-1}。

由于浓度不同的电解质溶液所含离子的数目不同，而电导率也不同，因此不能用电

导率来比较电解质的导电能力大小，需要引入摩尔电导率 Λ_m 的概念。

摩尔电导率是指把含有 1mol 电解质的溶液置于相距为单位距离（SI 单位用 1m）的电导池的两个平行电极之间所具有的电导，以 Λ_m 表示。摩尔电导率显然是电导率乘上含 1mol 电解质时溶液的体积 V_m，即

$$\Lambda_m = kV_m = \frac{k}{c} \tag{7-8}$$

式中，V_m 为含有 1mol 电解质的溶液的体积，m^3/mol；c 为电解质溶液的物质的量浓度，mol/m^3，所以 Λ_m 单位为 $S \cdot m^2/mol$。

无论是强电解质还是弱电解质，在无限稀时，离子间的相互作用均可忽略不计，离子彼此独立运动，互不影响。每种离子的摩尔电导率不受其它离子的影响，它们对电解质的摩尔电导率都有独立的贡献，因而电解质摩尔电导率为正、负离子摩尔电导率之和。即

$$\Lambda_m^\infty = \nu_+ \Lambda_{m,+}^\infty + \nu_- \Lambda_{m,-}^\infty \tag{7-9}$$

例 7-1　在 291K 时，浓度为 10mol/m 的 $CuSO_4$ 溶液的电导率为 0.1434S/m，试求 $CuSO_4$ 的摩尔电导率 $\Lambda_m(CuSO_4)$ 和 $1/2CuSO_4$ 的摩尔电导率 $\Lambda_m(1/2CuSO_4)$。

解： $\Lambda_m(CuSO_4) = \dfrac{\kappa}{c(CuSO_4)}$

$$= \frac{0.1434S/m}{10mol/m^3} = 14.34 \times 10^{-3} S \cdot m^2/mol$$

$$\Lambda_m(1/2CuSO_4) = \frac{\kappa}{c(\frac{1}{2}CuSO_4)}$$

$$= \frac{0.1434S/m}{2 \times 10mol/m^2} = 7.17 \times 10^{-3} S \cdot m^2/mol$$

① 当浓度 c 的单位是以 mol/dm^3 表示时，则要换算成以 mol/m^3 表示，然后进行计算。即在数字运算的同时，单位也进行运算，才能获得正确的结果。

② 在使用摩尔电导率这个量时，应将浓度为 c 的物质的基本单元置于 Λ_m 后的括号中，以免出错。例如，$\Lambda_m(CuSO_4)$ 和 $\Lambda_m(1/2CuSO_4)$ 都可称作摩尔电导率，只是所取的基本单元不同，显然 $\Lambda_m(CuSO_4) = 2\Lambda_m(1/2CuSO_4)$。

电导的测定在实验中实际上是测定电阻。随着实验技术的不断发展，目前已有不少测定电导、电导率的仪器，并可把测出的电阻值换算成电导值在仪器上反映出来。其测量原理和物理学上测电阻用的韦斯顿电桥类似。

（2）电导测定的一些应用

溶液电导数据的应用很广泛，我们将从以下几个方面进行讨论。

① 检验水的纯度

$$\kappa(\text{普通蒸馏水}) = 1 \times 10^{-3} S/m,$$

$$\kappa(\text{重蒸馏水})=\kappa(\text{去离子水})<1\times10^{-4}\text{S/m}$$

由于水本身有微弱的离解，故虽经反复蒸馏，仍有一定的电导。理论计算纯水 $\kappa=5.5\times10^{-6}\text{S/m}$。在半导体工业或涉及使用电导测量的研究中，常需高纯度的水（即电导水）。这样只要测定水的电导率 κ 就可知道其纯度是否符合要求。

② 计算弱电解质的电离度和离解常数　在弱电解质溶液中，只有已电离的部分才能承担传递电量的任务。无限稀释时的摩尔电导率反映了该电解质全部电离且离子间没有相互作用时的导电能力，而一定浓度下的摩尔电导率反映的是部分电离且离子间存在一定相互作用时的导电能力。摩尔电导率和极限摩尔电导率的差别是由两个因素造成的：即一是电解质的不完全离解，二是离子间存在着相互作用力，所以摩尔电导率常称为表观摩尔电导率。

若某一弱电解质的电离度较小，电离产生出的离子浓度较低，使离子间作用力可以忽略不计，那么摩尔电导率和极限摩尔电导率的差别就可近似看成是由部分电离与全部电离产生的离子数目不同所致，所以弱电解质的电离度可表示为

$$\alpha=\frac{\Lambda_{\text{m}}}{\Lambda_{\text{m}}^{\infty}} \tag{7-10}$$

若电解质为 AB 型（即 1-1 型），电解质的起始浓度为 c，则电离平衡常数

$$K_c=\frac{c\alpha^2}{1-\alpha}=\frac{c\Lambda_{\text{m}}^2}{\Lambda_{\text{m}}^{\infty}(\Lambda_{\text{m}}^{\infty}-\Lambda_{\text{m}})} \tag{7-11}$$

此式称为奥斯特瓦尔德（Ostwald）稀释定律。奥氏定律的正确性可以通过实验来验证。实验证明，弱电解质的 α 越小，稀释定律越精确。

③ 测定难溶盐的溶解度　一些难溶盐如 $BaSO_4$、AgCl、$AgIO_3$ 等在水中的溶解度很小，其浓度很难用普通的滴定方法测定，但利用电导测定方法却能方便地求得。步骤大致为：用一已预先测知了电导率 $\kappa(H_2O)$ 的高纯水，配制待测难溶性盐的饱和溶液，然后测定此饱和溶液的电导率 κ(溶液)，显然测出值是盐和水的电导率之和（这是由于溶液很稀，水的电导率已占一定比例，故不能忽略），$\kappa(\text{盐})=\kappa(\text{溶液})-\kappa(H_2O)$

$$\Lambda_{\text{m}}^{\infty}(\text{难溶盐})=\frac{\kappa(\text{难溶盐})}{c}=\frac{\kappa(\text{溶液})-\kappa(H_2O)}{c}$$

由于难溶盐的溶解度很小，溶液极稀，所以可以认为 $\Lambda_{\text{m}}\approx\Lambda_{\text{m}}^{\infty}$，而 $\Lambda_{\text{m}}^{\infty}$ 的值可由离子无限稀释摩尔电导率相加而得，因此可根据上式求得难溶盐的饱和溶液浓度 c（mol/m^3），要注意所取粒子的基本单元在 Λ_{m} 和 c 中应一致。

所以可据此求出难溶盐的饱和溶液浓度，从而可求出难溶盐的溶解度。

例 7-2　在 298K 时，测量 $BaSO_4$ 饱和溶液在电导池中的电阻，得到这个溶液的电导率为 $4.20\times10^{-4}\text{S/m}$。已知在该温度下，水的电导率为 $1.05\times10^{-4}\text{S/m}$。试求 $BaSO_4$ 在该温度下饱和溶液的浓度。

解： $\kappa(BaSO_4)=\kappa(\text{溶液})-\kappa(\text{水})$

$$=(4.20-1.05)\times10^{-4}\text{S/m}$$

$$=3.15\times10^{-4}\text{S/m}$$

$$\Lambda_{\text{m}}\left(\frac{1}{2}\text{BaSO}_4\right)\approx\Lambda_{\text{m}}^{\infty}\left(\frac{1}{2}\text{BaSO}_4\right)$$

$$=\Lambda_{\text{m}}^{\infty}\left(\frac{1}{2}\text{Ba}^{2+}\right)+\Lambda_{\text{m}}^{\infty}\left(\frac{1}{2}\text{SO}_4{}^{2-}\right)$$

$$=(63.64+79.8)\times10^{-4}\text{S}\cdot\text{m}^2/\text{mol}$$

$\Lambda_m^{\infty}(\frac{1}{2}Ba^{2+})$和$\Lambda_{\text{m}}^{\infty}(\frac{1}{2}SO_4^{2-})$的值可从无限稀释离子摩尔电导率表中查得。

$$c\left(\frac{1}{2}\text{BaSO}_4\right)=\frac{\kappa(\text{BaSO}_4)}{\Lambda_{\text{m}}^{\infty}\left(\frac{1}{2}\text{BaSO}_4\right)}$$

$$=\frac{3.15\times10^{-4}\text{S/m}}{1.434\times10^{-2}\text{S}\cdot\text{m}^2/\text{mol}}$$

$$=2.197\times10^{-2}\text{mol/m}^3$$

$$c(\text{BaSO}_4)=\frac{1}{2}c\left(\frac{1}{2}\text{BaSO}_4\right)$$

$$=1.099\times10^{-2}\text{mol/m}^3$$

$$=1.099\times10^{-5}\text{mol/dm}^3$$

所以，$BaSO_4$ 在该温度下饱和溶液的浓度为 1.099×10^{-2} mol/m^3 或者 1.099×10^{-5} mol/dm^3。

④ 电导滴定 在分析化学中常用电导测定来确定滴定的终点，称为电导滴定。当溶液混浊或有颜色，不能应用指示剂变色来指示终点时，这个方法更显得实用、方便。电导滴定可用于酸碱中和、生成沉淀、氧化还原等各类滴定反应。其原理为被滴定溶液中的一种离子与滴入试剂中的一种离子相结合生成离解度极小的电解质或固体沉淀，使得溶液中原有的某种离子被另一种离子所替代，因而使电导发生改变。

普通的滴定分析技术要求高（尤其在等当点附近）；利用滴定终点前后溶液电导变化来确定滴定终点（等当点）。

a. 用 NaOH 滴定 HCl（见图 7-4）

$$\text{NaOH}+\text{HCl}\longrightarrow\text{NaCl}+\text{H}_2\text{O}$$

初始，H^+、Cl^- 参与导电，H^+ 电导率很大，电导 κ 较大，滴入 NaOH，部分 H^+ 与 OH^- 生成 H_2O，相当于用电导能力较小的 Na^+ 代替了部分 H^+，所以溶液的电导下降。在等当点，反应完全，所有 H^+ 全被 Na^+ 取代，溶液电导降至最低；过量 NaOH，OH^- 的电导率很大，过量的 Na^+、OH^- 使溶液电导率明显增大。

b. 用 NaOH 滴定 HAc（见图 7-5）

$$\text{NaOH}+\text{HAc}\longrightarrow\text{NaAc}+\text{H}_2\text{O}$$

初始，弱酸的电导率较低（α 低），滴入 NaOH，部分 HAc 生成强电解质 NaAc，电导率增加；过量 NaOH，过量的 OH^-、Na^+ 参加电导，电导率增加更快，其转折点的 V_{NaOH} 为等当点。但由于生成物 NaAc 的水解使（弧形）曲线的转折点不明确，可用延长线相交确定等当点。

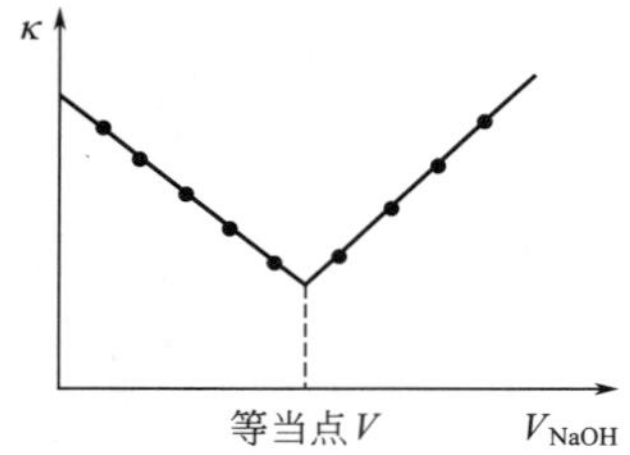

图 7-4 用 NaOH 滴定 HCl 的电导率图

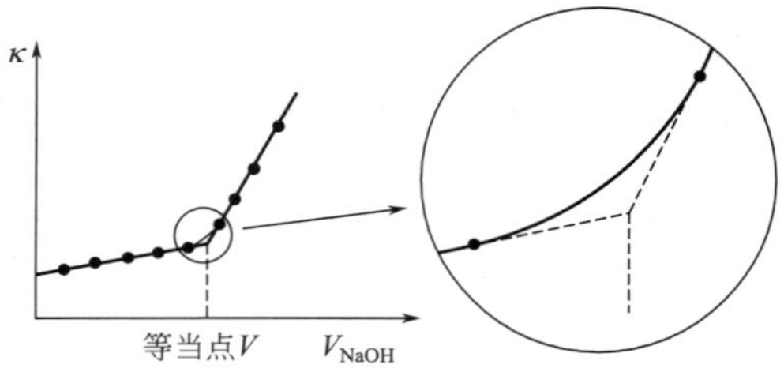

图 7-5 用 NaOH 滴定 HAc 的电导率图

c. 利用沉淀反应电导滴定（见图 7-6）

$$AgNO_3 + KCl \longrightarrow AgCl\downarrow + KNO_3$$

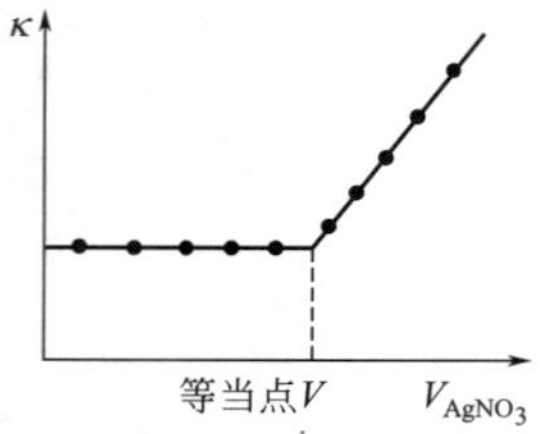

图 7-6 利用沉淀反应电导滴定的电导率图

滴定过程：部分的 KCl 被 KNO_3 取代，电导率 κ 几乎不变（但若反应产生两种沉淀，则电导率 κ 下降），等电点后，过量的盐 $AgNO_3$ 使电导率 κ 迅速增加。

7.1.4 强电解质溶液

(1) 强电解质溶液简介

当强电解质溶于溶剂后，它会解离成自由离子。离子和溶剂分子之间会发生相互作用，离子的溶剂化作用是溶液中的重要特性之一。水是最常用的溶剂，离子的水化作用是 20 世纪 30 年代以来人们研究电解质溶液性质的重要课题。

在强电解质的水溶液中，既有溶剂分子对离子的作用，又有离子与离子之间的相互作用，所以情况比较复杂。在强电解质的稀水溶液中，由于水分子数量远大于离子数，离子间的距离很大，故离子水化作用的影响就较小，一般可忽略。而在浓溶液中，虽然水分子数仍较大，但由于离子水化减少了“自由”水分子的数量，增加了离子的体积，破坏了水层本身的正四面体结构，因而会使电解质溶液的活度系数（$\gamma\pm$）增加，导电性能下降和离子邻近水分子层的介电常数降低等。本节主要讨论强电解质的稀水溶液，着重讨论离子与离子之间的相互作用，忽略了离子的水化作用，因而所提出的理论的应用有一定的局限性。

对于理想溶液，某一组分的化学势当浓度用质量摩尔浓度表示时可写为：

$$\mu_B = \mu_B^{\ominus}(T) + RT\ln\frac{b_B}{b^{\ominus}} \tag{7-12}$$

非理想溶液化学势的表达式中，以活度代替浓度，其化学势的表示式为

$$\mu_B = \mu_B^{\ominus}(T) + RT\ln a_B \tag{7-13}$$

原则上讲，这一原理同样适用于电解质溶液。但是电解质溶液的情况要比非电解质溶液复杂一些。这是因为，强电解质溶于水后，完全电离成正、负离子，独立运动的粒子不再是电解质分子，而是正、负离子，且离子间存在着静电引力。这一复杂性使浓度与活度间的简单关系不能适用于强电解质整体，但对于各种阴、阳离了仍然有效，设任意价型的强电解质 B（化学式为 $M^{\nu+}A^{\nu-}$），在溶液中完全电离。

$$\left.\begin{aligned}&\text{正离子的化学势}\ \mu_+ \xlongequal{\text{def}} \left(\frac{\partial G}{\partial n_+}\right)_{T,P,n_-}\\&\text{负离子的化学势}\ \mu_- \xlongequal{\text{def}} \left(\frac{\partial G}{\partial n_-}\right)_{T,P,n_+}\end{aligned}\right\}\tag{7-14}$$

设电解质在溶液中完全解离

$$M_{\nu+}N_{\nu-}\nu_+M^{z+}+\nu_-N^{z-}$$

则有

$$\begin{aligned}dG&=-SdT+VdP+\mu_A dn_A+\mu_+dn_++\mu_-dn_-\\&=-SdT+VdP+\mu_A dn_A+(\nu_+\mu_++\nu_-\mu_-)dn_B\end{aligned}$$

当 T，p 及 n_A 不变时，有

$$dG=(\nu_+\mu_++\nu_-\mu_-)dn_B$$

即

$$\left(\frac{\partial G}{\partial n_B}\right)_{T,P,n_A}=\nu_+\mu_++\nu_-\mu_-$$

得

$$\mu_B=\nu_+\mu_++\nu_-\mu_-\tag{7-15}$$

$$\left.\begin{aligned}\mu_B&=\mu_B^{**}+RT\ln a_B\\\mu_+&=\mu_+^{**}+RT\ln a_+\\\mu_-&=\mu_-^{**}+RT\ln a_-\end{aligned}\right\}\tag{7-16}$$

式中，μ_B^{**}、μ_+^{**}、μ_-^{**} 分别为三者处于参考状态时的化学势。

则

$$a_B=a_+^{\nu_+}a_-^{\nu_-}\tag{7-17}$$

依据电解质的化学势可用各个离子的化学之和来表示，则 $a_B=a_+^{\nu_+}a_-^{\nu_-}$，此式为电解质的活度 a_B 与正、负离子的活度 a_+、a_- 的关系。

正、负离子的活度系数定义为：

$$\gamma_+\xlongequal{\text{def}}\frac{a_+}{b_+/b^{\ominus}},\quad \gamma_-\xlongequal{\text{def}}\frac{a_-}{b_-/b^{\ominus}}$$

式中，b_+、b_- 为正、负离子的质量摩尔浓度

$$\left.\begin{aligned}b_+&=\nu_+b\\b_-&=\nu_-b\end{aligned}\right\}\tag{7-18}$$

$b^{\ominus}=1\text{mol/kg}$。

$$\left.\begin{aligned}a_\pm&\xlongequal{\text{def}}(a_+^{\nu_+}a_-^{\nu_-})^{1/\nu}\\\gamma_\pm&\xlongequal{\text{def}}(\gamma_+^{\nu_+}\gamma_-^{\nu_-})^{1/\nu}\end{aligned}\right\}\tag{7-19}$$

式中，$\nu=\nu_++\nu_-$；$a_\pm$ 为离子平均活度；$\gamma_\pm$ 为离子平均活度系数。

$$a_\pm=a_B^{1/\nu}=\gamma_\pm(\nu_+^{\nu_+}\nu_-^{\nu_-})^{1/\nu}b/b^{\ominus}\tag{7-20}$$

该式为电解质离子平均活度与离子平均活度因子及质量摩尔浓度的关系式。

例如有：

$$\begin{cases} 1\text{-}1\text{ 型和 }2\text{-}2\text{ 型电解质} \quad a_{\pm}=a_{\rm B}^{1/2}=\gamma_{\pm}b/b^{\ominus} \\ 1\text{-}2\text{ 型和 }2\text{-}1\text{ 型电解质} \quad a_{\pm}=a_{\rm B}^{1/3}=\gamma_{\pm}4^{\frac{1}{3}}b/b^{\ominus} \\ 1\text{-}3\text{ 型和 }3\text{-}1\text{ 型电解质} \quad a_{\pm}=a_{\rm B}^{1/4}=\gamma_{\pm}27^{\frac{1}{4}}b/b^{\ominus} \end{cases}$$

（2）离子强度

采用各种不同方法测定强电解质的离子平均活度系数 $\gamma_{\pm}$，一般所得结果均能吻合得较好。1921 年，Lewis 提出了“离子强度”（符号用 I 表示）的概念，并总结出了强电解质溶液 $\gamma\pm$ 与 I 之间的经验关系。离子强度的定义为：

$$I=\frac{1}{2}\sum_{\rm B}b_{\rm B}z_{\rm B}^{2} \tag{7-21}$$

表述为离子强度 I 等于溶液中每种离子 B 的质量摩尔浓度（$b_{\rm B}$）乘以该离子的价数（$z_{\rm B}$）的平方所得诸项之和的一半。

Lewis 还指出，在稀溶液范围内，$\lg\gamma_{\pm}$ 与 I 的平方根大体上呈线性关系，即

$$\lg\gamma_{\pm}=-A'\sqrt{I} \tag{7-22}$$

在指定温度和溶剂时，A' 为常数。由此可以看出，在稀溶液中，影响电解质离子平均活度系数 $\gamma_{\pm}$ 的，不是该电解质离子的本性，而是与溶液中所有离子的浓度及电荷数有关的离子强度。某电解质若处于离子强度相同的不同溶液中，尽管该电解质在各溶液中浓度可能不一样，但其 $\gamma_{\pm}$ 却相同。强电解质离子平均活度系数的这一重要特性，得到了人们的普遍重视和应用。

（3）强电解质溶液理论

1887 年，阿累尼乌斯就电解质溶液偏离理想溶液的性质提出了部分电离学说。他认为，电解质在溶液中是部分电离的，且电离出来的离子与未电离的分子达成电离平衡。但实验结果表明，这种理论只适用于弱电解质，而不适用于强电解质。这可以从以下两方面的事实证明：一是按电导法和依数性法分别测定强电解质的所谓电离度，结果很不一致；二是强电解质溶液即使在浓度相当稀时，也不服从奥斯特瓦尔德稀释定律，在不定浓度下的所谓电离常数 K_c 不能保持定值。部分电离理论不能解释为什么强电解质溶液的 $\Lambda_{\rm m}$ 会随 c 而变化，也无法说明许多盐类晶体（经 X 射线结构分析，证明其固体状态即已呈离子晶格存在）溶于水后能建立起未离解分子与离子之间的动态平衡。因此不难想象，当强电解质溶于水，应该是完全离子化的，所谓部分电离确与事实不符。另外，溶液中的离子在很大程度上是靠水化作用而趋于稳定，而且水的介电效应显著，使离子间的静电作用大大削弱，阻碍着离子重新结合，为水化离子的稳定存在提供了保证。

1923 年，德拜和休克尔鉴于上述事实提出了强电解质溶液中离子互吸理论。假定强电解质在水溶液中完全电离，由于离子浓度大，因而离子间的互吸作用影响溶液的性质，并且认为强电解质溶液与理想溶液的偏离就是离子间的静电作用所引起的。

此后，在强电解质溶液领域里，虽有不少设想和假说，以及改进和发展，但多以路易斯、德拜和休克尔的成就为基础。

德拜-休克尔首先从强电解质在水中完全电离以及离子互吸的概念出发，建立了一个能表达溶液中离子行为的离子氛模型。

所谓离子氛是指：正负离子之间的静电引力会使离子像晶格中那样有规则的排列，而离子在溶液中的热运动又要影响这种规则排列，但这种热运动还不能完全抵消静电引力影响。这样，由于静电引力，在正离子周围负离子存在的机会多，在负离子周围正离子存在的机会多，从而使得溶液中的任何一个离子都会作为“中心离子”被符号相反的离子氛包围，但同时，每一个离子又是构成电性相反的“中心离子”的离子氛中的离子之一。

简单而言，在强电解质溶液中，每一个离子的周围，以统计力学的观点来分析，带相反电荷的离子有相对的集中，因此反电荷过剩形成了一个反电荷的氛围，称为“离子氛”。应当指出，由于离子的热运动，离子氛不是完全静止的，而是不断地运动和变换，因此离子氛只是一种形象的描述和时间统计的平均结果。离子氛的性质与溶液的浓度、温度、介电常数以及离子的电荷数有关。

在没有外加电场作用时，离子氛球形对称地分布在中心离子周围，离子氛的总电量与中心离子电量相等。

德-休理论借助离子氛模型，成功地把电解质溶液中众多离子之间错综复杂的相互作用主要地归结为各中心离子与其周围离子氛的静电引力作用，从而使电解质溶液的理论分析得以大大简化。然后，根据静电理论和玻尔兹曼分布定律，他们导出了强电解质稀溶液中的离子活度系数公式：

$$\lg\gamma_{\pm} = -A\,|z_{+}z_{-}|\sqrt{I} \tag{7-23}$$

式中，z 是离子价数，A 是与温度 T 及溶剂介电常数 D 有关的常数。在指定温度和溶剂后 A 为定值。

式（7-23）称为德拜-休克极限定律。“极限”二字是指因推导过程中的一些假设，只有在溶液非常稀释时才能成立。

离子强度的概念本是根据实验数据得到的一些感性认识而提出的，它是溶液中由于离子电荷所形成静电场强度的量度。自从强电解质理论发展以后，它在理论上就更具有明确的意义了，且德-休的结果与路易斯所得到的经验关系一致。

7.2　可逆电池电动势及其应用

使化学能转变为电能的装置，称为原电池或简称为电池。若转变过程是以热力学可逆方式进行的，则称为可逆电池，此时电池在平衡态或无限接近于平衡态的情况下工作。因此，在等温、等压条件下，当系统发生变化时，系统吉布斯自由能减少等于对外所做的最大非膨胀功，用公式表示为：

$$-\Delta G_{T,P} = -W_{\mathrm{f,max}} \tag{7-24}$$

若非膨胀功 W_{f} 仅电功一种（本章只讨论这种情况），即对于可逆电池反应：

$$-\Delta G_{T,P} = -W_{电,\mathrm{max}} = nFE \tag{7-25}$$

式中，n 为电池反应电子转移物质的量；F 为法拉第常数；nF 为电池反应的电量，C；E 为可逆电池的电动势。

反应进度 $\xi=1$mol 时的吉布斯自由能的变化值可表示为

$$(\Delta_r G_m)_{T,P}=\frac{-nEF}{\xi}=-zEF \tag{7-26}$$

式中，z 为按所写的电极反应，在反应进度为 1mol 时，反应式中电子的计量系数，其单位为 1。$\Delta_r G_m$ 的单位为 J/mol。显然，当电池中的化学能以不可逆的方式转变为电能时，两极间的不可逆电势差一定小于可逆电动势 E。

对于不可逆电池：

$$-\Delta G_{T,P}>-W_{电}=nFE' \tag{7-27}$$

式中，E'为有电流时（不可逆）电池两端的电压。对于某一电池反应，显然 $E'<E$，即电池的实际输出电压小于其可逆电动势。

7.2.1 可逆电池和可逆电极

应用热力学原理来研究电池，必须首先区别电池反应是可逆过程还是不可逆过程。电池在空间上把一个氧化-还原系统的氧化反应和还原反应隔离开，并分别在两个电极上完成。当电池的反应是可逆过程时，热力学原理才能应用于研究电池的问题，所以本章中只讨论可逆电池。

（1）可逆电池

要构成可逆电池，在放电（原电池）和充电（电解池）过程中，两极上的反应完全可逆，总的电池反应也可逆，电极上的化学反应可向正反两个方向进行。

可逆电池反应不但要求化学反应可逆，而且要求电极反应热力学为可逆-准静态过程。即包括充电、放电过程通过的电流都十分微小，电池在接近平衡的状态下工作。

假设，电池放电（或充电）电流密度 $i\rightarrow 0$，此时，作为电池放电能做出最大有用功（电功），$-W_f=-\Delta G_{T,P}$（放电）；作为电解池充电所消耗的外界电能最小，$W_{外}=\Delta G_{T,P}$（放电）。这样，将电池放电时所放出的能量全部储存起来，用这些能量给放电后的电池充电，就恰好可使系统（电池装置）和环境都回复到原来的状态。

可逆电池中，$\Delta G_{T,P}=-nFE$（“等号”有利于定量研究），起到连接电化学和热力学的桥梁作用；从测量可逆电池的电动势 E 到解决热力学问题（得到用化学反应难测的热力学数据），揭示化学能转化为电能的转化极限，以改善电池的性能（只有在近乎可逆时的转化效率最高）是可逆电池研究的意义。

（2）可逆电极和电极反应

构成可逆电池的必要条件为，电极必须是可逆电极，即在电极上发生可逆反应。可逆电极构成可分 3 类。

① 第一类电极（单质-离子电极）　将金属浸在含有该金属离子的溶液中达到平衡后所构成的电极称为第一类电极。包括金属电极、氢电极、氧电极、卤素电极和汞齐电极等。

a. 金属-金属离子电极 M/M^{Z+}，如丹尼尔电池中 Zn^{2+}/Zn、Cu^{2+}/Cu 电极。

电极反应：$M^{Z+}+ze\xrightarrow{Re/Ox}M$

这类电极要求金属与含该金属离子的溶液在未构成电池回路时不发生化学反应，即单独地将金属浸入离子溶液不发生化学反应。

例如，将 Zn(s)插在 $ZnSO_4$ 溶液中，电极可表示为：

Zn(s) | $ZnSO_4$(aq)（做负极时）

$ZnSO_4$(aq) | Zn(s)（做正极时）

电极反应分别为：$Zn(s) \longrightarrow Zn^{2+} + 2e^-$，$Zn^{2+} + 2e^- \longrightarrow Zn(s)$

电极上的氧化和还原作用恰好互为逆反应。

b. 气体-离子电极，如 Pt，Cl_2 | Cl^-，和 Pt，O_2 | OH^-。8 3 3 8 9 B 3 2

电极反应：

$$Cl_2 + 2e \xrightarrow{Re/Ox} 2Cl^-$$

$$O_2 + 2H_2O + 4e \xrightarrow{Re/Ox} 4OH^-$$

气体-离子电极条件：由于气体无定型且非导体，需借助于金属材料（通常用 Pt）或其他导电材料（如 C 棒）制作成吸附性强的表面，使气流冲击金属片；而金属片则浸入含该气体所对应的离子溶液中，如图 7-7 所示。

气体-离子电极金属材料应符合如下要求：电化学上惰性（本身不参与反应）；对气体/离子反应有化学催化活性。

所以，通常以 Pt 作金属惰性电极材料，并将微小颗粒的 Pt 涂于 Pt 表面上构成“铂黑”电极，增加电极的表面积即活性。

气体-离子电极中的氢电极（Pt，H_2/H^+）是一种特殊的气体电极。在电化学中用氢电极作为标准电极，即设定其电极电势为零；其他电极可与之相比较来确定电极电势。

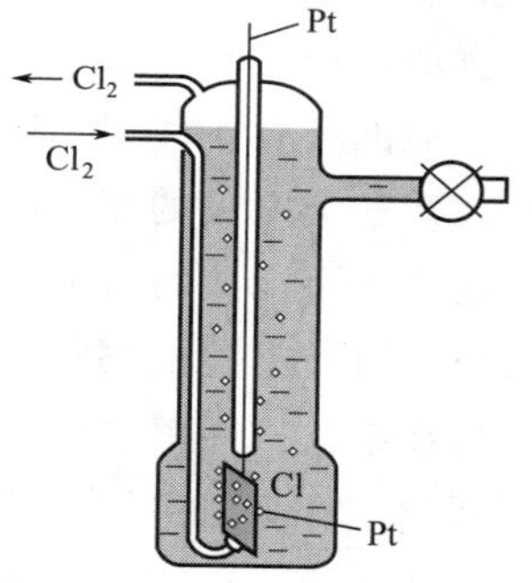

图 7-7　气体-离子电极构造示意

② 第二类电极（金属-难溶物-离子电极）　将一种金属及其相应的难溶化合物浸入含有该难溶化合物的负离子的溶液中，达成平衡后，所构成的电极称为第二类电极。包括难溶盐电极和难溶氧化物电极。

a. 难溶盐电极　难溶盐电极的特点是不对金属离子可逆，而是对难溶盐的负离子可逆。最常用的难溶盐电极有甘汞电极和银-氯化银电极，分别用符号表示为：

银-氯化银电极　Ag | AgCl | Cl^-

甘汞电极　　　Hg | Hg_2Cl_2 | Cl^-

以 Ag-AgC1 电极为例：

电极反应，$Ag^+ + e^- \longrightarrow Ag(\alpha)$；

难溶盐存在平衡，$AgCl \longrightarrow Ag^+ + Cl^-(\alpha)$；

总电极反应，$AgCl(s) + e^- \longrightarrow Ag(s) + Cl^-(\alpha)$。

b. 金属-难溶氧化物-H^+(OH^-)电极　难溶氧化物电极是在金属表面覆盖一薄层该金属的氧化物，然后浸在含有 H^+ 或 OH^- 的溶液中构成。以银-氧化银电极为例：

符号 $OH^-(\alpha)$ | $Ag(s)+Ag_2O(s)$或 $H^+(\alpha)$ | $Ag(s)+Ag_2O(s)$

也可表示为：Ag | Ag_2O | OH^-；Ag | Ag_2O | H^+

Hg | HgO | OH^-；Hg | HgO | H^+

（碱性溶液）　　　（酸性溶液）

相应的电极反应分别为：

碱性介质中，$Ag_2O(s)+H_2O+2e^- \xlongequal{} 2Ag(s)+2OH^-(\alpha)$

酸性介质中，$Ag_2O(s)+2H^+(\alpha)+e^- \xlongequal{} 2Ag(s)+H_2O$

在电化学中，因为有许多负离子，如 SO_4^{2-}、$C_2O_4^{2-}$ 等，比单质-离子电极稳定性好；纯单质气体或金属难制备，易污染。因此，第二类电极制作方便、电位稳、可逆性强，较易制备且使用方便，具有较重要的意义。

③ 第三类电极：（离子间）氧化-还原电极　由惰性金属（如铂片）插入含有某种离子的不同氧化态的溶液中构成电极。

任何电极上发生的反应都是氧化或还原反应，这里的氧化-还原电极是专指不同价态的离子之间的相互转化而言，即氧化还原反应在溶液中进行，金属只起导电作用。在电极上参加反应的可以是阳离子、阴离子，也可以是中性分子。

例如，Pt | $Fe^{3+}(\alpha_1)$，$Fe^{2+}(\alpha_2)$，电极反应为，$Fe^{3+}(a_1)+e^- = Fe^{2+}(a_2)$。

类似的还有 Sn^{4+} 与 Sn^{2+}，$[Fe(CN)_6]^{3-}$ 与 $[Fe(CN)_6]^{4-}$ 等。

上述三类电极的充、放电反应都互为逆反应。用这样的电极组成电池，若其他条件也合适，有可能成为可逆电池。

（3）可逆电池的书写方法

当在纸上书写电池时，要表达一个电池的组成和结构，若都画出来，未免过于费事。因此，有必要采用一些大家都能理解的符号和写法，为书写电池规定一些方便而科学的表达方式，可不必画图表示。通用的书写规则有如下几点。

① 电池中的负极写在左边，正极写在右边；

② 以化学式表示电池中各种物质的组成，并需分别注明物态（g，l，s 等）。对气体注明压力，对溶液注明活度。还需标明温度和压力（如不写出，一般指 298.15K 和 $P^{\ominus}$）；

③ 以“|”表示不同物相的界面，包括电极与溶液的界面；

④ 以“,”表示一种溶液与另一种溶液的界面，有接界电势存在或同一溶液但两种不同浓度间的界面等，气体不能直接作电极，要附着于不活泼金属（Pt）或 C 棒等；

⑤“||”表示盐桥（以消除液接电势），表示溶液与溶液之间的接界电势通过盐桥已降低到可以忽略不计；

⑥ 书写电极和电池反应时必须遵守物量和电量平衡。

例如，对于如图 7-8 所示电池，欲写出一个电池表示式所对应的化学反应，只需分别写出左侧电极发生氧化作用，右侧电极发生还原作用的电极反应，然后将两者相加即成。

左：－）氧化：$H_2(P^{\ominus})-2e \longrightarrow 2H^+(0.06mol/L)$

右：＋）还原：$Cl_2(0.05P^{\ominus})+2e \longrightarrow 2Cl^-$（0.001mol/L）

电池表达式：

－）Pt，$H_2(P^{\ominus})$ | HCl(0.06mol/L) || HCl(0.001mol/L) | $Cl_2(0.05P^{\ominus})$，Pt(＋

按惯例，各物质排列顺序为，放电时应由电流自左向右通过电池中的每一个界面，即负极（阳极）按“电极｜溶液”的顺序写在左面，正极（阴极）按“溶液｜电极”的顺序写在右面。

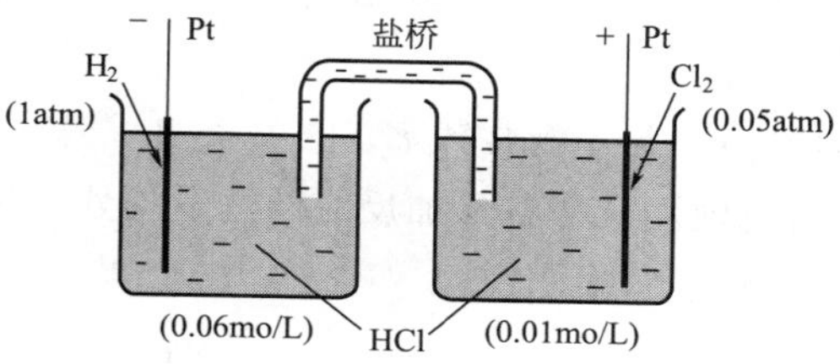

图 7-8 电池示意图

1atm＝101325Pa

若欲将一个化学反应设计成电池，一般来说必须抓住 3 个环节。

① 确定电解质溶液 对有离子参加的反应比较直观，对总反应中没有离子出现的反应，需根据参加反应的物质找出相应的离子。

② 确定电极 就目前而言，电极的选择范围就是前面所述的 3 类可逆电极，所以熟悉这 3 类电极的组成及其对应的电极反应，对熟练设计电池是十分有利的。

③ 复核反应 在设计电池过程中，首先确定的是电解质溶液还是电极，要视具体情况而定，以方便为原则。一旦电解液和电极都确定了，即可组成电池。然后写出该电池所对应的反应，并与给定反应相对照，两者一致则表明电池设计成功，若不一致需要重新设计。

例 7-3 如何将反应 $Pb(s)+HgO(s)\longrightarrow Hg(l)+PbO(s)$ 设计成电池。

解：该反应中没有离子，但有金属及其氧化物，故可选择难溶氧化物电极。反应中 Pb 氧化，Hg 还原，故氧化铅电极为负极，氧化汞电极为正极。这类电极均可对 OH^- 可逆，因此设计电池为 $Pb(s)+PbO(s)\mid OH^-(a^-)\mid HgO(s)+Hg(l)$。

复核反应：

$(-)Pb(s)+2OH^-(\alpha)\longrightarrow PbO(s)+H_2O(l)+2e$

$(+)HgO(s)+H_2O(l)+2e\longrightarrow Hg(l)+2OH^-(\alpha)$

电池反应：$Pb(s)+HgO(s)=\!=\!=PbO(s)+Hg(l)$ 与给定反应一致。

（4）可逆电池电动势的取号

根据 $(\Delta_r G_m)_{T,P}=-zFE$，$\Delta rG_m$ 值是可正可负的量，那么 E 值呢？

惯例：若按电池表示式所写出的电池反应在热力学上是自发的，即 $\Delta_r G_m<0$，$E>0$，则该电池表示式确实代表一个电池，此时电池能做有用功；若反应非自发，$\Delta_r G_m>0$，则 $E<0$，电池为非自发电池，当然不能对外做电功。若要正确表示成电池，需将表示式中左右两极互换位置。

7.2.2 可逆电池的热力学

通过一定的电化学装置可以实现电能和化学能的相互转化。如果一个化学反应能在电池中进行，它究竟能提供多少电能？在 1889 年能斯特（Nernst，1864—1941，德国人）提出了电动势 E 与电极反应各组分活度的关系方程，即能斯特方程式。通过化学热力学中的一些基本公式，还可以较精确地计算 $\Delta_r G_m$、$\Delta_r H_m$、$\Delta_r S_m$ 等热力学函数的改变值，以及电池中化学反应的热力学平衡常数值。

（1）基本联系

在恒温、恒压下：$-\Delta G_{T,P}=-W_{\mathrm{f}}$（可逆）$=nFE$，是电化学-热力学的基本联系。

（2）$E^{\ominus}$与平衡常数$K^{\ominus}$的关系

若电池反应中各参加反应的物质均处于标准状态，则有

$$\Delta_{\mathrm{r}}G_{\mathrm{m}}^{\ominus}=-zE^{\ominus}\mathrm{F}$$

又知，
$$\Delta_{\mathrm{r}}G_{\mathrm{m}}^{\ominus}=-RT\ln K^{\ominus}$$

合并以上两式，得
$$E^{\ominus}=RT\ln K^{\ominus}/zF \tag{7-28}$$

在实际应用中，常见电极的标准电动势$E^{\ominus}$可通过热力学基本数据表中的标准电极电势计算；平衡常数$K^{\ominus}$值与反应式的写法（计量系数）有关，但上式中n值也随之改变，所以$E^{\ominus}$不变。

（3）E与热力学函数关系

由热力学基本关系式：

$$\mathrm{d}G=-S\mathrm{d}T+V\mathrm{d}P$$

得
$$\left(\frac{\partial\ \Delta G}{\partial\ T}\right)_P=-\Delta S$$

可逆电化学反应：

$$\Delta G=-nFE,E=-\frac{\Delta G}{nF} \tag{7-29}$$

所以可逆电动势的温度系数：

$$\left(\frac{\partial E}{\partial T}\right)_P=-\frac{1}{nF}\left(\frac{\partial \Delta G}{\partial T}\right)_P=\frac{\Delta S}{nF} \tag{7-30}$$

式中，$\left(\frac{\partial\ E}{\partial\ T}\right)_P$为$E$的温度系数。由于$\Delta S=Q_R/T$，则有。

当电池反应吸热，$Q_{\mathrm{R}}>0$，则$\left(\frac{\partial\ E}{\partial\ T}\right)_P>0$

当电池反应放热，$Q_{\mathrm{R}}<0$，则$\left(\frac{\partial\ E}{\partial\ T}\right)_P<0$

可逆电池反应的熵变：

$$\Delta S=nF\left(\frac{\partial E}{\partial F}\right)_P \tag{7-31}$$

（恒温）可逆电池热效应：

$$Q_R=T\Delta S=nFT\left(\frac{\partial E}{\partial T}\right)_P \tag{7-32}$$

焓变量：$\Delta H=\Delta G+T\Delta S$

$$\Delta H=-nFE+nFT\left(\frac{\partial E}{\partial T}\right)_P \tag{7-33}$$

从实验测得电池的可逆电动势E和温度系数$\left(\frac{\partial\ E}{\partial\ T}\right)_P$，就可求出反应的$\Delta_{\mathrm{r}}H_{\mathrm{m}}$和

$\Delta_r S_m$ 的值。由于电动势能够测得很精确，故从式（7-33）所得到的 $\Delta_r H_m$ 值常比用化学方法得到的 $\Delta_r H_m$ 值要精确一些。从温度系数数值的正或负，可以确定可逆电池在工作时是吸热还是放热。

（4）电池反应的能斯特方程

可逆电池电动势的大小与参加电池反应的各物质活度之间的关系可通过热力学的方法获得。设在恒温恒压下，在可逆电池中发生的化学反应是：

$$cC(a_C)+dD(a_D)=\!=\!=gG(a_G)+hH(a_H)$$

根据化学反应等温式：

$$\Delta_r G_m=\Delta_r G_m^{\ominus}+RT\ln\frac{a_G^g a_H^h}{a_C^c a_D^d}$$

将 $\Delta_r G_m=-zEF$，$\Delta_r G_m^{\ominus}=-zE^{\ominus}F$ 代入上式

式中，z 为电极反应中电子的计量系数；E 为所有组分都处于标准状态时的电动势。则可逆电池的电动势 E 为：

$$E=E^{\ominus}-\frac{RT}{zF}\ln\frac{a_G^g a_H^h}{a_C^c a_D^d}E=E^{\ominus}-\frac{RT}{zF}\ln\prod_B a_B^{\nu_B} \tag{7-34}$$

E 在给定温度下为定值，所以式（7-34）表明 E 与参加电池反应的各物质活度间的关系，简称为电动势表达式，也称为电池反应的能斯特方程。

活度商中物态不同，活度的含义也不同，纯液体或固态纯物质，其活度为 1；实际气体 $a=f_B/P^{\ominus}$（f 为气体的逸度）；理想气体 $a=P_B/P^{\ominus}$8 3 3 8 A 2 3 0

由能斯特方程可以看出，E 既与参加反应各物质的活度等于 1 时的 $E^{\ominus}$ 有关，又与参加反应各物质的活度有关，两者都影响 E 的大小。$E^{\ominus}$ 值与温度有关，T 不同，$E^{\ominus}$ 值也不同。

7.2.3 电动势产生的机理

电池电动势的产生是由于电池内发生了自发的化学反应。这是将电池作为一个整体，研究其化学能与电能的相互转换关系。一个电池的总电动势可能由下列几种电势差构成，即电极与电解质溶液之间的电势差、导线与电极之间的接触电势差以及由于不同的电解质溶液之间或同一电解质溶液但浓度不同而产生的液接电势差等。

（1）电极与电解质溶液界面间电势差的形成

① 电极与溶液界面电势差 φ　金属晶格中有金属离子和能够自由移动的电子存在。将金属插入水中，极性水分子与构成晶格的金属离子相吸引而发生水合作用，由于金属离子在金属中和在水中的化学势不等，金属离子将在金属和水两相间转移。若离子在金属相的化学势大于在水相的，则金属离子向水中转移，而将电子留在金属上，使金属表面带负电，这将吸引负离子在金属表面聚集，并形成双电层。这两种电性相反的电荷彼此又互相吸引，以致大多数金属离子聚集在金属片附近的水层中而使溶液带正电，对金属离子有排斥作用，阻碍了金属的继续溶解。已溶入水中的金属离子仍可再沉积到金属

的表面上。当溶解与沉积的速率相等时，达到一种动态平衡。这样在金属与溶液间由于电荷不均等便产生电势差，如图 7-9 所示。

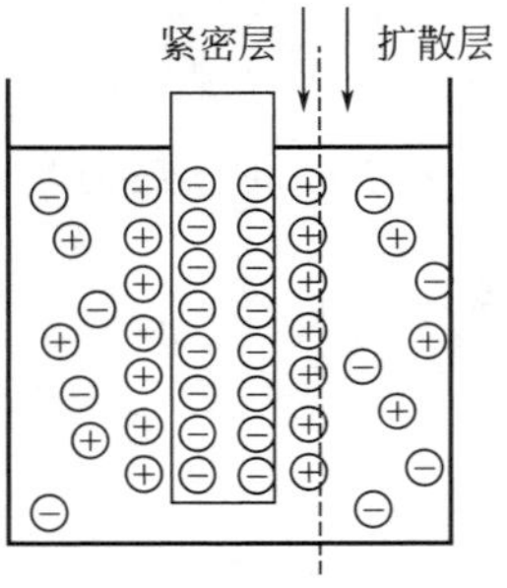

图 7-9　双电层构造示意

双电层分为两层，一层是紧密层，一层是扩散层，紧密层的厚度约为 10^{-10} m，扩散层的厚度与溶液的浓度、温度以及金属表面的电荷有关，为 $10^{-10} \sim 10^{-6}$ m。若将金属插入含有该金属离子的溶液中，也将在金属和溶液的界面上形成双电层，产生电势差；若金属离子在溶液中的化学势大于它在金属上的化学势，则金属离子将从溶液转移至金属电极上，而使金属表面带正电，并吸引负离子在其表面聚集，形成双电层，平衡时金属电极与溶液本体的电势差一定。

② 金属与金属界面电势差　一种金属与另一种金属接触时，由于电子的逸出功不同，相互逸出的电子数不等，在界面上形成双电层，由此产生的电势差称为接触电势。如图 7-10 所示。

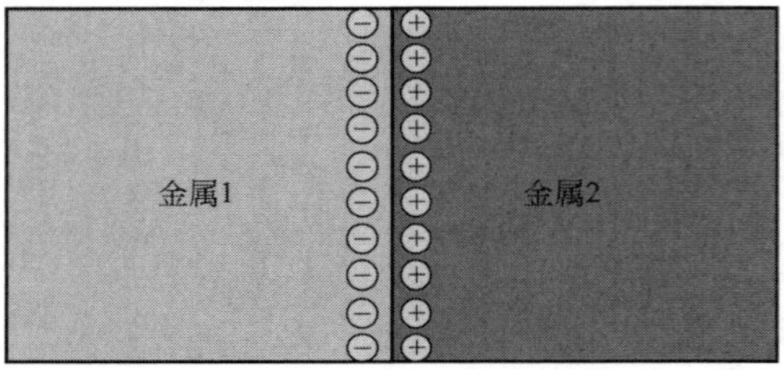

图 7-10　接触电势

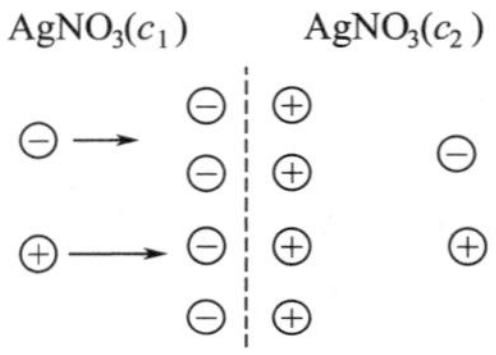

图 7-11　液体接界电势

③ 溶液与溶液界面电势差　两种不同溶液的界面上，或浓度不同的同一种溶液，在其界面上都会产生电势差，称为液体接界电势。如图 7-11 所示。液体接界电势是由离子的扩展速率不同形成的，它的大小不超过 0.03V。

若 $c_1 > c_2$，离子向右扩散，若 $v^+ > v^-$，正离子在右边将多一些，从而在界面产生电势差。对单液电池，无液体接界电势，双液电池可用盐桥将液体接界电势消除到可略去不计的程度。

（2）电动势的产生

明确了界面电势差的产生原因，就不难理解电池电动势的产生机理。若将两个电极组成一个电池，例如：

$$(-)\ Cu \mid Zn \mid ZnSO(c_1) \mid CuSO_4(c_2) \mid Cu(+)$$

注意：左方的 Cu 实际上是连接 Zn 电极的导线，这是为了正确地表示有接触电势的存在。

其中，φ（扩散）表示两种不同的电解质或不同浓度的溶液界面上的电势差，即液体接界电势；φ^+ 和 φ^- 分别为正、负极与溶液间的电势差，φ（接触）表示接触电势差。依据原电池的电动势等于组成电池的各相间的各个界面上所产生的电势差的代数和。整个电池的电动势为：

$$E = \varphi^+ + \varphi^- + \varphi(\text{接触}) + \varphi(\text{扩散})$$

采用盐桥消除液接电势后，φ(扩散)$=0$，φ(接触)表示金属和导线的界面电势差，当正、负极材料确定时，φ(接触)＝常数，并可作为金属电极的属性并入 φ^- 一项内。若能测出各种电极的界面电势差，即可计算 E。然而，界面电势差的绝对值尚无法测定。

$$\varphi^+ = \varphi(\mathrm{Cu}) - \varphi_{12}, \varphi^- = \varphi_{11} - \varphi(\mathrm{Zn})$$

式中，φ_{12} 为 $CuSO_4$ 溶液本体电势，φ_{11} 为 $ZnSO_4$ 溶液本体电势。采用盐桥消除液接电势后，φ(扩散)＝0，所以有：

$$\varphi_{11} = \varphi_{12}$$

即：

$$E = \varphi(\mathrm{Cu}) - \varphi(\mathrm{Zn}) = \varphi^+ - \varphi^- \quad (7\text{-}35)$$

由此可以看出，虽不能测定电极的界面电势差，但若能测知电极电势也可计算 E。可惜的是，各种电极的绝对电势值目前也无法直接测定。然而 $E=\varphi^+-\varphi^-$，却给予人们重要启示，即若没有液接电势存在，或采用盐桥消除液接电势之后，可逆电池电动势 E 总是组成电池的两电极电势之差。这样的关系，完全可采用人为规定的标准，测定电极电势的相对值，那么由电极电势求算电池电动势的值就能很方便地解决。

7.2.4 电极电势和电池的电动势

(1) 标准氢电极和标准电极电势

① 标准氢电极　原电池可看作由两个相对独立的“半电池”组成，即每个半电池相当于一个电极。这样由不同的半电池可组成各式各样的原电池。只要知道与任意一个选定的作为标准的电极相比较时的相对电动势，就可求出由它们所组成的电池电动势。

按照 1953 年国际纯粹和应用化学联合会（IUPAC）的建议，采用标准氢电极作为标准电极，这个建议已被接受和承认，并作为正式的规定。根据此规定，电极的标准电势就是所给电极与同温下的氢标准电极所组成的电池的电动势。

氢电极的结构（见图 7-12）是：将镀铂黑的铂片插入含 H^+ 的溶液中，并不断用 H_2 冲打铂片。当氢电极在一定的温度下作用时，若 H_2 在气相中的分压为 $P^{\ominus}$，$a_{H^+}=1$（$b_{H^+}=1.0\mathrm{mol/kg}$，$\gamma_b=1$），则这样的氢电极就作为标准氢电极。显然，由此得出的标准氢电极的电极电势为零，$\varphi=0$，其他电极的电势均是相对于标准氢电极而得到的数值。

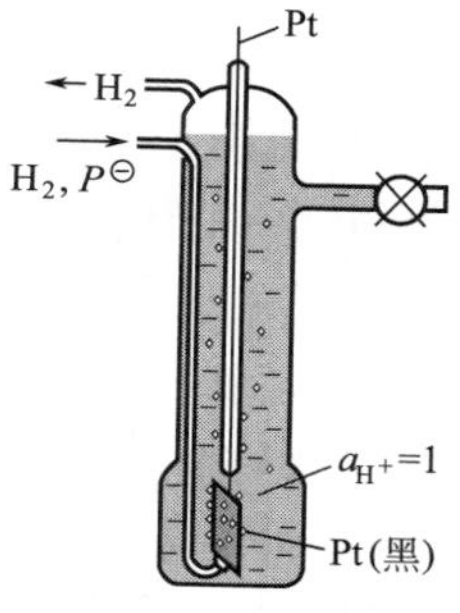

图 7-12　标准氢电极示意图

② 标准电极电势　1953 年，IUPAC 统一规定：将标准氢电极作为发生氧化作用的负极，而将待定电极作为发生还原作用的正极，组成如下电池：

Pt，$H_2(P^{\ominus})$ | $H^+(a=1)$ ‖ 待定电极。该电池电动势的数值和符号，就是待定电极电势的数值和符号。

这里 $\varphi_{(待定电极)}$ 实际是指还原电位，当 φ 为正值时，表示该电极的还原倾向大于标准氢电极。若给定电极实际上进行的反应是还原反应，则 φ 为正值；若该电极实际上进行的是氧化反应，则 φ 为负值。

例如，要确定铜电极的电势，可组成如下电池：

$$\mathrm{Pt}, H_2(P^{\ominus}) \mid H^+(a_{H^+}=1) \parallel Cu^{2+}(a_{Cu^{2+}}) \mid \mathrm{Cu(s)}$$

电池反应：$H_2(P^{\ominus})+Cu^{2+}(a_{Cu^{2+}})$ ══ $Cu(s)+2H^{+}(a_{H^+}=1)$

依据规定 $\varphi_{(Cu^{2+}/Cu)}=E$，$E^{\ominus}$ 为铜电极在 $a(Cu^{2+})=1$ 时的电极电势，称为铜的标准电极电势，记为 $\varphi^{\ominus}_{(Cu^{2+}/Cu)}$。该反应为自发反应，所以 E 为正值。当 $a(Cu^{2+})=1$ 时，$E=E^{\ominus}=0.337V$，$\varphi^{\ominus}_{(Cu^{2+}/Cu)}=0.337V$。

对于锌电极：Pt，$H_2(P^{\ominus})\mid H^{+}(a_{H^+}=1)\parallel Zn^{2+}(a_{Zn^{2+}})\mid Zn(s)$，由于电池反应非自发，按照电动势取号惯例，$E$ 为负值，$\varphi^{\ominus}_{(Zn^{2+}/Zn)}=-0.7628V$。

③ 电极电势的能斯特公式　对于任意给定的一个作为正极的电极，其电极反应可写成如下的通式：

$$\text{氧化态}+z\text{e}\longrightarrow\text{还原态}$$

$$\varphi=\varphi^{\ominus}-\frac{RT}{zF}\ln\frac{a_{(\text{还原态})}}{a_{(\text{氧化态})}} \tag{7-36}$$

或写为

$$\varphi=\varphi^{\ominus}+\frac{RT}{zF}\ln\frac{a_{(\text{氧化态})}}{a_{(\text{还原态})}} \tag{7-37}$$

若将电极反应写成更一般的形式

$$a\text{A}+b\text{B}+z\text{e}^{-}\longrightarrow g\text{G}+h\text{H}$$

$$\varphi=\varphi^{\ominus}-\frac{RT}{zF}\ln\frac{a_{\text{G}}^{g}a_{\text{H}}^{h}}{a_{\text{A}}^{a}a_{\text{B}}^{b}} \tag{7-38}$$

$$\varphi=\varphi^{\ominus}-\frac{RT}{zF}\ln\prod_{\text{B}}a_{\text{B}}^{\nu_{\text{B}}} \tag{7-39}$$

以上几式均称为电极反应的能斯特公式。可以看出，其实质与电池电动势的能斯特方程一致。式中，φ 就是特定电池的标准电动势 E，即电极反应中各物质的活度均为 1 时的电极电势，称为“标准电极电势”。因此，各种电极的 φ 的求算和测定，与标准电动势相同。

以氢电极作为标准电极测定 E 时，在正常情形下，E 可达很高的精确度（±0.000001V）。但它对使用的条件要求十分严格，例如 H_2 需经多次纯化以除去微量 O_2，溶液中不能有氧化性物质存在，铂黑难以制备均匀且表面易被沾污等原因，因此使用氢电极并不很方便。所以实际测量电极电势时，经常使用一种易于制备、使用方便、电势稳定的二级标准电极作为“参比电极”。其电极电势与氢电极相比而求出比较精确的数值，只要将参比电极与待定电极组成电池，测量其电动势，就可求出待测电极的电势值。常用的参比电极有甘汞电极、银-氯化银电极等。其中以甘汞电极的使用最为经常，它的电极电势稳定。甘汞电极的电极电势值与 KCl 浓度有关，依据 KCl 溶液浓度的不同，又将甘汞电极分为 $0.1mol/dm^3$，$1.0mol/dm^3$ 和饱和三种类型。甘汞电极的构造如图 7-13 所示，不同 KCl 溶液的甘汞电极的电极电势见表 7-1。

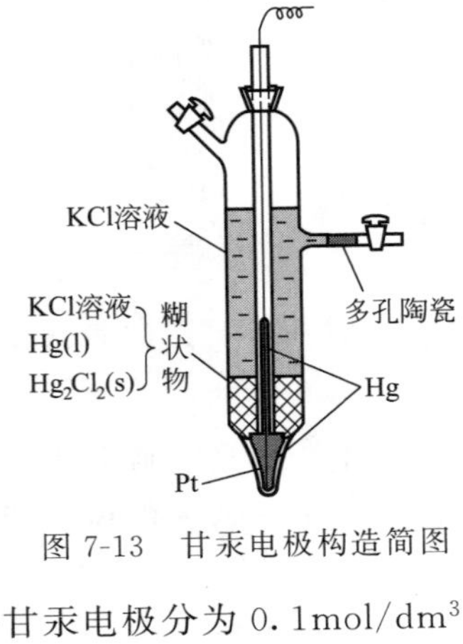

图 7-13　甘汞电极构造简图

表 7-1　不同浓度 KCl 溶液的甘汞电极的电极电势值

电极符号	298K 时 E/V
KCl(饱和)｜Hg_2Cl_2｜Hg	0.2415
KCl(1mol/dm³)｜Hg_2Cl_2｜Hg	0.2807
KCl(0.1mol/dm³)｜Hg_2Cl_2｜Hg	0.3337

(2) 电池电动势的计算

从电极电势计算电池的电动势，设有以下 3 个电池：

(1) Pt，$H_2(P^{\ominus})|H^+(a_{H^+})||Cu^{2+}(a_{Cu^{2+}})|Cu(s)$

(2) Pt,$H_2(P^{\ominus})|H^+(a_{H^+})||Zn^{2+}(a_{Zn^{2+}})|Zn(s)$

(3) $Zn(s)|Zn^{2+}(a_{Zn^{2+}})||Cu^{2+}(a_{Cu^{2+}})|Cu(s)$

对应的电池反应分别为：

(1) $H_2(P^{\ominus})+Cu^{2+}(a_{Cu^{2+}})$ ══ $Cu(s)+2H^+(a_{H^+}=1)$

(2) $H_2(P^{\ominus})+Zn^{2+}(a_{Zn^{2+}})$ ══ $Zn(s)+2H^+(a_{H^+}=1)$

(3) $Zn(s)+Cu^{2+}(a_{Cu^{2+}})$ ══ $Cu(s)+Zn^{2+}(a_{Zn^{2+}})$

反应③=①-②

则：$\Delta_r G_m$③$=\Delta_r G_m$①$-\Delta_r G_m$②

$$E_3=E_1-E_2=\varphi(Cu^{2+}/Cu)-\varphi(Zn^{2+}/Zn)$$

推而广之，对于任一电池，其电动势等于两个电极电势之差值。即，

$$E=\varphi_{右}-\varphi_{左}=\varphi_{正}-\varphi_{负}$$

7.2.5　电动势测定的应用

(1)热力学量 ΔG、ΔH、ΔS、平衡常数 $K_a^{\ominus}$ 的确定

以络合反应 $Cu^{2+}(aq)+4NH_3(aq) \longrightarrow Cu(NH_3)_4^{2+}(aq)$ 为例，

可设计如下电池：

$Cu|Cu(NH_3)_4^{2+}(aq),NH_3(aq)||Cu^{2+}(aq)|Cu$

$-)Cu+4NH_3(aq) \longrightarrow Cu(NH_3)_4^{2+}(aq)+2e$　　$\varphi_-^{\ominus}=-0.12V$

$+)Cu^{2+}(aq)+2e \longrightarrow Cu$　　$\varphi_+^{\ominus}=0.337V$

可逆电池电动势：$E^{\ominus}=\varphi_+^{\ominus}-\varphi_-^{\ominus}=0.457V$

总电池反应即络合反应：

$$Cu^{2+}(aq)+4NH_3(aq) \longrightarrow Cu(NH_3)_4^{2+}(aq)$$

通过测定电池的电动势 E，可得到反应的一些热力学函数：

① $\Delta_r G_m=-nFE=-2FE$

② $\Delta_r S_m=nF(\partial E/\partial T)_P=2F(\partial E/\partial T)_P$ ——$(\partial E/\partial T)_P$ 实验可测

③ $\Delta_r H_m=\Delta_r G_m+T\Delta_r S_m=-2FE+2FT(\partial E/\partial T)_P$

④ 平衡常数

$$\ln K_a^{\ominus}=\frac{nFE^{\ominus}}{RT}\ (T=298K\ 时)$$

平衡常数可包括：络合离子的稳定常数；难溶盐的活度积 $K_{sp}^{\ominus}$；弱酸（弱碱）的离解常数等。

⑤ 热效应

恒温恒压可逆电池反应：$Q_r = T\Delta_r S_m$

恒温恒压不可逆电池反应：$Q_{ir} < T\Delta_r S_m$

恒温恒压（热）化学反应：$Q_P = \Delta_r H_m = \Delta_r G_m + T\Delta_r S_m$

（2）测定溶液的 pH 值

① 测定原理：将工作电极（其电极电势与溶液的［H^+］有关，即氢离子指示电极）放在待测溶液中，电极对 H^+ 可逆，并与另一参比电极相连，测其电动势 E。

例

$$\underbrace{-)\mathrm{Pt,H}\ (P^{\ominus})}_{\text{工作电极}}\left|\begin{matrix}\text{待测溶液}\\ \mathrm{pH}=x\end{matrix}\right\|\underbrace{\mathrm{KCl(1.0mol/L),Hg_2Cl_2(S)+Hg(1)(+}}_{\text{参比电极(感量甘汞电极)}}$$

$$E = \varphi_+ - \varphi_- = 0.2801 - 0.05916\lg \frac{a_{H^+}}{(P_{H_2}/P^{\ominus})^{1/2}}$$

$$= 0.2801 + 0.05916\mathrm{pH}$$

即待测溶液 pH 值与电池电动势 E 的关系为：

$$\mathrm{pH} = \frac{E - 0.2801}{0.05916} \tag{7-40}$$

其中工作电极为“标准氢电极”，测定适用范围 pH＝0～14，即 $a_{H^+} = 1 \sim 10^{-14}$。

由于标准氢电极具有以下局限性，所以通常不用氢电极作工作电极。

a. 制备困难，纯氢，恒压等。

b. 待测液中不能有氧化剂、还原剂、不饱和有机物等（否则电极反应不可逆）。

c. 待测液不能在 Pt 上有吸附（如蛋白质、胶体易吸附）影响电极灵敏性、稳定性。

② pH 值的测定　按定义，溶液的 pH 值是其氢离子活度的负对数，即 $\mathrm{pH} = -\lg_{a(H^+)}$。要用电动势法测量溶液的 pH 值，组成电池时必须有一个电极是已知电极电势的参比电极，通常用甘汞电极；另一个电极是对 H^+ 可逆的电极，常用的有氢电极和玻璃电极。

a. 氢电极测 pH 值　Pt，H_2（$P^{\ominus}$）｜待测溶液（pH＝x）｜甘汞电极

在一定温度下，测定电池的 E，就能求出溶液的 pH 值，氢电极对 pH 值由 0～14 的溶液都适用，但实际应用起来却有许多不便。所以常用醌-氢醌电极来测溶液的 pH 值。测量范围 pH＜8.5。

b. 醌-氢醌电极　将少量醌氢醌晶体加到待测 pH 值的酸性溶液中，达到溶解平衡后，插入 Pt 丝极，则构成醌氢醌电极：H^+｜Q，QH_2｜Pt，（Q 和 QH_2 分别代表醌和氢醌），这是一种常用的氢离子指示电极。

其电极反应为：$Q[a(Q)] + 2H^+[a(H^+)] + 2e^- \longrightarrow QH_2[a(QH_2)]$

微溶的醌氢醌（Q·QH_2）在水溶液中完全解离成醌和氢醌，二者浓度相等而且很

低，所以 $a(\mathrm{Q})\approx a(\mathrm{QH_2})=1$。

25℃时，$E^{\ominus}(\mathrm{H^+}\mid \mathrm{Q\cdot QH_2}\mid \mathrm{Pt})=0.6995\mathrm{V}$，因此，

$$E_{(\mathrm{Ox}\mid \mathrm{Reb})}=E_{(\mathrm{Ox}\mid \mathrm{Red})}-\frac{RT}{2F}\ln\frac{a_{(\text{氢醌})}}{a_{(\text{醌})}a_{H^+}^2}$$

$$=0.6995-0.05916\mathrm{pH}$$

例 7-4　将醌氢醌电极与饱和甘汞电极组成电池：

$\mathrm{Hg}\mid \mathrm{Hg_2Cl_2}\mid \mathrm{KCl}$(饱和)$\mid\mid \mathrm{Q\cdot QH_2}\mid \mathrm{H^+}$ (pH＝?) $\mid \mathrm{Pt}$。25℃时，测得 $E=0.025\mathrm{V}$。求溶液的 pH 值。

解：查得 25℃时饱和甘汞电极 E（负极，还原）＝0.2415V，

$$E(\text{正极,还原})=(0.6997-0.05916\mathrm{pH})\mathrm{V}$$

即　$$0.025\mathrm{V}=(0.6997-0.05916\mathrm{pH}-0.2415)\ \mathrm{V}$$

解得　$$\mathrm{pH}=7.3$$

c. 玻璃电极测 pH 值　用一玻璃薄膜将两个 pH 值不同的溶液隔开时，在膜两侧会产生电势差，其值与两侧溶液的 pH 值有关。若将一侧溶液的 pH 值固定，则此电势差仅随另一侧溶液的 pH 值而改变，就是用玻璃电极测 pH 值的根据。测量范围可达 $1<\mathrm{pH}<14$。

(3) 求难溶盐的活度积（或称溶度积）　难溶盐的活度积 K_{sp} 实质就是难溶盐溶解过程的平衡常数，它也是一种平衡常数，是无量纲量。如果将难溶盐溶解形成离子的变化设计成电池，则可利用两电极的电极电势值求出 E，从而可求算难溶盐的活度积。

例 7-5　利用 $E^{\ominus}$ 数据，求 25℃时 AgI 的活度积。

解：将溶解反应设计成电池，查出 $E^{\ominus}$，利用公式（7-28）可求得活度积 K_{sp}。

AgI 的溶解反应为 $\mathrm{AgI}\longrightarrow \mathrm{Ag^+}(a)+\mathrm{I^-}(a)$，设计如下电池：

$$\mathrm{Ag}\mid \mathrm{Ag^+}(a)\ \|\ \mathrm{I^-}(a)\mid \mathrm{AgI}\mid \mathrm{Ag}$$

电极反应为：$-)\ \mathrm{Ag}\longrightarrow \mathrm{Ag^+}(a)+\mathrm{e}$

$+)\ \mathrm{AgI}+\mathrm{e}\longrightarrow \mathrm{Ag}+\mathrm{I^-}(a)$

查得 $\varphi^{\ominus}\{\mathrm{I}-\mid \mathrm{AgI}\mid \mathrm{Ag}\}=-0.1517\mathrm{V}$，$\varphi^{\ominus}\{\mathrm{Ag}+\mid \mathrm{Ag}\}=0.7994\mathrm{V}$

$$E^{\ominus}=\varphi^{\ominus}\{\mathrm{I}-\mid\mathrm{AgI}\mid\mathrm{Ag}\}-\varphi^{\ominus}\{\mathrm{Ag}+\mid\mathrm{Ag}\}=(-0.1517-0.7994)\mathrm{V}=-0.9511\mathrm{V}$$

$$\ln K^{\ominus}=\ln K_{sp}=\frac{zFE^{\ominus}}{RT}=\frac{1\times 96500\mathrm{C/mol}\times(-0.9511\mathrm{V})}{8.314\mathrm{J/(K\cdot mol)}\times 298.15\mathrm{K}}=-37.02$$

$$K_{sp}=8.361\times 10^{-17}$$

(4) 电势滴定　滴定分析时，也可在含有待分析离子的溶液中，放入一个对该种离子可逆的电极和另一参比电极（如甘汞电极）组成电池，然后在不断滴加滴定液的过程中，记录与所加滴定液体积相对应的电池电动势之值。随着滴定液的不断加入，电池电动势也随之不断变化。接近滴定终点时，少量滴定液的加入便可引起被分析离子浓度改变很多倍，因此电池电动势也会随之突变。根据电池电动势的突变指示滴定终点，即根据电动势突变时对应的加入滴定液的体积便可确定被分析离子的浓度，此法称为“电势滴定”。电势滴定可用于酸碱中和、沉淀生成及氧化还原等各类滴定反应。

测定原理：滴定过程中，待测离子的浓度不断变化，与其有关的电池的电动势也

变，在等当点附近，电动势 E 的变化最剧烈。

例如，用标准 NaOH 溶液滴定酸，测玻璃电极、甘汞电极构成的电池的电动势 E：

$$E=\varphi_{甘汞}-\varphi_{玻}=0.2801-\varphi_{玻}^{\ominus}+0.05916\text{pH}$$

随着滴定 NaOH 量的增加，pH 值增加，电动势 E 增加；

在等当点处，pH 值变化率最大，E 的变化率也最大，如图 7-14 所示。

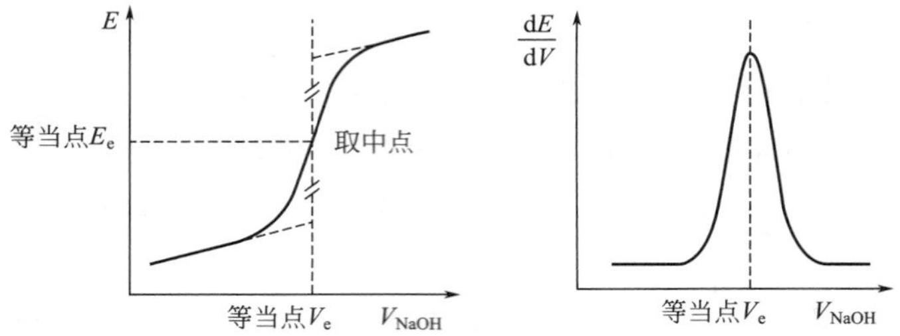

图 7-14　电势滴定曲线图

若滴定终点不易确定，可采取一次微分法作图：（dE/dV）-V（如图 7-14），同理，在氧化-还原、沉淀反应的滴定中，也可用类似方法确定滴定终点。

电势滴定具有灵敏度、准确度高，可实现自动化、连续测定等优点，可用于有色溶液、混合溶液、无合适指示剂的滴定。

电势滴定与电导滴定相比，选择性高，为离子选择性电极。因为电动势 E 只与参与电极反应的离子活度有关。

除以上应用外，电动势测定还可用于离子选择性电极、化学传感器、电势-pH 值图及应用等多方面。

（5）电势-pH 值图及其应用　电极电势的数值不仅与溶液中离子的活度有关，而且有的还与溶液的 pH 值有关。在保持温度和离子浓度为定值的情况下，将电极电势与 pH 值的函数关系在图上用一系列曲线表示出来，这种图就称为电势-pH 值图。通常用电极电势作纵坐标，pH 值作横坐标，在同一温度下，指定一个浓度，就可以画出一条电势-pH 值曲线，如图 7-15 所示。

根据有无氢离子参加和是否发生电子转移，可把水溶液中发生的电极反应概括为三种类型，所以电势-pH 值曲线也有 3 种不同类型：a. 有氢离子参加并有电子转移的反应，其电势-pH 值关系为倾斜的直线；b. 无氢离子参加但有电子转移的反应，其电势-pH 值关系为平行于 pH 值轴的直线；c. 有氢离子参加也无电子转移的反应，其电势-pH 值关系为垂直于 pH 值轴的直线。

电势-pH 值图具有如下特点：a. 位于直线上方的是有关物质的氧化态稳定；位于直线下方的是有关物质的还原态稳定；b. 高电位直线之上的氧化态能氧化低电位直线之下的还原态。

以氢氧燃料电池及水的电势-pH 值图为例，进行说明。

考虑电池：

$$Pt, H_2(P_{H_2}) \mid H_2SO_4(pH) \mid O_2(P_{O_2}), Pt$$

① 氧电极电势

电极反应：

$$O_2 + 4H^+ + 4e = 2H_2O \quad (T = 298K)$$

$$\varphi_{O_2} = \varphi^{\ominus}_{H^+/O_2} + \frac{RT}{4F}\ln(P_{O_2} \cdot a^4_{H^+}) = 1.229 + 0.01479\lg P_{O_2} - 0.05916pH$$

当 $P_{O_2} = P^{\ominus} = 1atm$ 时，$\varphi_{O_2} = 1.229 - 0.05916pH$

当 $P_{O_2} = 100P^{\ominus} = 100atm$ 时，$\varphi_{O_2} = 1.259 - 0.05916pH$

当 $P_{O_2} = 0.01P^{\ominus} = 0.01atm$ 时，$\varphi_{O_2} = 1.199 - 0.05916pH$

② 氢电极电势

$$2H^+ + 2e = H_2 \quad (T = 298K)$$

$$\varphi_{H_2} = \varphi^{\ominus}_{H^+/H_2} + \frac{RT}{2F}\ln\left(\frac{a^2_{H^+}}{P_{H_2}}\right) = -0.05916pH - 0.02958\lg P_{H_2}$$

当 $P_{H_2} = 1atm$，$\varphi_{H_2} = -0.05916pH$

当 $P_{H_2} = 100atm$，$\varphi_{H_2} = -0.05916 - 0.05916pH$

当 $P_{H_2} = 0.01atm$，$\varphi_{H_2} = 0.05916 - 0.05916pH$。

③ 不同气压下的 φ_{O_2}-pH 值、φ_{H_2}-pH 值图（见图 7-15）。

a. 在（a）线之上区域，平衡时 $P_{O_2} > P^{\ominus}$，故该区域称为氧稳定区；

b. 在（a）线之下区域，平衡时 $P_{O_2} < P^{\ominus}$，故该区域称为水稳定区；

c. 在（b）线之下区域，平衡时 $P_{H_2} > P^{\ominus}$，该区称为 H_2 稳定区；

d. 在（b）线之上区域，平衡时 $P_{H_2} < P^{\ominus}$，该区称为 H_2O 稳定区。

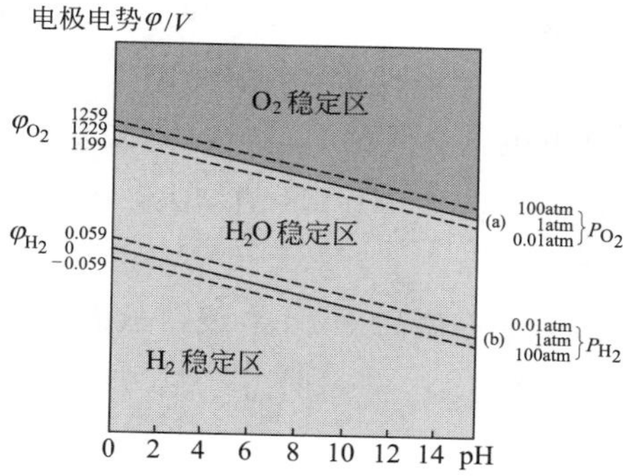

图 7-15　氢电极电势-pH 值图

对于上述氢氧电池，在 298K 下，$P = P^{\ominus}$ 时：

$$E = \varphi_{O_2} - \varphi_{H_2} = 1.229 - 0.05916pH - (-0.05916pH) = 1.229V = E^{\ominus}$$

即氢氧电池的电动势与溶液的 pH 值无关，总是等于 1.229V。

从图 7-15 中也可看出：（a）和（b）线相互平行；在任意 pH 值，其电动势即电极电势差为定值 1.229V。

一般地，电池反应的 φ-pH 值如图 7-16 所示。

曲线（a）上的电极反应：$[Ox]_1 + ze = [Re]_1$

曲线（b）上的电极反应：$[Ox]_2 + ze = [Re]_2$

由于（a）在（b）的上面，其 φ 大，还原倾向大，所以其氧化态易被还原，$[Ox]_1$ 可作氧化剂；对应地，$[Re]_2$ 可作还原剂，发生如下反应：

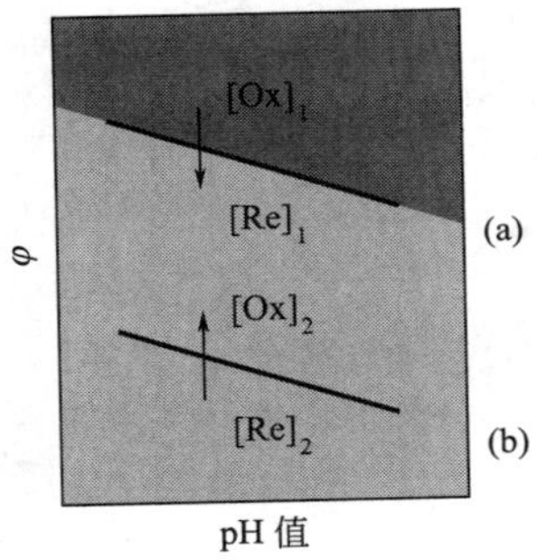

图 7-16 电池反应的 φ-PH 值图

$$[Ox]_1 + [Re]_2 \longrightarrow [Re]_1 + [Ox]_2$$

相应的电池电动势为 $E=\varphi_a-\varphi_b$

由此可以得到：当系统中存在几种还原剂时，氧化物总是优先氧化那种还原能力最强（最易被氧化）的还原剂（其 φ 值最小），以使两者（氧化剂与还原剂）的电位差最大（反应推动力最强）。同理，存在几种氧化剂时，氧化能力最强者（φ 最大）首先被还原。

④ 金属腐蚀的判断

Fe 的电化学腐蚀：

$$-)\ Fe \longrightarrow Fe^{2+} + 2e$$

$$+)\ 2H^+ + 2e \longrightarrow H_2$$

$$\varphi_{Fe^{2+}/Fe}=\varphi^{\ominus}_{Fe^{2+}/Fe}+\frac{RT}{2F}\ln a_{Fe^{2+}}$$

设：$T=298K$，$a_{Fe^{2+}}=1$，则 $\varphi_{Fe^{2+}/Fe}$（$a=1$）$=-0.4402V$，此时：

$$[Ox]_1=H^+,\ [Re]_1=H_2,\ [Re]_2=Fe,\ [Ox]_2=Fe^{2+}$$

进行如下反应：

$$2H^+ + Fe \longrightarrow H_2 + Fe^{2+}$$

一般地，当 $a_{Fe^{2+}}>10^{-6}$ 时，认为 Fe 已开始被腐蚀，此时：

$$\varphi_{Fe^{2+}/Fe}\ (a=10^{-6})=-0.4402-0.1775=-0.6177V$$

其电极电势线比 $a_{Fe^{2+}}=1$ 时更低，即 Fe 更易被氧化。随着溶液中 $a_{Fe^{2+}}$ 和 $\varphi_{Fe^{2+}/Fe}$ 增大，而 a_{H^+} 减小，pH 值增大，φ_{H^+/H_2} 减小。相应的电化学腐蚀反应电动势 E 降低，腐蚀能力下降。

（a）线 φ 值高于（b）线，故若有足够的氧分压 P_{O2}，下述氧化还原电极反应更优先。

$$+)\ O_2 + 4H^+ + 4e \longrightarrow 2H_2O$$

$$-)\ Fe \longrightarrow Fe^{2+} + 2e$$

7.3 电解与极化

使电能转变成化学能的装置称为电解池。当一个电池与外接电源反向对接时，只要外加的电压大于该电池的电动势 E，电池接受外界所提供的电能，电池中的反应发生逆转，原电池就变成了电解池。

7.3.1 分解电压

在电池上若外加一个直流电源，并逐渐增加电压直至使电池中的物质在电极上发生化学反应，这就是电解过程。

例如，用 Pt 作电极电解 H_2SO_4 水溶液，如图 7-17 所示。

电极反应：

阳极：$H_2O-2e \longrightarrow \frac{1}{2}O_2(P_{O_2})+2H^+$

阴极：$2H^+ +2e \longrightarrow H_2(P_{H_2})$

电解反应：$H_2O \longrightarrow H_2(P_{H_2})+\frac{1}{2}O_2(P_{O_2})$

在电解过程中，电极 Pt 上产生的 O_2、H_2 与电解液 H_2SO_4 一起构成原电池；该原电池产生一个与外加电压 $E_{外}$ 反方向的反电动势 E_b；E_b 随着 P_{O2}、P_{H_2} 的增加而增加，P_{O_2}、P_{H_2} 可增大直到 $P^{\ominus}$，并以气体放出。如果逐渐增加外加电压 $E_{外}$，考察电流计的电流 I，然后作曲线 I-E 外，可得图 7-18。

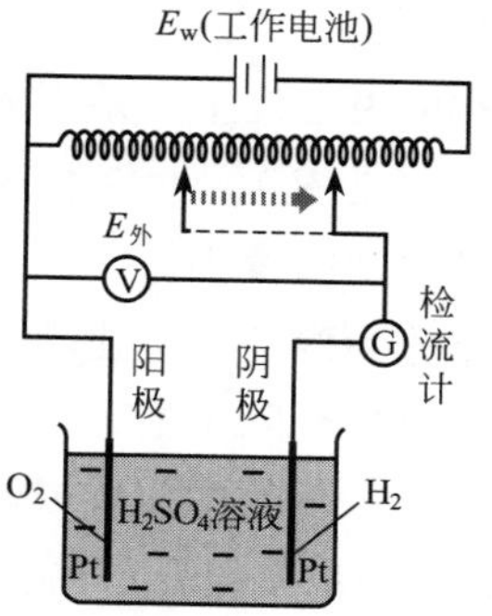

图 7-17　分解电压测定示意图

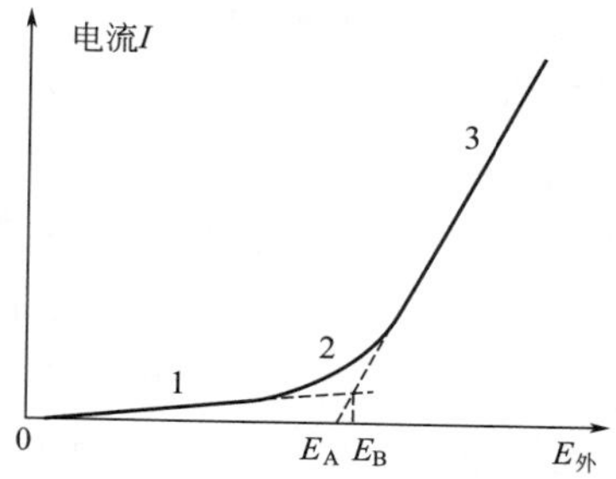

图 7-18　测定分解电压的电流-电压曲线

图 7-18 中，当 0→1 时：$E_{外}$ 很小，电流 I 很小，Pt 上产生的 P_{O_2}、P_{H_2} 也很小（$P \ll P^{\ominus}$）。所以 H_2、O_2 不能逸出而只能向溶液扩散而消失。同时需要通过小电流 I 使电极区不断产生 H_2、O_2 以补充其扩散的损失。当从 1→2 时，$E_{外}$ 渐增，P_{O_2}、P_{H_2} 渐增，H_2、O_2 向溶液的扩散渐增，所需的电流也有少许增加。当 $E_{外}$ 达“2”点时，P_{O_2}、$P_{H_2}=P^{\ominus}$，电极上有气泡逸出，这时产生的反电动势 E_b 达到最大值 $E_{b,max}$。当从 2→3 时：$E_{外}$ 继续增大，但反电动势 $E_b=E_{b,max}$ 已不变；此后 $E_{外}$ 的增加只用于增加溶液的电位降：$IR=E_{外}-E_{b,max}$。故电流 I 随 $E_{外}$ 线性（快速）增加。

分解电压是指，使某电解质溶液能连续稳定发生电解（出产物）所必需的最小外加电压（图 7-18 中的“2”点），即 $E_{b,max}$（最大反电动势）。

用作图法可确定分解电压即最大反电动势 $E_{b,max}$；E_A 为忽略“气体产物向溶液扩散”的 $E_{b,max}$；E_B 为考虑“气体产物向溶液扩散”的 $E_{b,max}$。

分解电压 $E_{分解}$ 的位置 $E_{b,max}$ 不能测定得很精确（如图 7-18），且重复性差。上述 I-E 曲线的物理意义不很确切，仅做了一些定性说明。

7.3.2　极化作用

根据上节所述，电解过程是在不可逆的情况下进行，即所用的电压大于自发电池的电动势。实际分解电压常超过可逆的电动势，可用公式表示为

$$E_{分解}=E_{可逆}+\Delta E_{不可逆}+IR \tag{7-41}$$

$E_{可逆}$是指相应的原电池的电动势，也即理论分解电压；IR 项是由电池内溶液、导线和接触点等的电阻所引起的电势降（当电流通过时，就相当于把 I^2R 的电能转化为热）；$\Delta E_{不可逆}$则是由电极上反应的不可逆，即电极极化效应所致。

当电极上无电流通过时，电极处于平衡状态，与之相对应的电势是电极的可逆电势 $\varphi_{可逆}$。随着电极上电流密度的增加，电极反应的不可逆程度愈来愈大，其电势值对可逆电势值的偏离也愈来愈大（通常将这类描述电流密度与电极电势之间关系的曲线称为极化曲线）。在有电流通过电极时，电极电势偏离可逆值的现象称为电极的极化。为了明确地表示出电极极化的状况，常把某一电流密度下的电势 $\varphi_{不可逆}$与 $\varphi_{可逆}$之间的差值称为超电势（又称为过电位）。由于超电势的存在，在实际电解时要使正离子在阴极上发生还原，外加于阴极的电势必须比可逆电极的电势更负一些；要使负离子在阳极上氧化，外加于阳极的电势必须比可逆电极的电势更正一些。

电极发生极化的原因是，当有电流流过电极时，在电极上发生一系列的过程，并以一定的速率进行，而每一步都或多或少的存在着阻力（或势垒）。要克服这些阻力，相应的需要一定的推动力，表现在电极电势上就出现这样那样的偏离。

根据极化产生的不同原因，通常可以简单地把极化分为两类：电化学极化和浓差极化，并将与之相应的超电势称为电化学超电势和浓差超电势。除了上述两种主要的原因之外，还有一种是由于电解过程中在电极表面上生成一层氧化物的薄膜或其他物质，从而对电流的通过产生了阻力，有时也称为电阻超电势。若以 R_e 表示电极表面层的电阻，I 代表通过的电流，则由于氧化膜的电阻所需额外增加的电压，在数值上等于 IR_e。由于这种情况不具有普遍意义，因此我们将只讨论浓差极化和电化学极化。

在一定电流密度下，每个电极的实际析出电势（即不可逆电极电势）等于可逆电极电势加上浓差超电势和电化学超电势，超电势用符号“η”表示。

$$\varphi_{阳,析出}=\varphi_{阳,可逆}+\eta_{阳}$$

$$\varphi_{阴,析出}=\varphi_{阴,可逆}-\eta_{阴}$$

整个电池的分解电压等于阳、阴两极的析出电势之差。即

$$E_{分解}=\varphi_{阳,析出}-\varphi_{阴,析出}=E_{可逆}+\eta_{阳}+\eta_{阴}$$

分解电压是指所需的最小电压而言，因此可不考虑溶液中因克服电阻而引起的电位降（IR）。

（1）浓差极化

浓差极化是电解过程中电极表面附近薄液层的浓度和本体溶液的浓度的差异导致的电极极化。

例如，考虑以 Cu 为电极的 Cu^{2+} 电解过程，

阴极区电极反应为 $Cu^{2+}+2e \longrightarrow Cu\downarrow$

$$\varphi_{Cu^{2+}/Cu,平}=\varphi^{\ominus}_{Cu^{2+}/Cu,平}+\frac{RT}{2F}\ln a_{Cu^{2+}}$$

$$=\varphi^{\ominus}_{Cu^{2+}/Cu,平}+\frac{RT}{2F}\ln c$$

在有一定电流（i 趋于 0）通过电极时，由于 Cu^{2+} 向阴极迁移的迟缓性，跟不上 Cu^{2+} 还原沉淀的速率，使电极表面附近（$10^{-3}\sim10^{-2}$cm）离子浓度 c_e 低于本体溶液浓度 c，如图 7-19 所示。

对于稳态过程，电极表面附近的离子浓度 c_e 保持不变，而电极过程中“电极/界面”上的电化学（电子转移）步骤为快反应，可近似认为在平衡状态下进行。按照可逆状态下的能斯特公式，有：

$$\varphi^{\ominus}_{Cu^{2+}/Cu,不可逆}=\varphi^{\ominus}+\frac{RT}{2F}\ln c_e \quad (c>c_e)$$

所以阴极浓差超电势：

$$\eta_{阴}=\varphi_{平}-\varphi_{不可逆}=\frac{RT}{2F}\ln\frac{c}{c_e}(>0) \tag{7-42}$$

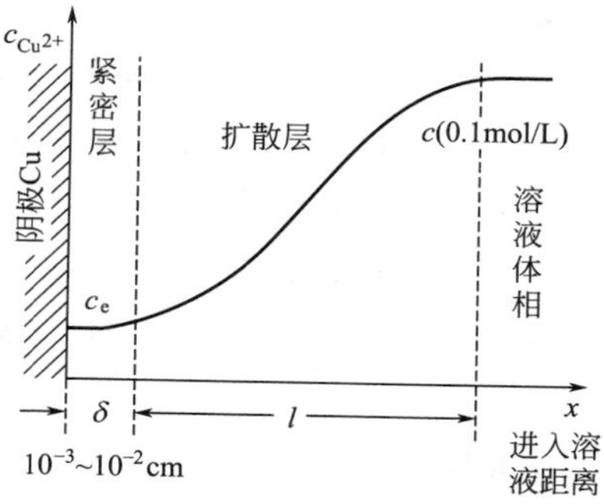

图 7-19　离子浓度稳态分布示意

浓差极化后则有：$\varphi_{阴}<\varphi_{阴,平}$　　$\varphi_{阳}>\varphi_{阳,平}$

例如，0.005mol/L 的 $ZnSO_4$ 溶液的阴极还原，$\varphi_{Zn^{2+}/Zn,平}=-0.808V$，而实际上当有 Zn 连续不断析出时，$\varphi_{Zn^{2+}/Zn,不可逆}=-0.838V$。显然，$\varphi_{Zn^{2+}/Zn,不可逆}<\varphi_{Zn^{2+}/Zn,平}$

又如，10^{-13}mol/L 的 OH^-/O_2（或 0.1mol/L 的 H^+/O_2）阳极氧化：

$$\varphi_{O_2,平}=1.170<\varphi_{O_2,ir}=1.642V$$

消除浓差极化的方法是：剧烈搅动溶液，可减少溶液的浓差；但由于电极表面附近扩散层的存在（离子不均匀分布），不可能完全消除浓差极化。

（2）电化学极化

假定溶液已经搅拌的非常均匀或者已设法使浓差极化降至忽略不计，同时又假定溶液的内阻以及各部分的接触电压都很小，均可不予考虑。从理论上讲，要使电解质溶液进行电解，外加的电压只需略微大于因电解而产生的原电池的电动势即可。但是实际上有些电解池并非如此，要使这些电解池的电解顺利进行，所加的电压还必须比该电池的反电动势要大才行，特别是当电极上发生气体的时候，这种差异就更大。这部分所需的额外电压称为电化学超电势。这是由于电极的反应通常是分若干步进行的，这些步骤当中可能有某一步反应速率比较缓慢，需要比较高的活化能。

习　题

7.1　用铂电极电解 $CuCl_2$ 溶液。通过的电流为 20A，经过 15min 后，问：(1) 在阴极上能析出多少质量的 Cu？(2) 在 27℃，100kPa 下的 $Cl_2(g)$？

7.2　用银电极电解 KCl 水溶液。电解前每 100g 溶液中含 KCl 0.7422g。阳极溶解下来的银与溶液中的 Cl^- 反应生成 AgCl(s)，其反应可表示为

$$Ag=\!=\!=Ag^++e^-,\ Ag^++Cl^-=\!=\!=AgCl(s)$$

总反应为 $Ag+Cl^-=\!=\!=AgCl(s)+e^-$。通电一定时间后，测得银电量计中沉积了

0.6136gAg，并测知阳极区溶液重117.51g，其中含KCl 0.6659g。试计算KCl溶液中的$t(K^+)$和$t(Cl^-)$。

7.3 已知25℃时0.02mol/dm³ KCl溶液的电导率为0.2768s/m。一电导池中充以此溶液，在25℃时测得其电阻为453Ω。在同一电导池中装入同样体积的质量浓度为0.555g/dm³的$CaCl_2$溶液，测得电阻为1050Ω。计算（1）电导池系数；（2）$CaCl_2$溶液的电导率；（3）$CaCl_2$溶液的摩尔电导率。

7.4 试计算下列各溶液的离子强度：（1）0.025mol/kg NaCl；（2）0.025mol/kg $CuSO_4$；（3）0.025mol/kg$LaCl_3$。

7.5 应用德拜-休克尔极限公式计算，25℃时0.002mol/kg $CaCl_2$溶液中g(Ca^{2+})、g(Cl^-)和$g_\pm$。

7.6 应用德拜-休克尔极限公式计算，25℃时下列各溶液中的$r_\pm$：（1）0.005mol/kg NaBr；（2）0.001mpl/kg $ZnSO_4$。

7.7 电池pb｜$PbSO_4(s)$｜$Na_2SO_4\cdot10H_2O$（饱和溶液）｜$Hg_2SO_4(s)$｜Hg，在25℃时电动势为0.9647V，电动势的温度系数为1.74×10^{-4}V/K。（1）写出电池反应；（2）计算25℃时该反应的Δ_rG_m、Δ_rS_m、Δ_rH_m，以及电池恒温可逆放电时该反应过程的$Q_{r,m}$。

7.8 电池Pt｜H_2(101.325kPa)｜HCl(0.1mol/kg)｜$Hg_2Cl_2(s)$｜Hg，电动势E与温度T的关系为$E/V=0.0694+1.88\times10^{-3}T/K-2.9\times10^{-6}(T/K)^2$

（1）写出电池反应；（2）计算25℃时该反应的Δ_rG_m、Δ_rS_m、Δ_rH_m以及电池恒温可逆放电时该反应过程的$Q_{r,m}$。

7.9 电池Ag｜AgCl(s)｜KCl溶液｜$Hg_2Cl_2(s)$｜Hg的电池反应为

$$Ag+\frac{1}{2}Hg_2Cl_2(s)=\!=\!=AgCl(s)+Hg$$

已知25℃时，此电池反应的$\Delta_rH_m=5435$J/mol，各物质的规定熵S_m［J/（mol·K）］分别为：Ag(s)，42.55；AgCl(s)，96.2；Hg(l)，77.4；$Hg_2Cl_2(s)$，195.8。试计算25℃时电池的电动势及电动势的温度系数。

7.10 在电池Pt｜H_2(g，100kPa)｜HI溶液$\{a(HI)=1\}$｜$I_2(s)$｜Pt中，进行如下两个电池反应：

（1）$H_2(g, 100kPa)+I_2(s)=\!=\!=2HI\{a(HI)=|\}$

（2）$\frac{1}{2}H_2(g, 100kPa)+\frac{1}{2}I_2(s)=\!=\!=HI\{a(HI)=1\}$

查表计算两个电池反应的E，Δ_rG_m、K。

7.11 氨可以作为燃料电池的燃料，其电极反应及电池反应分别为：

阳极 $NH_3(g)+3OH^-=\!=\!=\frac{1}{2}N_2(g)+3H_2O(l)+3e^-$

阴极 $\frac{3}{4}O_2(g)+\frac{3}{2}H_2O(l)+3e^-=\!=\!=3OH^-$

电池反应 $NH_3(g)+\frac{3}{4}O_2(g)=\!=\!=\frac{1}{2}N_2(g)+\frac{3}{2}H_2O(l)$

试利用物质的标准摩尔生成吉布斯函数，计算该电池在25℃时的标准电动势。

7.12　写出下列各电池的电池反应，应用附录的数据计算25℃时各电池的电动势及各电池反应的摩尔吉布斯函数变，并指明各电池反应能否自发进行。

(1) Pt | I_2(g，100kPa) | HCl[a(HCl)=1] | Cl_2(g，100kPa)，Pt

(2) Zn | $ZnCl_2${a($ZnCl_2$) =0.5} | AgCl(s) | Ag

7.13　电池 Pt | H_2(g，100kPa) | 待测pH值的溶液 || (1mol/dm^3 KCl) | Hg_2Cl_2(s) | Hg，在25℃时测得电池电动势 E=0.664V，试计算待测溶液的pH值。

7.14　已知25℃时AgBr的溶度积，$K_{sp}=4.88\times10^{-13}$，$E^{\ominus}(Ag^+/Ag)=0.7994V$，$E^{\ominus}\{Br_2(l)/Br^-\}=1.065V$。试计算25℃时

(1) 银-溴化银电极的标准电极电势 $E^{\ominus}\{AgBr(s)/Ag\}$；

(2) AgBr(s)的标准生成吉布斯函数。

第 8 章　化学动力学基础

8.1　化学动力学的目的和任务

化学动力学是研究化学过程进行的速率和反应机理的物理化学分支学科。将化学反应应用于生产实践主要有两个方面的问题：一是要了解反应进行的方向和最大限度以及外界条件对平衡的影响；二是要知道反应进行的速率和反应的历程（即反应机理）。人们把前者归属化学热力学的研究范围，把后者归属与化学动力学的研究范围。热力学只能预言在给定的条件下，反应发生的可能性，即在给定条件下，反应能不能发生？发生到什么程度？至于如何把可能性变为现实，以及过程中进行的速率如何？历程如何？热力学不能给出回答。这是因为在经典热力学的研究方法中既没有考虑到时间因素，也没有考虑到各种因素对反应速率的影响以及反应进行的其他细节。例如，对于反应 $2H_2(g)+O_2(g)\longrightarrow 2H_2O(g)$，尽管 H_2、O_2 和 H_2O 的所有热力学性质都已准确知道，但只能预言 H_2 和 O_2 生成 H_2O 的可能性，而不能预言 H_2 和 O_2 在给定的条件下能以什么样的反应速率生成 H_2O，也不能提供 H_2 分子和 O_2 分子是通过哪些步骤结合为 H_2O 分子的信息。所以，全面认识一个化学反应过程并付诸实现，不能缺少化学动力学研究。

化学动力学与化学热力学不同，不是计算达到反应平衡时反应进行的程度或转化率，而是从一种动态的角度观察化学反应，研究反应系统转变所需要的时间，以及这之中涉及的微观过程。

对于大多数化学反应，并非一步完成，需分几步来完成：

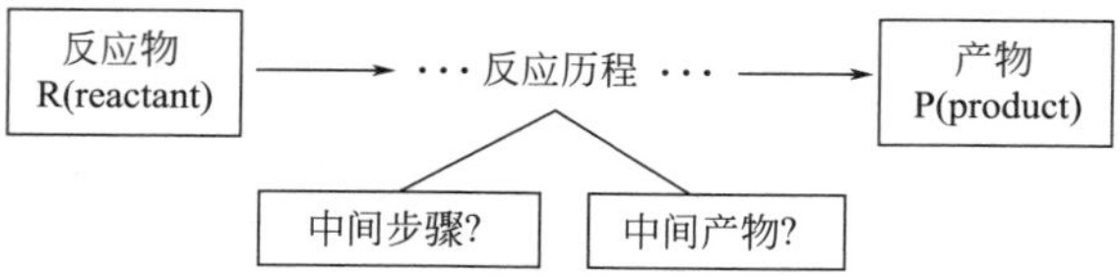

选择适当的反应历程，可以加快所需反应的反应速率。

例如，合成氨反应：

$$3H_2+N_2\longrightarrow 2NH_3\ [300\text{atm},\ 1\text{atm}=101325\text{Pa},\ 500℃]$$

热力学计算得知，转化率约 26%（由平衡常数计算得）。考虑动力学因素：反应若无催化剂，其反应速率→0，完全不能用于生产；若采用适合的催化剂，改变其反应历程，则可加快反应的速率（常用 Fe 催化剂）。因此，研究反应机理，能为控制反应产物、反应速率提供依据。还有，研究反应机理，有助于了解分子结构，如化学键的构成、强弱等，因为反应过程是旧键破裂与新键形成的过程。从理论上讲，由反应分子结构可以推测反应机理，但这相对更困难。到目前为止，真正搞清楚反应历程的化学反应并不很多。

8.2 化学反应速率

反应开始后，反应物的数量（或浓度）不断降低，生成物的数量（或浓度）不断增加。在大多数反应系统中，反应物（或产物）的浓度随时间的变化往往不是线性关系，开始时反应物的浓度较大，反应速率较快，单位时间内得到的产物也较多。而在反应后期，反应物的浓度变小，反应较慢，单位时间内得到的生成物的数量也较少。但也有些反应，反应开始时需要有一定的诱导时间（如链反应），反应速率极低，然后不断加快，达到最大值后才由于反应物的消耗而逐渐降低。一些自催化反应也有类似的情况。从浓度随时间的变化曲线可以提供反应类型的信息，如图 8-1 所示。

物理学中的“速度（velocity）”是矢量，有方向性，而“速率（rate）”是标量。本章采用标量“速率”来表示浓度随时间的变化率。为了描述化学反应的进展情况，可以用反应物浓度随时间不断降低来表示，也可用生成物浓度随时间不断升高来表示。但由于在反应式中生成物和反应物的化学计量数不尽一致，所以用反应物或生成物的浓度变化率来表示反应速率时，其数值未必一致。但若采用反应进度（ξ）随时间的变化率来表示反应速率，则不会产生这种矛盾。

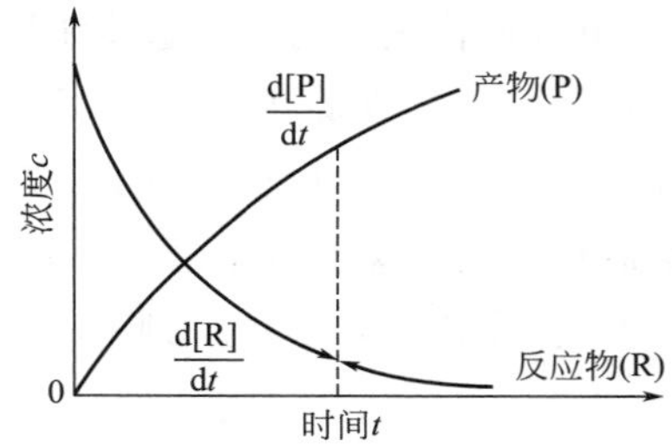

图 8-1　化学反应过程中反应速率的变化

（1）反应的转化速率

对于反应 $\alpha R \longrightarrow \beta P$（$\alpha$、$\beta$ 为计量系数），若反应开始时（$t=0$），反应物 R 和生成物 P 的物质的量分别为 $n_R(0)$ 和 $n_P(0)$，当反应时间为 t 时，物质的量分别为 $n_R(t)$ 和 $n_P(t)$，则反应进度为

$$\xi(t) \equiv \frac{n_R(t)-n_R(0)}{-\alpha} = \frac{n_P(t)-n_P(0)}{\beta} \tag{8-1}$$

当有 αmol 的 R 转化为 βmol 的 P 时，反应进度 $\xi=1$；或者说，反应完成了一个计量反应式的转化时，反应进度 $\xi=1$。反应进度 ξ 是一个广延量，是反应转化量的度量。

对反应物的计量系数（α）取负值，生成物的计量系数（β）取正值。将式（8-1）对 t 微分，得到在某个时刻 t 反应进度的变化率，即称为反应的转化速率：

$$\frac{d\xi}{dt} = -\frac{1}{\alpha}\frac{dn_R(t)}{dt} = \frac{1}{\beta}\frac{dn_P(t)}{dt} \tag{8-2}$$

（2）反应速率（r）

单位体积内反应进度 ξ 随时间的变化率叫反应速率。化学反应速率 r 可以定义为

$$r \equiv \frac{1}{V} \times \frac{d\xi}{dt} = \frac{1}{V} \times \frac{1}{-\alpha} \frac{dn_R(t)}{dt} = \frac{1}{V} \times \frac{1}{\beta} \frac{dn_P(t)}{dt} \tag{8-3}$$

式中，V 为反应系统的体积，则在恒容条件下式（8-3）可写为

$$r = -\frac{1}{\alpha} \times \frac{d[R]}{dt} = \frac{1}{\beta} \frac{d[P]}{dt} \tag{8-4}$$

一般地有：

$$r = \frac{1}{\nu_i} \times \frac{dc_i}{dt} \tag{8.5}$$

本章所讨论的反应均为等容、均相反应，如液相反应、恒容气相反应。

（3）多相催化反应

例如合成氨，气、固两相反应，其中固相为 Fe 催化剂，气相为 N_2、H_2 和 NH_3 等。固定床流动反应系统的反应速率可定义为：

$$r \equiv \frac{1}{Q} \times \frac{d\xi}{dt} \tag{8-6}$$

（单位催化剂量时反应进度随时间变化率）

式中，Q 代表催化剂的用量，可以是催化剂的 m（质量）、V（表现体积）或 A（表面积），其分别对应的 r 的意义为单位质量催化剂反应速率（催化剂比活性）、单位体积催化剂反应速率或单位表面积催化剂反应速率。

若 Q 用质量 m 表示，则

$$r_m = \frac{1}{m} \times \frac{d\xi}{dt} \tag{8-7}$$

式中，r_m 为在给定条件下催化剂的比活性，mol/（kg·s）。

如果 Q 用催化剂的表观体积 V（包括粒子自身的体积和粒子间的空间）表示，则

$$r_V = \frac{1}{V} \times \frac{d\xi}{dt} \tag{8-8}$$

式中，r_V 为每单位体积催化剂的反应速率，mol/（L·s）。

如果 Q 用催化剂的表面积 A 来表示，则

$$r_A = \frac{1}{A} \times \frac{d\xi}{dt} \tag{8-9}$$

IUPAC 建议，称 r_A 为表面反应速率，其单位为 mol/（m^2·s）。

8.3 化学反应的速率方程

8.3.1 基元反应

通常的化学方程式不代表真正实际的反应历程，仅为反应物与最终产物之间的化学计量关系，从反应式（总反应式）看不出反应的中间历程。

例如常见的（气相）反应：

$$H_2 + I_2 \longrightarrow 2HI \quad (1)$$

$$H_2 + Cl_2 \longrightarrow 2HCl \quad (2)$$

虽然计量式相同，各自的反应机理却不同。

反应（1）　$I_2 + M \longrightarrow 2I + M$（M 为反应壁或其他惰性物）

$H_2 + 2I \longrightarrow 2HI$

反应（2）　$Cl_2 + M \longrightarrow 2Cl + M$（链引发）

$H_2 + Cl \longrightarrow HCl + H$（链增长）

$Cl_2 + H \longrightarrow HCl + Cl$（链增长）

……

$Cl + Cl + M \longrightarrow Cl_2 + M$（链中止）

上述反应历程中的每一步反应都是分子间同时相互碰撞作用后直接得到产物，这样的反应叫基元反应。

相应地，反应（1）$H_2 + I_2 \longrightarrow 2HI$，反应（2）$H_2 + Cl_2 \longrightarrow 2HCl$，叫总反应，它由几个基元反应组成。

8.3.2　速率方程

经验证明，基元反应的速率方程比较简单，其反应速率与反应物浓度（含有相应的指数）的乘积成正比，其中各浓度的指数就是反应式中各反应物质的计量系数。

例如，基元反应：$2I + H_2 \longrightarrow 2HI$

反应速率：$r \propto [I \cdot]^2 [H_2]$

速率方程：$r = k[I]^2[H_2]$

基元反应：$2Cl + M \longrightarrow Cl_2 + M$

速率方程：$r = k[Cl \cdot]^2[M]$

式中，k 为速率常数，其大小相当于各反应物浓度为单位浓度（$c^{\ominus}$）时的反应速率；（指数为计量系数）。基元反应的这个规律称为质量作用定律。该定律只能适用于基元反应。

对于非基元反应（总包反应），不能用质量作用定律直接得到速率方程。需要通过实验手段，确定反应历程。几乎所有实际的总包反应都是复杂反应，即非基元反应，故动力学研究是一门实验科学。

8.3.3　反应级数

若反应（包括基元反应或复杂反应）的速率方程：$r = r(c_1, c_2, \cdots, c_i, \cdots)$ 可表示为浓度项的幂乘积：

$$r = c_1^{\alpha} c_2^{\beta} \cdots c_i^{\gamma} \cdots \tag{8-10}$$

但不一定遵从质量作用定律，则各浓度项指数的代数和：

$$n = \alpha + \beta + \cdots + \gamma + \cdots \tag{8-11}$$

称该反应的反应级数（n）。

例如，总包反应：$H_2 + Cl_2 \longrightarrow 2HCl$

速率方程：$r = k[H_2][Cl_2]^{1/2}$

反应级数：$n=1+\frac{1}{2}=1.5$（1.5 级反应）

上述反应中，若反应物 Cl_2 过量很多，反应过程中［Cl_2］几乎不变，可作常数处理，则：

$$r=k[H_2][Cl_2]^{1/2}$$
$$r=k[Cl_2]^{1/2}[H_2]\approx k'[H_2]$$

此时反应级数 $n'=1$，或称此时为准 1 级反应。

同理，若［H_2］很大而过量很多，则为准 0.5 级反应。

（1）基元反应的反应级数：

基元反应具有简单的整数级数：$n=0$，1，2，3。

3 级反应已很少，无 4 级反应；$n=0$ 表示反应速率与反应物浓度无关，如某些条件下的表面催化反应。

（2）非基元反应的反应级数：

由于速率方程较复杂，往往没有简单的整数级数；反应级数可整数、分数、正数、负数，有时还无法确定。

8.3.4 反应的分子数

这里所说的反应分子数实际上是指参加反应的物种数，其与反应的级数不同。从微观的角度看，参加基元反应的分子数只可能是 1，2 或 3。对于基元反应或简单反应，通常其反应级数和反应的分子数是相同的。例如，反应 $I_2\longrightarrow 2I$ 是单分子反应，也是一级反应。反应 $2NO_2$（g）$\longrightarrow 2NO$（g）$+O_2$（g）是双分子反应，也是二级反应。但也有些基元反应表现出的反应级数与反应分子数不一致，例如，乙醚在 500℃左右的热分解反应是单分子反应，也是一级反应，但在低压下则表现为二级反应。这是实验结果，表明该反应在不同压力下有不同的反应级数。又如一些通常情况下是二级反应的双分子反应，在某种情况下也可以成为一级反应。

总之，反应的级数和反应分子数属于不同范畴的概念，尽管在通常情况下二者常具有相同的数值，但其意义是有区别的。反应级数是对于宏观的总包反应而言的，而反应分子数是对于微观的基元反应来说的。反应级数可以是整数、分数、零或负数等各种不同的形式，有时甚至无法用简单数字来表示。而反应分子数的值只能是不大于 3 的正整数。

8.4 具有简单级数的反应

具有简单反应级数（如 $n=1$，2，3 等）反应的速率方程在微分表达式、积分表达式、半衰期计算公式、速率常数 k 的量纲、浓度与时间变化曲线关系等方面都各有其对应的特征。具有简单级数的反应不一定是基元反应，但是，只要该反应具有简单的反应级数，它就具有该级数反应所具有的全部特征。本节主要讨论反应级数为 1 和 2 的反应的特征。

8.4.1 一级反应

凡是反应速率只与反应物浓度的一次方呈正比的反应称为一级反应。一些放射性元素的衰变反应、一些有机化合物的分子重排反应（如顺丁烯二酸转化为反丁烯二酸）、蔗糖水解反应及五氧化二氮的分解反应等都属于一级反应。

设有某一级反应：

$$A \xrightarrow{k_1} P$$

反应速率方程的微分式为 $r=-\dfrac{d[A]}{dt}=k_1[A]$

式中，[A] 为时刻 t 的浓度。

解微分方程：
$$\frac{d[A]}{[A]}=-k_1 dt$$

定积分：
$$\int_{[A]_0}^{[A]}\frac{d[A]}{[A]}=-\int_0^t k_1 dt \tag{8-12}$$

则有

$$\ln\frac{[A]}{[A]_0}=-k_1 t \tag{8-13}$$

或
$$[A]=[A]_0 e^{-k_1 t}$$

反应的速率常数 k_1 的量纲为 [时间]$^{-1}$。

以时间 t 对 [A] / $[A]_0$ 作图可得到图 8-2，可以看到，反应物 [A] 随时间呈指数衰减。

反应物 [A] 下降到它的一半值所需要的时间称反应的半衰期，用 $t_{1/2}$ 表示。

根据定义，取 $[A]=\dfrac{1}{2}[A]_0$，则 $t=t_{1/2}$。

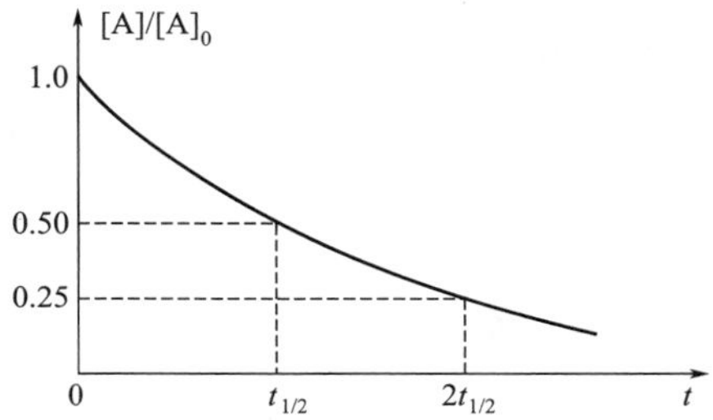

图 8-2　一级反应的反应物 A 的浓度随时间指数衰减线形图

代入方程：

$$\ln\frac{[A]}{[A]_0}=-k_1 t \Rightarrow \ln\frac{\frac{1}{2}[A]_0}{[A]_0}=-k_1 t_{1/2} \tag{8-14}$$

可得
$$t_{1/2}=\frac{\ln 2}{k_1}=\frac{0.6932}{k_1} \tag{8-15}$$

由式（8-15）可知，一级反应的半衰期与反应速率常数 k_1 成反比，与反应物的起始浓度无关。“对于给定的反应，$t_{1/2}$ 是一个常数”——这是一级反应的一个判据。

一级反应的特点：

a. k_1 的单位为 s^{-1}；

b. $\ln c$ 与 t 呈线性关系；

c. 反应不完全；

d. 半衰期与 c_0 无关，$t_{1/2}=\dfrac{\ln 2}{k_1}$。

例 8-1 某金属钚的同位素进行β放射，经 14d 后，同位素的活性降低 6.85%。试求，(1) 此同位素的蜕变常数和半衰期；(2) 此同位素要分解 90.0%，需经过多长时间？

解：设反应开始时物质的量为 100%，14d 后剩余未分解者为 (100－6.85)%，代入式 (8-13)：

$$k_1=\frac{1}{t}\ln\frac{a}{a-x}=\frac{1}{14\mathrm{d}}\ln\frac{100}{100-6.85}=0.00507\mathrm{d}^{-1}$$

代入式 (8-15)，得

$$t_{1/2}=\frac{\ln 2}{0.00507}=136.7\mathrm{d}$$

代入式 (8-14)，得

$$t=\frac{1}{k_1}\ln\frac{1}{1-y}=\frac{1}{0.00507\mathrm{d}^{-1}}\ln\frac{1}{1-0.9}=454.2\mathrm{d}$$

8.4.2 二级反应

凡是反应速率和反应物浓度的二次方成正比的反应称为二级反应。二级反应最为常见，例如乙烯、丙烯和异丁烯的二聚作用，乙酸乙酯的皂化，碘化氢、甲醛的热分解等都是二级反应。

二级反应一般有两种形式：

(1)

$$A+B\xrightarrow{k_2}P\ (A\neq B)$$

$$r=k_2[A][B]$$

(2)

$$2A\xrightarrow{k_2}P$$

$$r=k_2[A]^2$$

对于上述反应 (1)，若以 a、b 代表 A 和 B 的初始浓度，经 t 时间后有浓度为 x 的 A 和等量的 B 发生了反应，则在 t 时刻，A 和 B 的浓度分别为 $(a-x)$ 和 $(b-x)$。

反应式如下：

$$A+B\xrightarrow{k_2}P$$

	A	B	P
$t=0$	a	b	0
$t=t$	$a-x$	$b-x$	x

$$r=-\frac{\mathrm{d}c_A}{\mathrm{d}t}=\frac{\mathrm{d}x}{\mathrm{d}t}=k_2(a-x)(b-x)$$

若 $a=b$，则

$$\frac{\mathrm{d}x}{\mathrm{d}t}=k_2(a-x)^2$$

$$\frac{\mathrm{d}x}{(a-x)^2}=k_2\mathrm{d}t$$

积分后，

$$\int_o^x \frac{dx}{(a-x)^2}=\int_0^t k_2 dt$$

$$\frac{1}{a-x}-\frac{1}{a}=k_2 t \tag{8-16}$$

半衰期

$$t_{1/2}=\frac{1}{k_2}\left(\frac{1}{a-\frac{1}{2}a}-\frac{1}{a}\right)=\frac{1}{k_2 a} \tag{8-17}$$

若 $a\neq b$，则

$$\frac{dx}{dt}=k_2(a-x)(b-x)$$

积分后，

$$\frac{1}{a-b}\ln\frac{b(a-x)}{a(b-x)}=k_2 t \tag{8-18}$$

二级反应的半衰期与反应物的起始浓度成反比，k_2 的量纲为 [浓度]$^{-1}$·[时间]$^{-1}$。

若反应中 A 大量过剩，$[A]_0 \gg [B]$，则 $r=k_2[A][B]\approx k_2[A]_0[B]=k'[B]$，即此时反应可称为准一级反应。

对于反应（2），反应式如下：

$$2A \xrightarrow{k_2} P$$

$t=0$	a	0
$t=t$	$a-x$	$1/2x$

$$r=-\frac{1}{2}\times\frac{d[A]}{dt}=-\frac{1}{2}\times\frac{d(a-x)}{dt}$$

即

$$\frac{1}{2}\times\frac{dx}{dt}=k_2(a-x)^2$$

积分后，

$$\frac{1}{a-x}-\frac{1}{a}=2k_2 t$$

$$t_{1/2}=\frac{1}{2ak_2}$$

从反应（2）可得出简单二级反应的特点：

a. k_2 的单位为 $dm^3/(mol\cdot s)$；

b. $1/c$ 线性正比于 t；

c. 反应不完全；

d. 半衰期 $t_{\frac{1}{2}}=\frac{1}{k_2 c_0}$。

例 8-2　在 791K 时，在定容下乙醛的分解反应为：

$$2CH_3CHO(g) \longrightarrow 2CH_4(g)+2CO(g)$$

若乙醛的起始压力 P_0 为 48.4kPa，经一定时间 t 后，容器内的总压力 $P_总$ 为：

t/s	42	105	242	384	665	1070
$P_{总}$/kPa	52.9	58.3	66.3	71.6	78.3	83.6

试证明该反应为二级反应。

证明：乙醛的起始压力为 P_0

$$2CH_3CHO(g) \longrightarrow 2CH_4(g) + 2CO(g)$$

$$\begin{array}{llll} t=0 & P_0 & 0 & 0 \\ t=t & P_0-P & P & P \end{array}$$

假设该反应为二级反应，则有

$$\frac{dP}{dt}=2k_P(P_0-P)^2=k'_P(P_0-P)^2$$

上式积分后，得 $$k'_P=\frac{1}{t}\frac{P}{P_0(P_0-P)}$$

代入不同 t 时刻的 P 值，计算所得的 k'_P 值确为常数，符合二级反应特征，其平均值 $k'_P=5.04\times10^{-3}$ $(kPa)^{-1}\cdot s^{-1}$，计算结果列于下表：

t/s	42	105	242	384	665	1070
P/kPa	4.5	9.9	17.9	23.2	29.9	35.2
$\frac{k'_P\times10^3}{(kPa)^{-1}\cdot s^{-1}}$	5.04	5.06	5.01	4.95	5.02	5.15

证明假设成立，该反应为二级反应。

8.4.3 零级反应

反应速率与物质的浓度无关者称为零级反应（zeroth order reaction）。其速率方程可表示为

$$r=-\frac{dc_A}{dt}=k_0 \text{或} r=\frac{dx}{dt}=k_0$$

则有，
$$x=k_0t \tag{8-19}$$

取 $x=\frac{a}{2}$代入式（8-19），可得：$t_{1/2}=\frac{a/2}{k_0}=\frac{a}{2k_0}$ (8-20)

k_0 的量纲为［浓度］·［时间］$^{-1}$。

零级反应的特点：

a. k_0 的单位为 mol/（m^3·s）；

b. c 正比于 t（线性关系）；

c. 反应可完全进行；

d. 半衰期 $t_{1/2}=\frac{c_A^0}{2k_0}$。

8.5 反应级数的测定

动力学方程都是根据大量的实验数据或用拟合法来确定的。对于有如下形式的速率方程（有些复杂反应有时也可简化为这样的形式）：

$$r=k\,[A]^{\alpha}\,[B]^{\beta}$$

确定动力学方程的关键是首先要确定级数（指数）α，β，…的数值，这些数值不同，其速率方程的积分形式也不同。

以下主要介绍一些确定级数和反应速率常数的常用方法。

8.5.1 积分法

积分法利用速率方程的积分式来确定反应级数。包括：a. 尝试法，b. 图解法，c. 半衰期法。

（1）尝试法

利用实验数据（起始浓度 c_0 和一定时间对应的浓度 c）代入各级反应的积分式中，计算 k。

如果实际反应的级数正好是所选择代入的级数，那么不同时间间隔的实验数据计算出的 k 值将相等。

例如：$C_2H_5ONa+C_2H_5(CH_3)_2SI \longrightarrow NaI+C_2H_5OC_2H_5+S(CH_3)_2$

$$r=k[C_2H_5ONa]^{\alpha}[C_2H_5(CH_3)_2SI]^{\beta}$$

反应简写成：$A+B \rightarrow P$

$\gamma=k\ [A]^{\alpha}\ [B]^{\beta}$

实验数据及 k 的计算值见表 8-1、表 8-2。

表 8-1　$C_2H_5ONa+C_2H_5(CH_3)_2SI$ 反应在 337.10K 的实验数据

t/s	$10^2[A]/(mol/dm^3)$	$10^2[B]/(mol/dm^3)$
0	9.625	4.920
720	8.578	3.878
1200	8.046	3.342
1800	7.485	2.783
2520	6.985	2.283
3060	6.709	2.005
3780	6.386	1.682

利用一、二级反应速率方程计算 k 值。

表 8-2　尝试法计算 $C_2H_5ONa+C_2H_5(CH_3)_2SI$ 反应 k 的计算值

分级数	$\alpha=0$	$\alpha=1$	$\alpha=0$	$\alpha=2$	$\alpha=0$	$\alpha=1$
	$\beta=0$	$\beta=0$	$\beta=1$	$\beta=0$	$\beta=2$	$\beta=1$
k / t	$\times10^3$	$\times10^4$	$\times10^4$	$\times10^3$	$\times10^3$	$\times10^3$
720	1.454	1.599	3.313	1.764	7.579	3.642
1200	1.108	1.143	3.088	1.604	7.357	3.678
1800	0.935	1.205	3.051	1.550	10.02	3.760
2520	1.042	0.960	2.751	1.333	10.93	3.773
3060	0.511	0.747	2.405	1.093	11.11	3.731
3780	0.449	0.685	2.440	1.042	13.32	3.729

因此，反应速率方程为：$r=k[A][B]$

尝试法依赖实验数据，对于没有简单级数的反应，尝试法则无法确定反应级数。有时候实验的误差会导致有争议的结果。

(2) 图解法

根据反应方程的线性关系特征来判断反应级数(见表 8-3)。

表 8-3 不同反应级数对应的浓度和时间关系

级数	线性关系
0	c-t
1	$\ln c$-t
2	$1/c$-t

例如:反应 $A \longrightarrow P$,

有 $r=k\ [A]^{\alpha}$

反应的动力学数据(初始浓度为 1.000mol/dm^3):

t/s	c/(mol/dm^3)	t/s	c/(mol/dm^3)
500	0.606	3000	0.050
1000	0.368	3500	0.030
1500	0.223	4000	0.018
2000	0.135	4500	0.011
2500	0.082	5000	0.007

从图 8-3～图 8-5 可得到,该反应为一级反应。

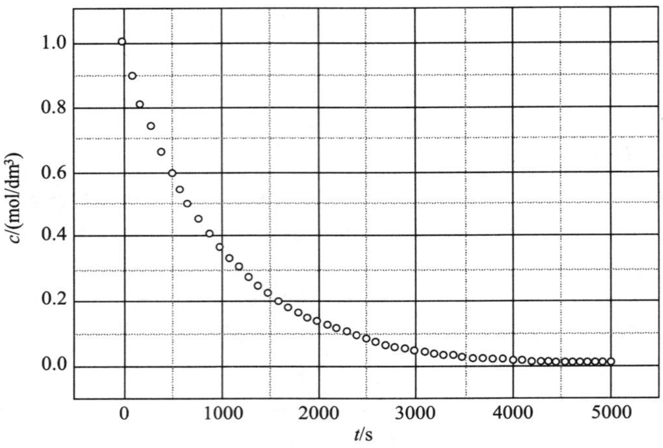

图 8-3 c 与 t 关系图

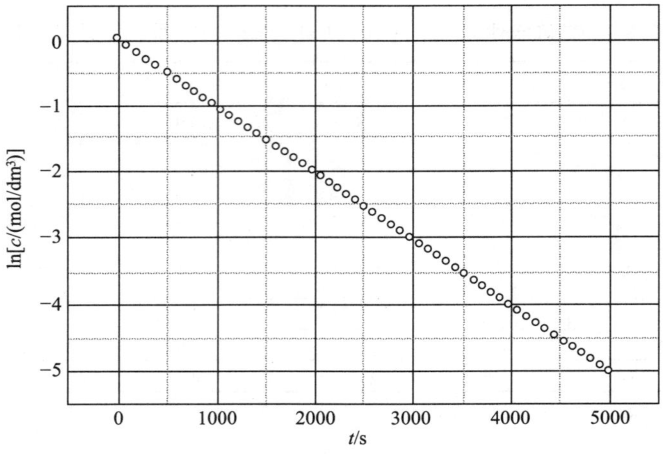

图 8-4 $\ln c$ 与 t 关系图

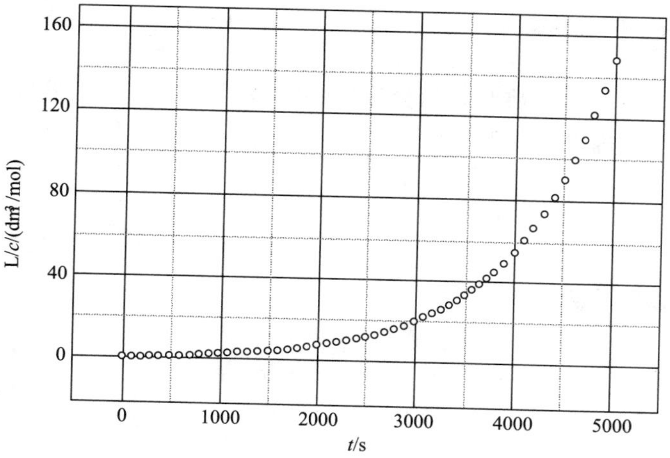

图 8-5　$1/c$ 与 t 关系图

（3）半衰期法

此法适用于速率表达式形如：

$$r = k\,[\mathrm{A}]^{n}$$

半衰期与反应物的初始浓度的 $1-n$ 次方呈正比。

$$t_{1/2} = k' c_0^{1-n}$$

式中

$$k' = \frac{2^{n-1}-1}{(n-1)\,k}\quad（除\ n=1）$$

① 若 $n=1$，则半衰期 $t_{1/2}=\dfrac{\ln 2}{k}$与初始浓度 c_0 无关；

② 若 $n\neq 1$，则同一反应在不同的初始浓度 c_0、c'_0 时的半衰期为：

$\ln t_{1/2} = \ln k' + (1-n)\ln c_0$，$\ln t'_{1/2} = \ln k' + (1-n)\ln c'_0$

两式相减得到

$$n = 1 - \frac{\ln \dfrac{t_{1/2}}{t'_{1/2}}}{\ln \dfrac{c_0}{c'_0}}$$

通过计算可确定反应级数。

例如，$NH_4OCN \longrightarrow CO(NH_2)_2$

c_0/(mol/dm³)	0.05	0.10	0.20
$t_{1/2}$/h	37.03	19.15	9.45

代入公式，可得

$$n_1 = 2.051,\quad n_2 = 2.019$$

因此，可确定 $n=2$，为二级反应。

8.5.2 微分法

当反应级数是简单的整数时，积分法的结果较好。当级数是分数时，很难尝试成功，可应用微分法来确定。

假设反应为

$$\mathrm{A} \longrightarrow \text{产物}$$

速率方程的微分式为：

$$r_{\mathrm{A}}=-\frac{\mathrm{d}c_{\mathrm{A}}}{\mathrm{d}t}=kc_{\mathrm{A}}{}^{n}$$

将上式求对数：

$$\ln r_{\mathrm{A}}=\ln k+n\ln c_{\mathrm{A}}$$

先根据实验数据，将浓度 c 对时间 t 作图，然后在不同的浓度 c_1，c_2，…各点上求曲线对应的斜率 r_1，r_2，…再以 $\ln c$ 和 $\ln r$ 获得直线的斜率，即为反应级数。

由于在绘图或计算中所用到的数据是 r（即 $-\frac{\mathrm{d}c}{\mathrm{d}t}$），所以称为微分法。用此方法求级数，不仅可以处理级数为整数的反应，也可以处理级数为分数的反应。

采用微分法确定级数时，最好使用开始时的反应速率值，即用一系列不同的初始浓度作出不同时间 t 对 c 的曲线，然后在不同的初始浓度处求出相应的斜率（即 $-\frac{\mathrm{d}c}{\mathrm{d}t}$）。采用初始浓度法的优点是可以避免反应产物的干扰。

8.6 几种典型的复杂反应

前面讨论的都是比较简单的反应。如果一个化学反应是由两个（或两个以上）基元反应以各种方式相互联系起来的，则这种反应就是复杂反应。其实，具有简单级数的反应仍是复杂反应而非基元反应，尽管有时其速率方程刚好与质量作用定律相符，但它还是复杂反应中一类特殊的反应。除非特别说明，一般给出的反应均为总包反应而非基元反应。

以下只讨论几种典型的复杂反应，即对峙反应、平行反应（竞争反应）、连续反应（连串反应），这些都是基元反应最简单的组合。链反应也是复杂反应，但由于其具有特殊的规律，在后面进行讨论。

8.6.1 对峙反应

在讨论简单级数反应时，我们曾假定反应“不可逆”，即忽略了“逆向”反应，这一假设只有当平衡常数无限大时，或者在反应初始阶段才严格成立。

在正、反两个方向上都能进行的反应叫做对峙反应，也称为可逆反应。例如：

$$\left\{\begin{matrix} A \underset{k_{-1}}{\overset{k_1}{\rightleftharpoons}} B \\ A+B \underset{k_{-1}}{\overset{k_2}{\rightleftharpoons}} C \\ A \underset{k_{-2}}{\overset{k_1}{\rightleftharpoons}} B+C \\ A+B \underset{k_{-1}}{\overset{k_2}{\rightleftharpoons}} C+D \end{matrix}\right\}$$

上述反应即为“对峙反应”，所标的速率常数 k_1、k_2…并不一定与反应级数对应，因为正反应、逆反应并非基元反应。在此只考虑具有简单级数的对峙反应。

例 8-3　1-1 型对峙反应，求正、逆反应的速率常数

$$A \underset{k_{-1}}{\overset{k_1}{\rightleftharpoons}} B$$

	$t=0$	a	0
	$t=t$	$a-x$	x
平衡时	$t=t_e$	$a-x_e$	x_e

下标“e”表示平衡。

设定正、逆反应均为具有简单级数的反应，则总包反应速率（净的向右速率）：

$$r=-\frac{d[A]}{dt}=\frac{dx}{dt}=k_1[A]-k_{-1}[B]=k_1(a-x)-k_{-1}x \tag{8-21}$$

当 $t=t_e$，$r=\dfrac{dx}{dt}=0$，$x=x_e$，即

$$k_1(a-x_e)=k_{-1}x_e$$

得平衡常数：

$$K=\frac{x_e}{a-x_e}=\frac{k_1}{k_{-1}} \tag{8-22}$$

代入反应速率表达式：

$$r=k_1(a-x)-k_{-1}x=k_1(a-x)-k_1\frac{a-x_e}{x_e}x=k_1\frac{a(x_e-x)}{x_e}=\frac{dx}{dt}$$

得

$$\frac{dx}{x_e-x}=\frac{k_1 a}{x_e}dt$$

积分：$\displaystyle\int_0^{x_e}\frac{dx}{x_e-x}=\frac{k_1 at}{x_e}\Rightarrow \ln\frac{x_e}{x_e-x}=\frac{k_1 at}{x_e}\Rightarrow k_1=\frac{x_e}{at}\ln\frac{x_e}{x_e-x}$

当无可逆反应，即 $K\to\infty$，即 $x_e\to a$ 时，上式还原为一级反应速率方程（积分式）：

$$k_1=\frac{1}{t}\ln\frac{a}{a-x}$$

而 $k_{-1}=\dfrac{a-x_e}{x_e}k_1=\dfrac{a-x_e}{at}\ln\dfrac{x_e}{x_e-x}$

得

$$(k_1+k_{-1})t=\ln\frac{x_e}{x_e-x} \tag{8-23}$$

可见，正、逆反应越快，趋于平衡的速率越快。

对于其他类型的对峙反应，可用类似方法处理；关键是利用平衡时正、逆反应速率

相等，总包反应的速率为零。

8.6.2 平行反应(竞争反应)

一种物质能以几种途径进行反应，得到几种产品，称为平行反应（有机物的反应常常有此情况）。如甲苯的邻位、间位和对位硝化，氯苯的邻位、对位再氯化等。

对于两个不可逆的一级平行反应（最简单情况），例如

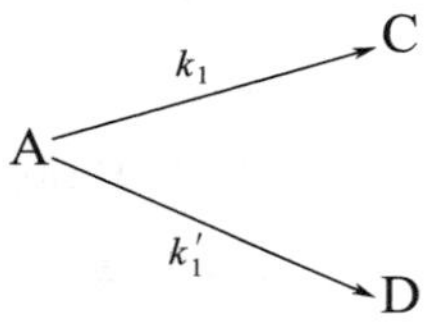

该反应的反应速率：

$$r=-\frac{\mathrm{d}[\mathrm{A}]}{\mathrm{d}t}=k_1[\mathrm{A}]+k'_1[\mathrm{A}]=(k_1+k'_1)[\mathrm{A}]$$

$$[\mathrm{A}]=[\mathrm{A}]_0\mathrm{e}^{-(k_1+k'_1)t}=a\mathrm{e}^{-(k_1+k'_1)t}$$

$$\ln\frac{a}{a-x}=(k_1+k'_1)t \qquad (8\text{-}24)$$

总反应仍为一级反应，k 叠加。

$$\frac{\mathrm{d}[\mathrm{C}]}{\mathrm{d}t}=k_1[\mathrm{A}]=k_1a\mathrm{e}^{-(k_1+k'_1)t}$$

$$[\mathrm{C}]=\int_0^t\mathrm{d}[\mathrm{C}]=\int_0^t k_1a\mathrm{e}^{-(k_1+k'_1)t}\mathrm{d}t=\frac{k_1a}{k_1+k'_1}[1-\mathrm{e}^{-(k_1+k'_1)t}]$$

$$[\mathrm{D}]=\frac{k'_1a}{k_1+k'_1}[1\text{-}\mathrm{e}^{-(k_1+k'_1)t}]$$

在同一反应时刻： $[\mathrm{C}]/[\mathrm{D}]=k_1/k'_1$ (8-25)

在平行反应中，任一时刻的产物 C 和 D 的产量比与其速率常数比相同，测定 $[\mathrm{C}]/[\mathrm{D}]$ 可确定 k_1/k'_1；测定反应物的 $[\mathrm{A}]$ -t，可求速率常数 $k=k_1+k'_1$，最后可得到 k_1，k'_1。如果 $k_1/k'_1\gg1$，则前者为“主反应”，后者为“副反应”。因此在生产中采用适当的催化剂（提高主反应的选择性），改变温度（使反应有利于主反应）等手段消除副反应。

8.6.3 连续反应(连串反应)

有很多化学反应是经过连续几步才完成的，前一步的反应产物成为下一步的反应物，如此连续多步进行的反应称为连续反应。

例如，苯的氯化，生成物氯苯后能进一步与氯作用生成二氯苯、三氯苯等。

最简单的连续反应是两个单项连续的一级反应，一般可表示为如下形式：

$$\begin{array}{llll} & \mathrm{A} \xrightarrow{k_1} & \mathrm{B} \xrightarrow{k_2} & \mathrm{C} \\ t=0 & a & 0 & 0 \\ t=t & [\mathrm{A}] & [\mathrm{B}] & [\mathrm{C}] \end{array}$$

则有

$$\begin{cases}\dfrac{d[A]}{dt}=-k_1[A] & (1)\\ \dfrac{d[B]}{dt}=k_1[A]-k_2[B] & (2)\\ \dfrac{d[C]}{dt}=k_2[B] & (3)\end{cases}$$

$t=0$ 时：$[A]_0=a$，$[B]_0=[C]_0=0$；由方程（1）

$$[A]=a e^{-k_1 t} \tag{8-26}$$

代入方程（2）得一次线性（常）微分方程：

$$\frac{d[B]}{dt}+k_2[B]=k_1 a e^{-k_1 t}$$

通解为：

$$[B]=e^{-\int k_2 dt}\left(\int k_1 a e^{-k_1 t} e^{\int k_2 dt}+M\right)\ (M \text{ 为积分常数})$$

$$=e^{-k_2 t}\left(\int k_1 a e^{(k_2-k_1)t} dt+M\right)$$

边界条件：$t=0$，[B] $=0$ 代入上式得：

$$M=-\frac{k_1 a}{k_2-k_1}$$

因此

$$[B]=e^{-k_2 t}\frac{k_1 a}{k_2-k_1}[e^{(k_2-k_1)t}-1]$$

$$=\frac{k_1 a}{k_2-k_1}[e^{-k_1 t}-e^{-k_2 t}] \tag{8-27}$$

若 $k_1=k_2$，则：

$$[B]=e^{-k_1 t}(\int k_1 a dt+M)=e^{-k_1 t}(k_1 a t+M)$$

$t=0$，[B] $=0$ 代入上式，可得 $M=0$，则

$$[B]=k_1 a t e^{-k_1 t} \tag{8-28}$$

但一般情况下，$k_1 \neq k_2$，所以式（8-28）不常用。

将式（8-26）、式（8-27）代入：

$$[C]=[A]_0-[A]-[B]=a-a e^{-k_1 t}-\frac{k_1 a}{k_2-k_1}(e^{-k_1 t}-e^{-k_2 t})$$

$$[C]=a\left(1-\frac{k_2}{k_2-k_1}e^{-k_1 t}+\frac{k_1}{k_2-k_1}e^{-k_2 t}\right) \tag{8-29}$$

对两个 k_2/k_1 的典型值，分别作 [A]、[B]、[C] -$k_1 t$ 图。

以 k_2：$k_1=6$ 为例，$k_2 \gg k_1$，第一步反应较慢。所以，[A] 的下降也慢。

第二步反应较快，所以 [B] 一直较小，因为中间产物 B 一旦生成即很快转化为 C（如图 8-6），而最终产物 C 的生成速率取决于第一步慢反应（A 的消耗速率）。

将 $k_2 \gg k_1$ 代入式（8-29）得：

$$[C] \approx a(1-e^{-k_1 t}) \ (k_2 \gg k_1)$$

这相当于速率常数为 k_1 的一级慢反应：$A \xrightarrow{k1} C$，产物 C 浓度随时间变化。连续反应终产物生成速率取决于速控步（慢反应）的反应速率。

以 $k_2 : k_1 = 1:6$ 为例（见图 8-7），$k_1 > k_2$，第一步反应较快，所以，[A] 的下降很快，原始反应物 A 很快转化为 B，[B] 上升也很快。

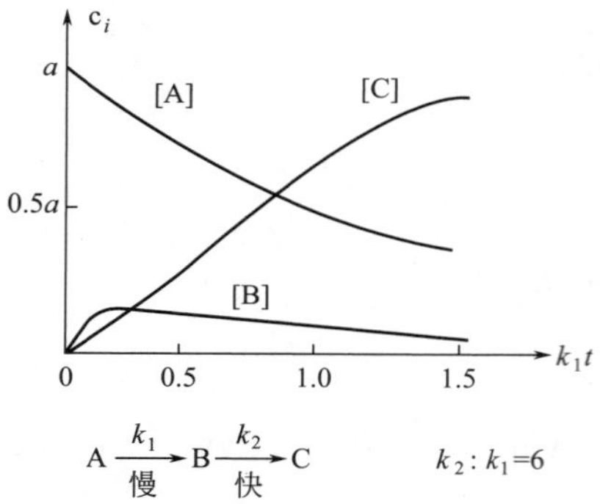

图 8-6　[A]、[B]、[C] -$k_1 t$ 图

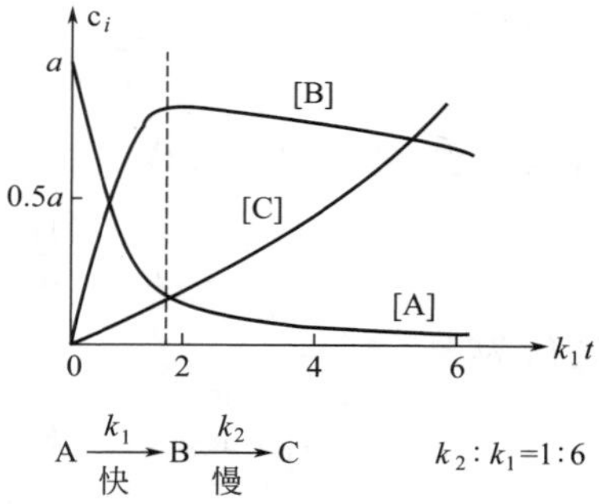

图 8-7　[A]、[B]、[C] -$k_1 t$ 图

因为第二步反应消耗 [B] 较慢，最终产物 C 的速率主要取决于第二步慢反应。将 $k_1 > k_2$ 代入 [C] 表达式得：

$$[C] \approx a(1-e^{-k_2 t}) \ (k_1 \gg k_2)$$

这相当于速率常数为 k_2 的一级慢反应：$A \xrightarrow{k_2} C$，产物 C 浓度随时间变化。

因此，连续反应不论分几步，最终产物的生成速率取决于最慢一步的反应速率（速率决定步骤）。

8.7　温度对反应速率的影响

8.7.1　速率常数与温度的关系——阿伦尼乌斯 (Arrhenius) 公式

温度可以影响反应速率，这是根据经验早已知道的事实。历史上范特霍夫 Van't Hoff 曾根据实验事实总结出一条近似规律，即温度每升高 10K，反应速率大约增加 2～4 倍，用公式表示为

$$\frac{k_{T+10K}}{k_T} = 2 \sim 4$$

如果不需要精确的数据或手边的数据不全，则可根据这个规律大略地估计出温度对反应速率的影响，这个规律称为 Van't Hoff 近似规则。

阿伦尼乌斯研究了许多气相反应的速率，特别是对蔗糖在水溶液中的转化反应做了大量的研究工作。他提出了活化能的概念，并揭示了反应的速率常数与温度的依赖关系，即

$$k = A e^{-\frac{E_a}{RT}} \tag{8-30}$$

式中，k 为温度 T 时反应的速率常数；R 是摩尔气体常数；A 为指前因子；E_a 为

表观活化能。

式（8-30）称为阿伦尼乌斯（Arrhenius）公式。对式（8-30）取对数得：

$$\ln k=-\frac{E_a}{RT}+\ln A \tag{8-31}$$

式（8-31）为阿伦尼乌斯方程。

若假定 A 与 T 无关，则得到微分形式，

$$\frac{\mathrm{d}\ln k}{\mathrm{d}T}=\frac{E_a}{RT^2} \tag{8-32}$$

Arrhenius 公式在化学动力学的发展过程中所起的作用是非常重要的，特别是活化分子的活化能的概念，在反应速率理论的研究中起了很大的作用。大量实验证实，对于几乎所有的均相基元反应和大多数的复杂反应，Arrhenius 公式都相当符合。

8.7.2　反应速率与温度关系的几种类型

总包反应是许多简单反应的综合，因此总包反应的反应速率与温度的关系是比较复杂的。实验表明，反应的温度与速率的关系大致可分以下几类情况。

① k 随 T 升高逐渐加快增大，最常见呈指数关系（见图 8-8）。

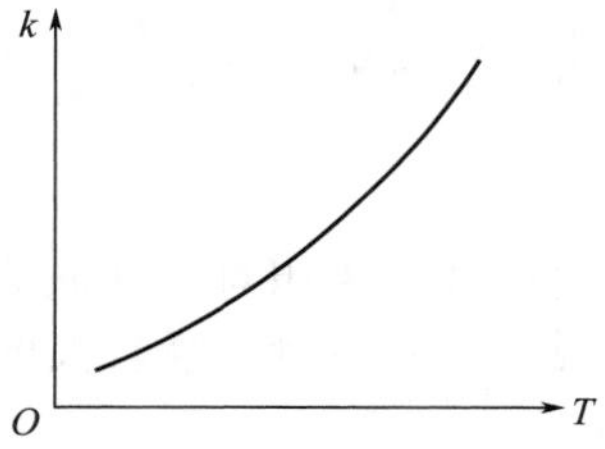

图 8-8　k 随 T 升高的一般规律关系图

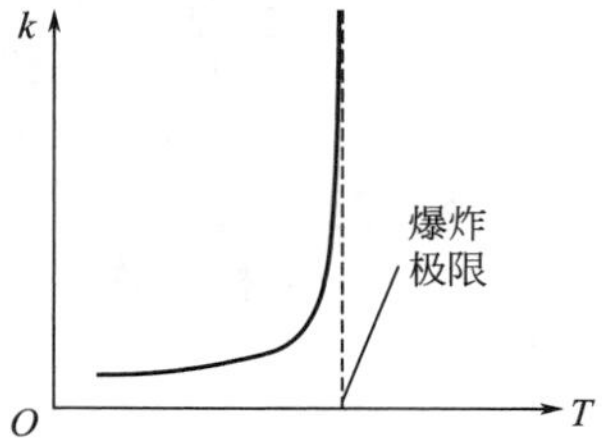

图 8-9　达到爆炸极限温度时 k 随 T 升高的关系图

② 开始时温度对 k 影响不大，当达到一定温度时，反应以极高速率进行——爆炸极限（支链反应，热爆炸）（见图 8-9）。

③ 温度不高情况下，k 随 T 而增加，达到某一值后，升温反而使 k 下降（见图 8-10）。常见于受吸附速率控制的多相催化反应，过高的温度不利于反应气在催化剂表面的吸附活化，使反应 k 值下降。

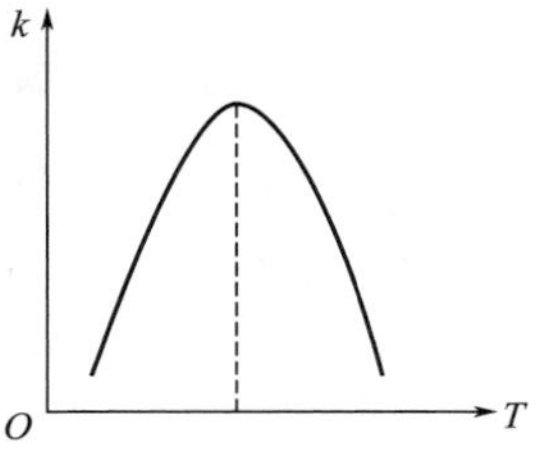

图 8-10　k 随 T 先升高再降低的关系图

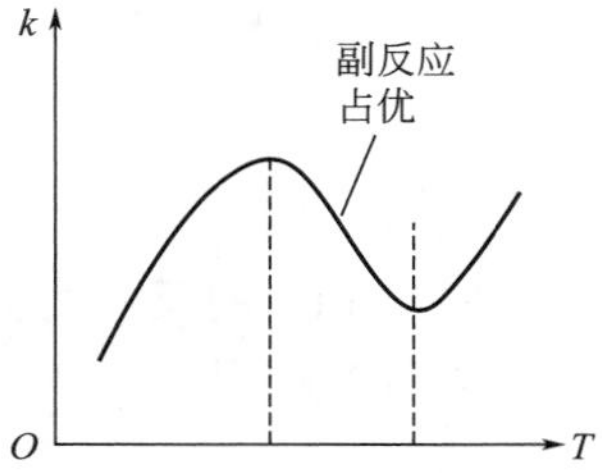

图 8-11　有副反应发生时 k 随 T 变化关系图

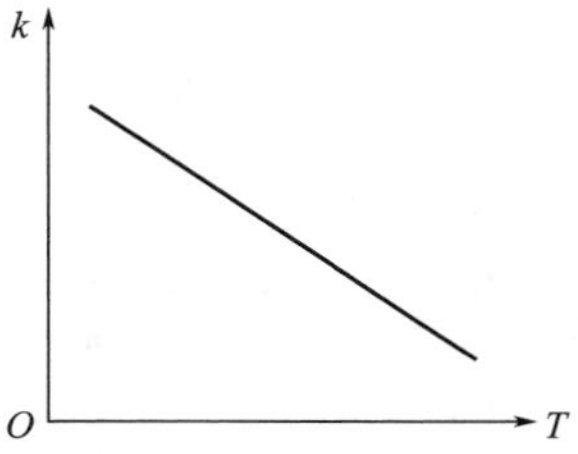

图 8-12　k 随 T 呈线性关系图

④ 由于有副反应发生，而使反应复杂化（如碳的氢化反应）（见图 8-11）。

⑤ 反常反应（如 NO 氧化成 NO_2）（见图 8-12）。

8.7.3 活化能 E_a 与反应速率的关系

（1）活化能定义

在 Arrhenius 经验式中：

$$k = A e^{-E_a/RT} \text{（A 和 } E_a \text{ 都当作常数）}$$

实验证明：当 $E_a \gg RT$（大多数化学反应如此），E_a、A 受温度的影响很小，即可认为 E_a、A 是常数；当反应的温度范围较宽，或对于较复杂的反应，则 $\ln k$-$\frac{1}{T}$ 的曲线不是一条很好的直线，说明 E_a 与温度有关。

例如：

$$R \underset{k'}{\overset{k}{\rightleftharpoons}} P$$

恒容反应：

$$K_c^{\ominus} = \frac{k}{k'}$$

$$\frac{d\ln K_c^{\ominus}}{dT} = \frac{d\ln k}{dT} - \frac{d\ln k'}{dT}$$

代入范特夫公式：

$$\frac{\Delta U_m^{\ominus}}{RT^2} = \frac{d\ln K_c^{\ominus}}{dT} = \frac{d\ln k}{dT} - \frac{d\ln k'}{dT} = \frac{E_a}{RT^2} - \frac{E'_a}{RT^2}$$

$$Q_v = \Delta U_m^{\ominus} = E_a - E'_a$$

（2）E_a 的物理意义

基元反应中，分子相互作用（碰撞）时，至少需要达到某一相对运动能值（阈值），才能使适当的键断裂，从而生成新的化合物。也就是说，只有少量能量较高的分子碰撞才能发生反应。

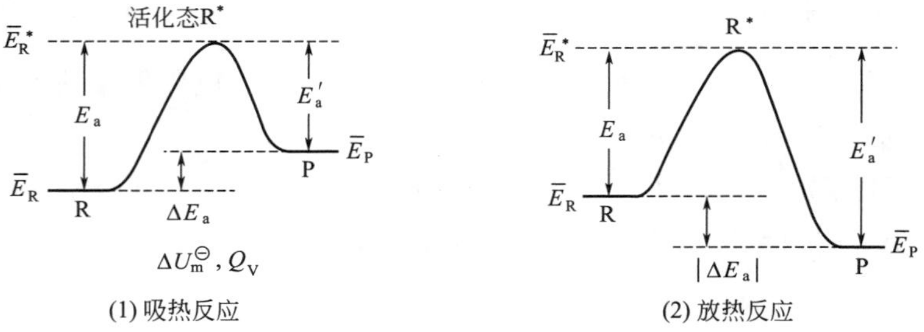

图 8-13　活化能示意

用公式表示为：

$$E_a = \overline{E}^* - \overline{E}_R \tag{8-33}$$

E_a 表示具有平均能量为 $\overline{E}_R$（kJ/mol）的反应物分子要变成平均能量为 $\overline{E}^*$ 的活化分子（能有效碰撞）所需的能量。如图 8-13 所示。

例如，基元反应：

$$R \underset{k'}{\overset{k}{\rightleftharpoons}} P$$

反应物 R 需获能量 E_a 才能越过能垒生成产物 P。即活化能是每摩尔活化分子的平均能量与每摩尔普通分子的平均能量之差。

（3）E_a 对反应速率的影响

$$k=A\mathrm{e}^{-E_a/RT}$$

从上式可得出，E_a 降低，k 增大。由于 E_a 位于指数，因此一定温度下，E_a 对 k 影响很大。例如 300K 时发生的某反应，若 E_a 下降 10kJ/mol，则反应速率比原来快 55 倍。通常化学反应 $E_a=40\sim400$kJ/mol。

工业生产中通常选用合适的催化剂以改变反应历程，降低活化能，使反应速率提高。对于 $E_a<40$kJ/mol 的反应，通过分子的热运动就可使反应在室温下快速反应。实验上需用特殊方法来研究此类反应。对于 $E_a>100$kJ/mol 的反应，反应需加热才能进行。E_a 越大，要求的反应温度也越高。少数反应的 $E_a<0$，这是由于反应速率 k 本身随温度增加而下降。数学表达式为：

$$E_a\equiv RT^2\frac{\mathrm{d}\ln k}{\mathrm{d}T}<0 \tag{8-34}$$

由：$\dfrac{\mathrm{d}\ln k}{\mathrm{d}T}=\dfrac{E_a}{RT^2}$，比较两个反应 k_1，k_2

$$\frac{\mathrm{d}\ln\dfrac{k_1}{k_2}}{\mathrm{d}T}=\frac{E_{a,1}-E_{a,2}}{RT^2}$$

若 $E_{a,1}>E_{a,2}$，即升温使（k_1/k_2）增大，高温相对更有利于 E_a 大的反应；

若 $E_{a,1}<E_{a,2}$，即升温使（k_1/k_2）降低，或降低温度使（k_1/k_2）增大，即低温相对有利于 E_a 小的反应。

① 对于平行反应

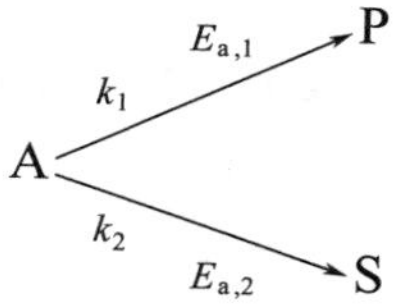

若所需产物为 P，只从动力学角度考虑：若 $E_{a,1}>E_{a,2}$，宜用较高的反应温度；若 $E_{a,1}<E_{a,2}$，宜用较低的反应温度。

② 对于连续反应

$$A\xrightarrow[E_{a,1}]{k_1}P\xrightarrow[E_{a,2}]{k_2}S$$

若所需产物为 P，则要求 k_1/k_2 大，所以：$E_{a,1}>E_{a,2}$ 时，宜用高温；$E_{a,1}<E_{a,2}$ 时，宜用低温。反之，若需产物为 S，则应尽量减少中间物 P 浓度，要求 k_2/k_1 大，则温度条件反过来即可。

（4）活化能 E_a 的求算

① 作图法

根据公式
$$\ln k=\left(-\frac{E_a}{R}\right)\frac{1}{T}+\ln A$$

由实验测得不同温度 T 时的速率常数 k，作图 lnk-1/T，曲线在某一温度的斜率为 $-\dfrac{E_a}{R}$，从而计算活化能 E_a（此法适合于实验数据较多的情况）。

② 计算法　由阿伦尼乌斯公式可得出如下关系式

$$\ln\frac{k_2}{k_1}=\frac{E_a}{R}\left(\frac{1}{T_1}-\frac{1}{T_2}\right)$$

按照实验得出不同温度下的速率常数，代入上式可得到活化能 E_a 值。此法适用于数据较少，且温度变化范围较小情况，E_a 为常数。

可推广应用，一个反应在不同的温度（范围不很大）下达到相同的反应程度所需要的反应时间比为：

$$\ln \frac{t_1}{t_2} = \ln \frac{k_2}{k_1} = \frac{E_a}{R}\left(\frac{1}{T_1} - \frac{1}{T_2}\right) \tag{8-35}$$

③ 估算法（用于基元反应）

例如，基元反应：

$$A_2 + B_2 \longrightarrow 2AB$$

$$A{-}A + B{-}B \xrightarrow{E_a} A\!\!\!\overset{B}{\underset{}{\diamond}}\!\!\!A \xrightarrow{快} 2\,A{-}B$$

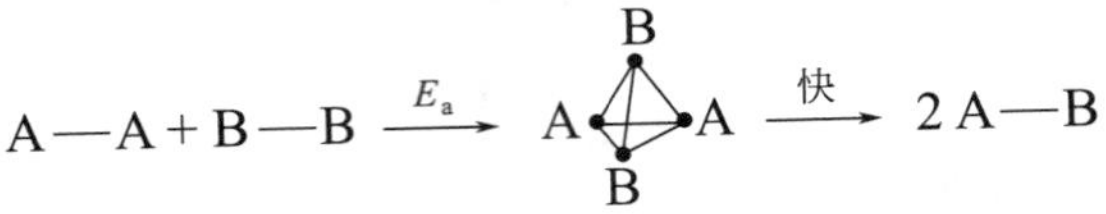

(活化体)寿命很短

这里需要改组的化学键为 A—A（键能 ε_{A-A}）和 B—B（键能为 ε_{B-B}）。分子反应的首要条件是"接触"，在"接触"过程中有一部分分子取得一些能量，否则化学键的改组就不可能进行。但是分子并不需要全部拆散才发生反应，而是先形成一个活化体，活化体的寿命很短，一经形成就很快转化为生成物，所以通常基元反应所需的活化能约占这些待破化学键的 30%。即：

$$E_a = (\varepsilon_{A-A} + \varepsilon_{B-B}) \times 30\%$$

用基元反应所涉及的化学键的键能 ε 来估算 E_a。其结果是经验的、粗糙的，在分析反应速率、反应历程时，仅可作为参考。

8.9 链反应

链反应是一类特殊的化学反应，该反应一旦被（热、光、辐射或其他方法）引发，便能通过活性组分（自由基或原子）相继发生一系列的连续反应，像链条一样使反应自动进行下去。工业上很多重要的工艺过程，如橡胶的合成，塑料、高分子化合物的制备，石油的裂解，碳氢化合物的氧化等都与链反应有关。

链反应包含下列 3 个基本步骤。

① 链的引发　由反应物分子（借助光、热等）生成自由基的反应，其活化能与所需断裂化学键能量是同一量级。

② 链的传递　自由基与分子相互作用的交替过程，其活化能一般小于 40kJ/mol，所以比较容易进行。

③ 链的中止　当自由基被消除（复合）时，链即中止。

根据链的传递方式的不同，链反应可分为直链反应和支链反应。

8.9.1 直链反应

通过一个自由基反应生成另一个自由基的链传递过程进行的链反应叫作直链反应。

以反应 $H_2+Cl_2 \longrightarrow 2HCl$ 为例。

实验得到：$r=\dfrac{1}{2}\dfrac{d[HCl]}{dt}=k[Cl_2]^{1/2}[H_2]$

推测反应历程如下。

① 链的引发：

$$Cl_2+M \xrightarrow{k_1} 2Cl\cdot+M \text{（M：器壁或杂质）}$$

由于 ε_{Cl-Cl}（242.7kJ/mol）$<\varepsilon_{H-H}$（435.1kJ/mol），所以链引发一般总是从 Cl_2 开始；链引发活化能 $E_{a,1}\approx 242.7$kJ/mol。

② 链的增长：

$$\begin{Bmatrix} Cl\cdot+H_2 \xrightarrow{k_2} HCl+H\cdot,\ E_{a,2}=25.0\text{kJ/mol}(<40\text{kJ/mol}) \\ H\cdot+Cl_2 \xrightarrow{k_3} HCl+Cl\cdot,\ E_{a,3}=12.6\text{kJ/mol}(<40\text{kJ/mol}) \\ \cdots\cdots \end{Bmatrix}$$

③ 链中止：

$$2Cl\cdot+M \xrightarrow{k_4} Cl_2+M,\ E_{a,4}=0$$

[HCl] 生成速率：

$$\frac{d[HCl]}{dt}=k_2[Cl\cdot][H_2]+k_3[H\cdot][Cl_2] \tag{8-36}$$

式中包含活性很大的自由基 Cl·和 H·的浓度，由于自由基的活泼性，它只要碰上任何分子或其他自由基都将立即发生反应，所以在反应过程中自由基的浓度极低，而且寿命很短。因此，可以近似认为在反应达到稳定状态后，自由基的浓度基本上不随时间而变化：

$$\frac{d[Cl\cdot]}{dt}=0,\ \frac{d[H\cdot]}{dt}=0$$

这样的处理方法叫稳态近似法。由反应历程：

$$\frac{d[Cl\cdot]}{dt}=2k_1[Cl_2][M]-k_2[Cl\cdot][H_2]+k_3[H\cdot][Cl_2]-2k_4[Cl\cdot]^2[M]=0 \tag{8-37}$$

$$\frac{d[H\cdot]}{dt}=k_2[Cl\cdot][H_2]-k_3[H\cdot][Cl_2]=0 \tag{8-38}$$

将式（8-37）与式（8-38）相加：$2k_1[Cl_2][M]=2k_4[Cl]^2[M]$

得：
$$[Cl\cdot]=(k_1/k_4)^{1/2}[Cl_2]^{1/2} \tag{8-39}$$

将式（8-38）、式（8-39）代入式（8-36）：

$$d[HCl]/dt=2k_2[Cl\cdot][H_2]=2k_2(k_1/k_4)^{1/2}[Cl_2]^{1/2}[H_2]$$

$$r=\frac{1}{2}(d[HCl]/dt)=k_2(k_1/k_4)^{1/2}[Cl_2]^{1/2}[H_2]=k[Cl_2]^{1/2}[H_2]$$

即由假设的反应历程推得的速率方程与实验结果相符。

根据 Arrhenius 公式：$k_i=A_i e^{-E_{a,i}/RT}$ 得出

$$k=k_2\left(\frac{k_1}{k_4}\right)^{1/2}=A_2\left(\frac{A_1}{A_2}\right)^{1/2}\exp\left\{-\frac{E_2+\frac{1}{2}(E_1-E_4)}{RT}\right\}=Ae^{-E_a/RT}$$

总包反应的表观指前因子：

$$A=A_2(A_1/A_4)^{1/2}$$

总包反应的表观活化能：

$$E_a=E_{a,2}+1/2\ (E_{a,1}-E_{a,4})\ =25.0+1/2\ (243-0)\ =146.5\text{kJ/mol}$$

① 若认为反应 $[H_2]+[Cl_2]\rightarrow 2HCl$ 是一基元反应，则可估算反应的活化能为：

$$E_a\approx\ (\varepsilon_{H-H}+\varepsilon_{Cl-Cl})\ \times 30\%=(435.1+242.7)\times 30\%=203\text{kJ/mol}\gg 146.5\text{kJ/mol}$$

显然，反应将选择活化能较低的链反应方式进行。

② 在封闭恒容系统中的反应，反应物浓度不断下降，生成物浓度不断上升。因此，保持中间产物（自由基）浓度严格不变是不可能的，所以稳态处理只是近似方法。

③ 若在敞开的流动系统中反应，控制必要条件，能使系统稳态时各物种的浓度保持不变。

同理，H_2 与 Br_2 或 H_2 与 I_2 的反应之所以有它们自己所特有的历程，也因为按照那种历程所需的活化能最低。在反应物分子和生成物分子之间往往可以存在若干不同的平行通道，而起主要作用的通道总是活化能最低且反应速率最快的捷径。

8.9.2 支链反应

（1）H_2 和 O_2 反应的历程：$H_2+\frac{1}{2}O_2\longrightarrow H_2O$

① 链的开始：　$H_2\longrightarrow H\cdot+H\cdot$（$H_2$ 的解离能小于 O_2）

② 直链传递：

$$H\cdot+O_2+H_2\longrightarrow\cdot OH+H_2O$$

$$\cdot OH+H_2\longrightarrow H_2O+H\cdot$$

……

支链传递：

$$H\cdot+O_2\longrightarrow\cdot OH+O\cdot$$

$$O\cdot+H_2\longrightarrow\cdot OH+H\cdot$$

……

1 个自由基反应生成 2 个自由基（见图 8-24）。

③ 链的中止：H＋壁⟶销毁；OH＋壁⟶销毁。

在支链反应中，每个自由基参加反应后产生两个自由基；这些自由基又参与直链或支链反应；这使反应速率迅速加快，最后达到（支链）爆炸。

两种爆炸机理：a. 放热反应来不及散热，系统迅速升温，导致反应速率按指数上升，循环往复，导致爆炸反应，叫热爆炸；b. 支链反应引起的爆炸叫支链爆炸。如核爆炸，一个中子诱导一个 ^{235}U 裂变，并产生一个以上（2～3 个）中子，循环往复，指数加速，引起支链爆炸反应。

（2）可燃气体的爆炸界限

了解 H_2、O_2 混合系统的爆炸界限与 T，P 关系（见图 8-15）。

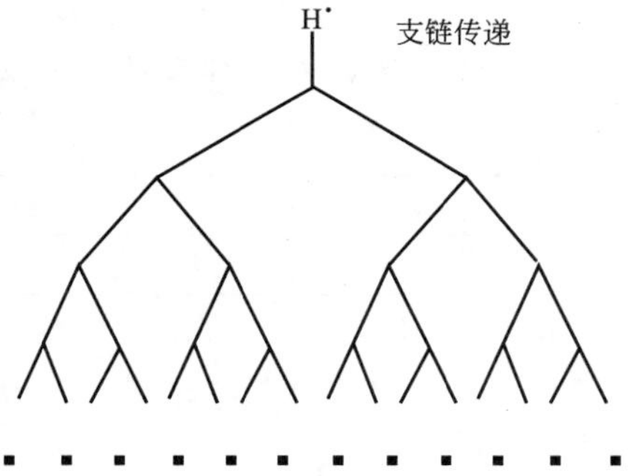

图 8-14　支链传递示意

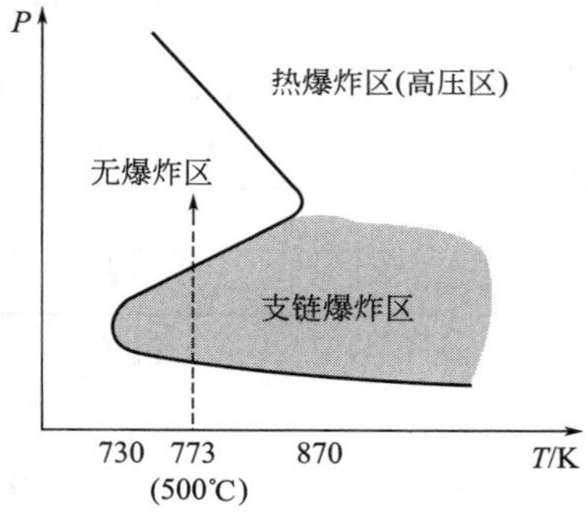

图 8-15　H_2，O_2 混合系统的爆炸界限与 T，P 关系图

① 压力 P 很低时，自由基易扩散到气壁上而销毁（能量转移至壁，吸附活化能），所以反应不会进行太快，无爆炸。

② 压力 P 逐渐增大后，支链反应增大，从而造成支链爆炸。

③ 压力 P 超过一定值后，系统分子高浓度，容易发生三分子碰撞使自由基消失，

$$O + O + M \longrightarrow O_2 + M$$

$$O + O_2 + M \longrightarrow O_3 + M$$

因此，反应不会太快，无爆炸。

④ 压力 P 更高，（$H_2 + O_2$）有热爆炸区。很多可燃气体都有一定的爆炸界限。常温常压下空气中一些可燃气体的支链爆炸界限：H_2，4%～74%；CO，12.5%～74%（煤气的主要成分）。

煤气泄漏通常使室内空气中的可燃气体含量落在支链爆炸界限内，这时稍有引发，如开灯、打电话等，即可引起（支链）爆炸。

习　题

8.1　反应 SO_2Cl_2（g）$\longrightarrow$ SO_2（g）$+Cl_2$（g）为一级气相反应，320℃时。$k=2.2\times10^{-5}\,s^{-1}$。问在 320℃加热 90min$SO_2Cl_2$ 的分解分数为若干？

8.2　某一级反应 A→B 的半衰期为 10min。求 1h 后剩余 A 的分数。

8.3　某一级反应，反应进行 10min 后，反应物反应掉 30%。问反应掉 50%需多少时间？

8.4　25℃时，酸催化蔗糖转化反应

$$\underset{\text{sucrose}}{C_{12}H_{22}O_{11}} + H_2O \longrightarrow \underset{\text{glucose}}{C_6H_{12}O_6} + \underset{\text{fructose}}{C_6H_{12}O_6}$$

反应的动力学数据如下（蔗糖的初始浓度 c_0 为 1.0023mol/dm^3，时刻 t 的浓度为 c）

t/min	0	30	60	90	130	180
(c_0-c)/(mol/dm^3)	0	0.1001	0.1946	0.2770	0.3726	0.4676

使用作图法证明此反应为一级反应。求算速率常数及半衰期；当蔗糖转化 95%时需多长时间？

8.5 N-氯代乙酰苯胺 $C_6H_5N(Cl)COCH_3$（A）异构化为乙酰对氯苯胺 $ClC_6H_4NHCOCH_3$（B）为一级反应。反应进程由加 KI 溶液，并用标准硫代硫酸钠溶液滴定游离碘来测定。KI 只与 A 反应。数据如下：

t/h	0	1	2	3	4	6	8
$V(Na_2S_2O_3,aq)/dm^3$	49.3	35.6	25.75	18.5	14.0	7.3	4.6

计算速率常数，以 s^{-1} 表示之。$c(S_2O_2^{2-})=0.1mol/dm^3$。

8.6 对于一级反应，使证明转化率达到 87.5%所需时间为转化率达到 50%所需时间的 3 倍。对于二级反应又应为多少？

8.7 偶氮甲烷分解反应 $CH_2NNCH_3(g) \longrightarrow C_2H_6(g)+N_2(g)$为一级反应。287℃时，一密闭容器中 $CH_3NNCH_3(g)$初始压力为 21.332kPa，1000s 后总压为 22.732kPa，求 k 及 $t_{1/2}$。

8.8 硝基乙酸在酸性溶液中的分解反应 $(NO_2)CH_2COOH \longrightarrow CH_3NO_2+CO_2(g)$ 为一级反应。25℃、101.325kPa 下，于不同时间测定放出的 CO_2（g）的体积如下。

t/min	2.28	3.92	5.92	8.42	11.92	17.47
V/cm^3	4.09	8.05	12.02	16.01	20.02	24.02

反应不是从 $t=0$ 开始的。求速率常数。

8.9 某一级反应 A→产物，初始速率为 1×10^{-3} mol/（dm·min)，1h 后速率为 0.25×10^{-3} mol/（dm·min)。求 k，$t_{1/2}$和初始浓度 $c_{A,0}$。

8.10 现在的天然铀矿中 $^{238}U:^{235}U=139.0:1$。已知 ^{238}U 蜕变反应的速率常数为 $1.520\times10^{-10}a^{-1}$，$^{235}U$ 的蜕变反应的速率常数为 $9.72\times10^{-10}a^{-1}$。问在 20 亿年（2×10^9a）前，$^{238}U:^{235}U$ 等于多少？（a 是时间单位年的符号。）

8.11 某二级反应 $A+B \longrightarrow C$，初始速率为 5×10^{-2} mol/（dm·s)，反应物的初始浓度皆为 0.2mol/（dm·s)，求 k。

8.12 某二级反应 $A+B \longrightarrow C$，两种反应物的初始浓度皆为 $1mol/dm^3$，经 10min 后反应掉 25%，求 k。

8.13 在 OH^- 的作用下，硝基苯甲酸乙酯发生水解反应

$$NO_2C_6H_4COOC_2H_5+H_2O \longrightarrow NO_2C_6H_4COOH+C_2H_5OH$$

在 15℃时的动力学数据如下，两反应物的初始浓度皆为 $0.05mol/dm^3$，计算此二级反应的速率常数。

t/min	120	180	240	330	530	600
脂水解的转化率%	32.95	51.75	48.8	58.05	69.0	70.35

8.14 某气相反应 $2A(g) \longrightarrow A_2(g)$ 为二级反应，在恒温恒容下的总压 P 数据如下，求 k_A。

t/s	0	100	200	400	600
P/kPa	41.330	34.397	31.197	27.331	20.665

8.15 溶液反应 $S_2O_8^{2-}+2Mo(CN)_8^{4-} \longrightarrow 2SO_4^{2-}+2Mo(Cn)_8^{3-}$ 的速率方程为

$-\frac{d[Mo(CN)_{8}^{4-}]}{dt}=k[S_2O_8^{2-}][Mo(CN)_8^{4-}]$，20℃，反应开始时只有两反应物，其初始浓度依次为 0.01mol/dm^3，0.02mol/dm^3，反应 20h 后，测得 $[Mo(CN)_8^{4-}]=0.01562mol/dm^3$，求 k。

8.16　65℃时 N_2O_5 气相分解的速率常数为 $0.292mn^{-1}$，活化能为 103.3kJ/mol，求 80℃时的 k 及 $t_{1/2}$。

8.17　在乙醇溶液中进行如下反应

$$C_2H_5I+OH^- \longrightarrow C_2H_5OH+I^-$$

实验测得不同温度下的 k 如下。求该反应的活化能。

t/℃	15.83	32.02	59.75	90.61
$k/\{10^{-3}dm^3/[(dm^3/(mol\cdot s)]\}$	0.0503	0.368	6.71	119

8.18　乙醛（A）蒸气发生热分解反应 $CH_3CHO(g) \longrightarrow CH_4(g)+CO(g)$。518℃下在一定容积中的压力变化有如下两组数据：

纯乙醛的初压 $P_{A,0}$/kPa	100s 后系统总压 P/kPa
53.329	66.661
26.664	30.531

（1）求反应级数，速率常数；

（2）若活化能为 190.4kJ/mol，问在什么温度下其速率常数为 518℃下的 2 倍：

8.19　反应 $A(g) \underset{k_2}{\overset{k_1}{\rightleftharpoons}} B(g)+C(g)$ 中，k_1 和 k_{-1} 在 25℃时分别为 $0.20s^{-1}$ 和 $3.9477\times10^{-3}MPa^{-1}\cdot s^{-1}$，在 35℃时二者皆增为 2 倍。试求：（1）25℃时的平衡常数；（2）正、逆反应的活化能；（3）反应热。

8.20　对于两平行反应：$A\begin{cases}\xrightarrow{k_1}B\\ \xrightarrow{k_2}C\end{cases}$若总反应的活化能为 E，试证明：

$$E=\frac{k_1E_1+k_2E_2}{k_1+k_2}$$

第9章　界面化学

界面科学是化学、物理、生物、材料和信息等学科之间相互交叉和渗透的一门重要的边缘科学，是当前三大科学技术（即生命科学、材料科学和信息科学）前沿领域的桥梁。界面化学是在原子或分子尺度上探讨两相界面上发生的化学过程以及化学过程前驱的一些物理过程。界面化学是研究物质在多相体系中的表面特征和表面发生的物理和化学过程及其规律的科学。这就是说，界面化学研究内容不仅仅局限于化学过程和规律，也涉及界面体系特征及物理过程和规律。

9.1　基本概念

（1）界面与界面科学

界面：在多相分散系统中，紧密接触的两相之间的过渡区域（几个分子的厚度）称为界面。

界面科学：研究界面的性质及其随物质本性而变化的规律，即界面性质随两相中物质性质的变化而变化的规律。

（2）界面的种类

通常有液-气、液-固、液-液、固-气、固-液等界面。习惯上常常把其中一相为气体的界面称为表面，似乎界面的含义较广泛些，实际上有时也使用表面一词泛指各种界面。因此，本章也不作严格的区分。

（3）比表面积

通常比表面（A_0）表示多相分散系统的分散程度，其定义为：

$$A_0=\frac{A_s}{m} \tag{9-1}$$

式中，A_s 是物质的总表面积；m 为物质的质量。比表面（specific surface area）即是单位质量物质的表面积，其单位通常表示为 m^2/g。比表面还可以用单位体积物质的表面积表示，即

$$A_0=\frac{A_s}{V}\text{，单位为 } m^{-1} \tag{9-2}$$

对一定质量的物体，若将其分散为粒子，粒子越小，比表面越大。例如，将 $1cm^3$ 的立方体在三维方向上各拦腰切割，每切割一次就增加了 2 个新的表面，三次切割增加了 6 个新的表面，则总表面积就从 $6cm^2$ 增加到了 $12cm^2$。

（4）界面存在的热力学条件

两相间的界面（区域）稳定存在的先决条件是："界面区域的生成自由能 $\Delta G>0$"，

反之，若 $\Delta G \leqslant 0$，则偶然的扰动即可导致界面区域自发地不断扩大，最后使一种物质完全分散在另一种物质中，界面也就不再存在。

界面相如下所述。

① 界面是由一相过渡到另一相的过渡物理区域（厚约几个分子，<10nm），并非几何平面；界面也称作界面相、界面区、界面层；相应地，本体相为与界面相相邻的两均匀相。

② 界面层分子与内部（本体相）分子性质不同，两者所处环境不同。

内部分子，受邻近各方向的力彼此抵消；界面分子，受不同的两相中的物质分子的作用。

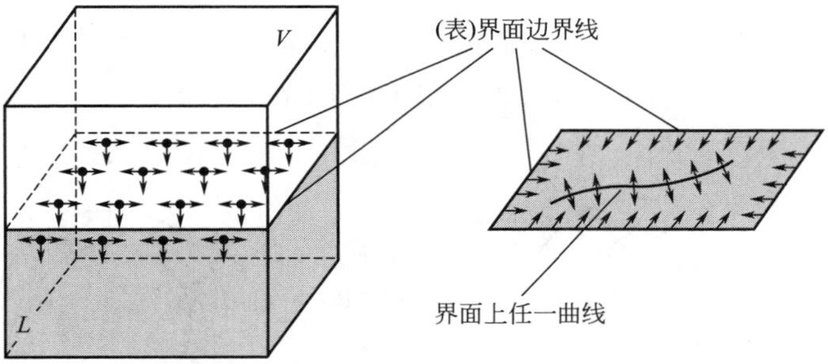

图 9-1　气-液相表面分子受力示意图

对于气-液相界面（表面），界面层分子与液相内部分子性质不同，如图 9-1 所示。表面分子受到指向液体内部的拉力，致使液体表面有自发收缩成表面积最小的趋势。亦即一个孤立（忽略重力）的液滴趋于呈球形，因为球形是表面积与体积比最小的形状。因此，在研究“表面层上发生的行为”或“界面面积很大的多相高分散系统的性质”时，必须考虑界面分子的特性不同于体相分子。

9.2　表面吉布斯自由能和表面张力

9.2.1　表面吉布斯自由能

液体表面上分子受力不均匀，受到垂直指向液体内部的吸引力，即表相分子比本体相分子具有额外的（表面）势能。要使表面积增加，即把分子从体相拉到表相，外界必须做功。由于系统能量越低越稳定，液体表面具有自动收缩，以减少表面积的趋势。可以将这种收缩趋势理解为由表面分子之间相互吸引导致的。

表面功：在恒温恒压（组成不变）下，可逆地使表面积增加 dA 所需对系统做的功叫表面功（可逆非体积功）。

环境对系统做功，即系统得到的表面功：

$$\delta W' = \gamma \mathrm{d}A \tag{9-3}$$

式中，γ 为增加单位面积表面时需对系统做的表面功。

在恒温恒压下的可逆过程有：

$$\delta W' = (\mathrm{d}G)_{T,P} \tag{9-4}$$

即系统自由能的改变量等于外界对系统做的表面功。由式（9-3）、式（9-4）得

$$dG=\gamma dA$$

$$\gamma=\left(\frac{\partial G}{\partial A}\right)_{T,P,n_i}$$

即外界所做的表面功转化为系统自由能的增加。

表面功 γ 可理解为：增加单位面积表面时额外产生的自由能，简称“表面自由能”，单位为 J/m^2。

9.2.2 表面张力

表面上单位长度边界线上指向表面内部（或表面上单位长度任意曲线两边）的表面收缩力，叫作表面张力（见图 9-2）。表面张力 γ' 的单位为 N/m。

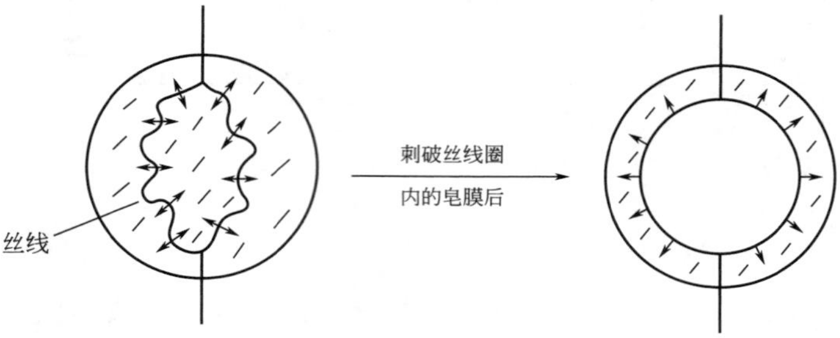

图 9-2 金属环皂膜中的丝线在表面张力作用下的形状变化图

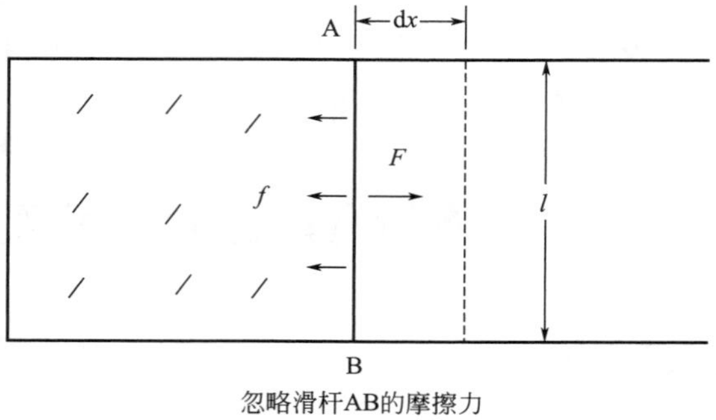

图 9-3 金属环皂膜中的丝线在表面张力作用下的形状变化图

可滑动的金属丝在向左的表面作用力与向右的拉力作用下处于平衡，AB 受到皂膜表面张力的向左拉力 f（见图 9-3）：

$$f=2l\gamma' \text{（肥皂膜有两个表面）}$$

若在 AB 上加一向右的力 F，使 AB 可逆地向右移动 dx 距离。则外力对系统做的表面功：

$$\delta W'=F\mathrm{d}x=f\mathrm{d}x=2l\gamma'\mathrm{d}x$$

即

$$\delta W'=\gamma'\mathrm{d}A \tag{9-5}$$

由表面自由能 γ 的定义，表面功即系统表面自由能的增加，即等温等压下：

$$\delta W'=\gamma\mathrm{d}A \tag{9-6}$$

比较式（9-5）式（9-6）：表面张力 γ' 与表面自由能 γ 在数值上是相等的。

表面自由能表示形成单位新表面时系统自由能的增加，而表面张力通常指纯物质的表面层分子间实际存在着的（收缩）张力。γ 既可表示表面自由能又可表示表面张力，两者量纲相同，数值相等，在用热力学方法处理表面相时，可用 γ 表示表面自由能；在作表面相分子的受力分析时，可用 γ 表示表面张力。

（1）液-液界面张力

液-液界面张力是指两种互不相溶的两种液体接触时，界面上的界面张力。液-液界面张力也是两种液体对界面层分子的吸引力不同而产生的。一些实验结果指出，许多液-液界面张力恰好等于两个液体表面张力之差：

$$\gamma_{12} = \gamma'_1 - \gamma'_2 \tag{9-7}$$

γ'_1、γ'_2 不是纯液体的表面张力，而是一种液体被另一种液体饱和后的表面张力。严格地说，没有完全不互溶的液体。上述规则称为安东诺夫（Antonoff）规则。

（2）固体的表面张力

固体的表面张力尚不能准确测定。目前所采用的方法是测量劈裂固体所需要的功，或测定一个物质稍高于熔点时液态的表面张力，用外推法延伸到固体。

（3）表面张力与温度关系

实验指出：大多数液体的表面张力总是随着温度的升高而降低，临界温度时表面张力为零。

表面张力随着温度的升高而降低的原因：

（1）温度升高，体积膨胀，液相中的分子间距增大，内部分子对表面分子的吸引力减弱；

（2）温度升高，蒸气压增大，气相中分子对表面分子的吸引力增强。当温度达到临界温度时，液体和蒸汽的密度相同，所以表面张力为零。

表面张力与温度的定量关系曾做过大量的研究，但尚无完全反映这种关系的公式。约特弗斯（Eötvös）曾提出过一个关系式：

$$\gamma \overline{V}^{\frac{2}{3}} = k(T_c - T)$$

式中，$\overline{V}$ 是液体的摩尔体积，k 是普适常数，对于非极性液体，k 约为 2.2×10^{-7} J/K。由于液体表面实际上在温度比临界温度稍低的时候已经不清晰了，所以拉姆齐（Ramsay）和希尔兹（Shield*d*s）将上式做了修正：

$$\gamma \overline{V}^{\frac{2}{3}} = k(T_c - T - 6.0)$$

上式是描述表面张力与温度关系的常用公式。将上式改写为：

$$\gamma = a(T_c - T - 6.0) \tag{9-8}$$

式中，a 为常数。常见液体 α 的取值为：水 0.2～0.22，汞 0.3～0.33，甲醇 0.105～0.110，乙醇 0.10～0.11，苯 0.11，正己烷 0.082。式（9-8）是求界面张力与温度间关系较常用的公式。

（4）压力对 γ 的影响

对于纯液体，热力学关系式；

$$dG = -SdT + VdP + \gamma dA$$

dG 作为全微分，上式中应有关系式：

$$\left(\frac{\partial \gamma}{\partial P}\right)_{T,A}=\left(\frac{\partial V}{\partial A}\right)_{T,P}$$

一般地恒温恒压下，表面相的密度小于液体体相的密度，即当 $dA>0$ 时，$dV>0$。即：

$$\left(\frac{\partial V}{\partial A}\right)_{T,P}>0,\ \left(\frac{\partial \gamma}{\partial P}\right)_{T,A}=\left(\frac{\partial V}{\partial A}\right)_{T,P}$$

亦即

$$\left(\frac{\partial \gamma}{\partial P}\right)_{T,A}>0 \tag{9-9}$$

从热力学理论推测：增加压力可增加液体表面张力。这可以理解为外界压力的增大，使得从体相拉出分子到表面需做更多的表面功。这仅仅是理论上的推测，但实验事实恰恰与理论推测相反。即增加压力 P，表面张力 γ 下降。因为液体本身的饱和蒸气压有限，要使该液体表面压力增加，必须在液体表面上方的气相压入另一惰性气体组分，压力增加，气相密度增加，与液面接触的气体分子增多，液面分子所受的两边分子引力的差异程度降低，表面分子受力不均匀性略有好转。另外，若是气相中有别的物质（如惰性气体），则压力增加，促使表面吸附增加，气体分子易于吸附于液面，气体溶解度增加，改变液相成分，也使表面张力下降。

因此，表面张力一般随压力的增加而下降，但影响不大。

（5）溶液的表面张力与溶液浓度的关系

水的表面张力因加入溶质形成溶液而改变。不同的溶质会有不同的改变。以图 9-4 为例说明。

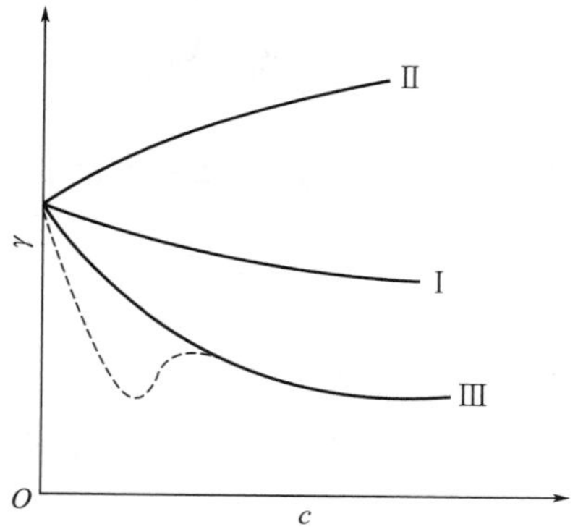

图 9-4　溶液的表面张力与溶液浓度的关系

曲线Ⅰ：此类曲线的特征是溶质浓度增加时，溶液的 γ 随之下降，$\frac{d\gamma}{dc}<0$，大多数非离子型的有机化合物如短链脂肪酸、醇、醛类的水溶液都有此行为。

曲线Ⅱ，当溶质的浓度增加时，溶液的 γ 值随之有所上升，$\frac{d\gamma}{dc}>0$，这是加入非表面活性物质的情况。

曲线Ⅲ：其特征是 $\frac{d\gamma}{dc}<0$，但它与曲线Ⅰ不同。当溶液很稀时，γ 随浓度的增加而急剧下降，随后大致不随浓度而变（有时也可能会出现最低值，这是由于溶液中含有杂质）。

曲线Ⅰ、Ⅲ溶液的溶质都具有表面活性，能使水的 γ 下降，但曲线Ⅲ的物质（即表面活性剂）的表面活性较高，很少量就能使 γ 下降至最低值。

（6）非表面活性物质

能使水的表面张力明显升高的溶质称为非表面活性物质。如无机盐和不挥发的酸、碱等。这些物质的离子有较强的水合作用，趋向于把水分子拖入水中，非表面活性物质在表面的浓度低于在本体的浓度。如果要增加单位表面积，所做的功中还必须包括克服静电引力所消耗的功，所以表面张力升高。

(7) 表面活性物质

加入后能使水的表面张力明显降低的溶质称为表面活性物质。这种物质通常含有亲水的极性基团和憎水的非极性碳链或碳环有机化合物。亲水基团进入水中，憎水基团企图离开水而指向空气，在界面定向排列。表面活性物质的表面浓度大于本体浓度，增加单位面积所需的功较纯水小。非极性成分愈大，表面活性也愈大。

表面活性物质的浓度对溶液表面张力的影响，可以从图 9-5 曲线中直接看出。

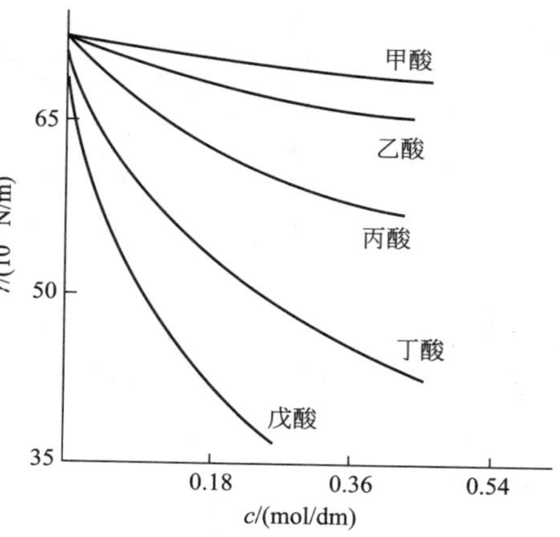

图 9-5　脂肪酸溶液的 γ-c 关系

(8) 特劳贝 (Traube) 经验规则

特劳贝 (Traube) 研究发现，同一种溶质在低浓度时，表面张力的降低与浓度成正比。对于直链同系物，每增加一个—CH_2，其表面活性可增加约 3.2 倍；甲酸、甲醛等(酸、醛)同系物中的第一成员，因其结构、性质的特殊性，它们对 Traube 规则的偏差较大。

已知溶液的表面张力与溶液的表面层状况（如表面浓度）有关，实验可测表面张力随溶液体相浓度的变化规律（见图 9-5）。

9.3　弯曲表面的附加压力和蒸气压

一般情况下，液体的表面是水平的，而滴定管或毛细管中的水面是向下弯曲的。为什么会出现这些现象，这是本节所要讨论的问题。

本节只讨论弯曲面曲率半径 $R \gg$ 表面层厚度（约 10nm）的情形。对于 R 约 10nm 的情形，属微小粒子，粒子表面性质还与组成粒子物质本身的性质（分子结构）有关。不属本节讨论范围。

9.3.1　弯曲球面上的附加压力

由于表面张力的作用，在弯曲表面下的液体或气体与在平面下情况不同。设在液面上，对某一小面积 AB 来看，沿 AB 以外的表面对 AB 面有表面张力的作用，力的方向与周界垂直，而且沿周界处与表面相切。如果液面是水平的 [图 9-6 (a) 是液面的剖面]，则作用于边界的力 f 也是水平的；当平衡时，沿周界的表面作用力互相抵消，此时液体表面内外的压力相等，而且等于表面上的外压 p_0。

如果液面是弯曲的，沿表面上圆 (AB) 的周界上的表面张力 f 不是水平的，如图 9-6 (b)、(c) 所示。凸面时，有一个合力 P_s，可理解为表面分子间的吸引使曲面“紧绷”在体相之外，这就是附加压力的来源。P_0 为外部大气压力；P_s 为（由曲面造成的）附加压力；平衡时，表面下液体分子受到的压力为 P_0+P_s。对于凹液面，附加压力为 $-P_s$，表面内部压力 (P_0-P_s) 小于外部压力 P_0；对于平液面，附加压力为零。

对于无重力场作用下的球形滴液（见图 9-7），从忽略表面张力作用的假想初始状

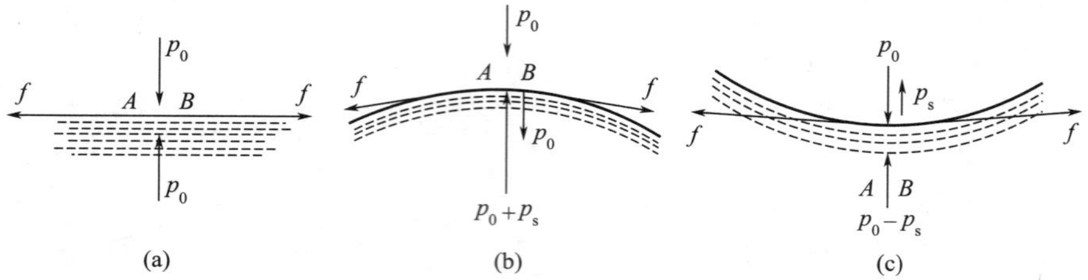

图 9-6　弯曲表面上的表面张力

态出发，此时 $P_{内}=P_{外}=P_0$；由于实际存在的表面张力的“收缩”作用，液滴半径在等温、等（外）压下可逆地改变了 $\mathrm{d}R$ 而达到平衡。

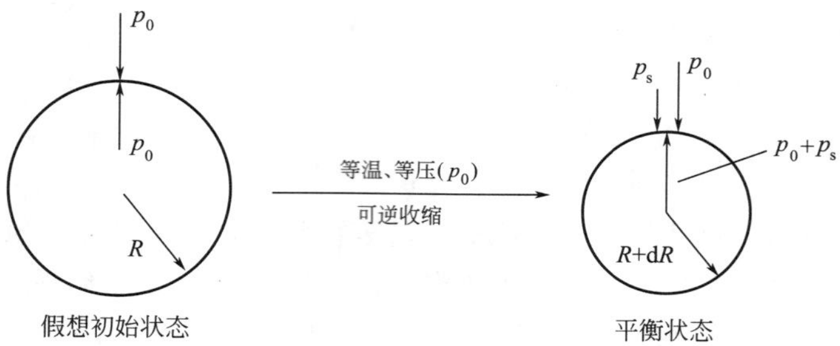

图 9-7　无重力场作用下的球形滴液的附加压力产生示意图

此过程液滴表面自由能的变化：

$$\mathrm{d}G^{S}=\gamma \mathrm{d}A=\gamma \mathrm{d}(4\pi R^2)=8\pi R\gamma \mathrm{d}R \tag{9-10}$$

此液滴“收缩”过程中表面张力所做的功为：

$$P_s A\,\mathrm{d}R=P_s 4\pi R^2 \mathrm{d}R \tag{9-11}$$

由吉布斯自由能的意义可知，等温、等（外）压下可逆过程系统表面相张力所做的功等于系统表面自由能的减少，即：

$$-P_s A\,\mathrm{d}R=-\mathrm{d}G^{S}$$

由式（9-10）、式（9-11）：$-P_s 4\pi R^2 \mathrm{d}R=-8\pi R\gamma \mathrm{d}R$

得：

$$P_s=\frac{2\gamma}{R}\text{（凸面，R>0）} \tag{9-12}$$

公式（9-12）称为拉普拉斯（Laplace）方程式。

也可对球冠的平面底圆 AB 进行受力分析，由表面张力 f 引起的垂直向下压力：

$$A=\pi r^2 \Rightarrow P_s=\frac{F}{A}=\frac{2\gamma}{R} \tag{9-13}$$

当液滴内压力 $P_{内}>P_{外}$，即有附加压力，$P_s>0$；液滴半径 R 越小，附加压力 P_s 越大；对于凹液面，曲率半径 $R<0$，$P_s<0$；对于平液面，$R=\infty$，$P_s=0$。

9.3.2 Young-Laplace 公式

1805 年杨-拉普拉斯（Young-Laplace）导出了附加压力与曲率半径之间的关系式。以任意弯曲的液面扩大时所做的功进行分析，如图 9-8 所示。

在任意弯曲液面上取小矩形曲面 $ABCD$，其面积为 xy。曲面边缘 AB 和 BC 弧的曲率半径分别为 R'_1 和 R'_2，作曲面的两个相互垂直的正截面，交线 OZ 为 O 点的法线。

令曲面沿法线方向移动 dz，使曲面扩大到 $A'B'C'D'$，则 x 与 y 各增加 dx 和 dy。

移动后曲面增加的面积和体积分别为 dA 和 dV，公式表示为：

$$dA=(x+dx)(y+dy)-xy=x\,dy+y\,dx$$

$$dV=xy\,dz$$

增加 dA 面积所做的功与克服附加压力 P_s 增加 dV 所做的功应该相等，即：

$$\gamma dA=P_S dV$$

$$\gamma(x\,dy+y\,dx)=P_S xy\,dz \qquad (9\text{-}14)$$

根据相似三角形原理可得：

$(x+dx)/(R'_1+dz)=x/R'_1$，化简得

$$dx=y\,dz/R'_1$$

$(y+dy)/(R'_2+dz)=y/R'_2$，化简得

$$dy=x\,dz/R'_2$$

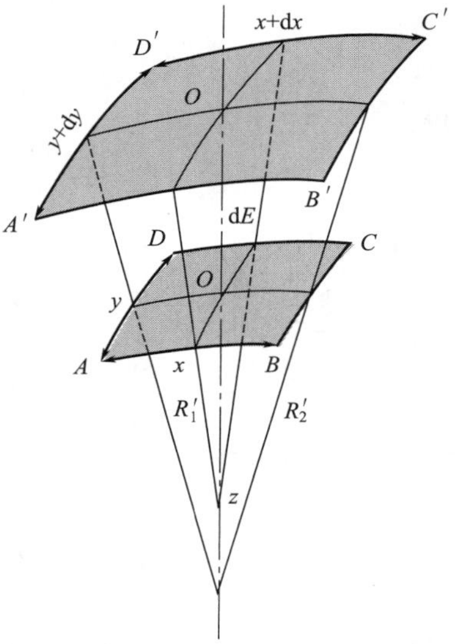

图 9-8　任意弯曲的液面扩大时所做功的分析图

将 dx，dy 代入式（9-14），得：

$$P_s=\gamma\left(\frac{1}{R'_1}+\frac{1}{R'_2}\right) \qquad (9\text{-}15)$$

公式（9-15）称为杨-拉普拉斯（Young-Laplace）公式的一般式，是研究弯曲液面上附加压力的基本公式。

对于球面，（式 9-15）改写成　$P_s=\dfrac{2\gamma}{R'}$ （9-16）

式（9-16）为杨-拉普拉斯公式的特殊式。根据数学上规定，凸面的曲率半径取正值，凹面的曲率半径取负值。所以，凸面的附加压力指向液体，凹面的附加压力指向气体，即附加压力总是指向球面的球心。

下面以毛细管上升现象为例进行介绍（见图 9-9）。毛细管插入液体中，液体与毛细管壁的接触角为 θ。θ 的大小取决于液体与管壁的可润湿程度：

① 完全润湿时，$\theta=0°$；

② 完全不润湿时，$\theta=180°$

设弯液面可近似为球面的一部分，则其曲率半径为：$-\dfrac{R}{\cos\theta}$

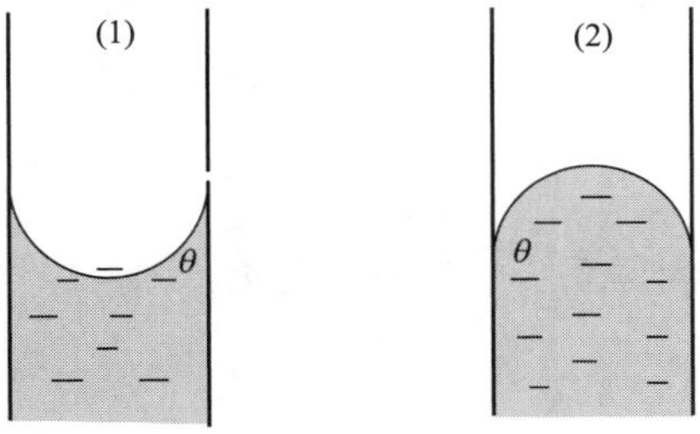

图 9-9　毛细管上升现象

附加压力：

$$P_s=\frac{2\gamma}{-\dfrac{R}{\cos\theta}}=-\frac{2\gamma\cos\theta}{R}$$

设液柱高度为 Δh，大（平）液面高度上，柱内压为 $P_0+P_s+\Delta h\rho g$；柱外压为 P_0（见图 9-10）。

平衡时：$P_0+P_s+\Delta h\rho g=P_0$

$$\Delta h\rho g=\frac{2\gamma\cos\theta}{R}$$

得

$$\Delta h=\frac{2\gamma\cos\theta}{\rho gR}$$

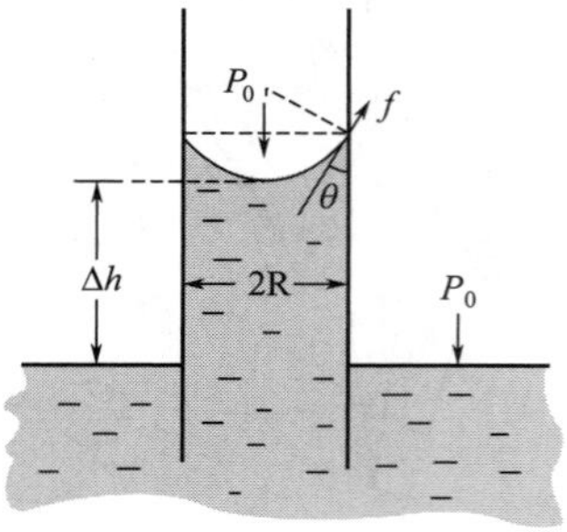

图 9-10 毛细管上升现象

润湿情况下（如水）：$\theta<90°$，$\Delta h>0$，内液柱上升；

不润湿情况下（如 Hg）：$\theta>90°$，$\Delta h<0$，内液柱下降。

9.3.3 微小液滴的饱和蒸气压——Kelvin 公式

在一定温度和压力下，纯物质的蒸气压为定值，如水的饱和蒸气压在 100°C 时是 101.325kPa，在 0°C 时是 4.57mmHg（1mmHg＝133.322Pa）。但这些都是指平面液面，或者是大颗粒的物质而言。如果液体颗粒的半径很小，则其蒸气压的数值不仅与温度有关，而且与颗粒的半径有关，颗粒半径越小，蒸气压越大。

微小液滴的饱和蒸气压与曲率半径的关系可用如下方法获得。

设有半径为 R 的球形大液滴，其体积为 V_R，表面积为 A_R；另一个半径为 r 的小液滴，其体积为 V_r，表面积为 A_r。液体的密度为 ρ，表面张力为 γ。如果从大液滴中取出 dg 的液体到小液滴中去，则小液滴的表面积变化和体积变化分别为：

$$\mathrm{d}A_r=8\pi r\,\mathrm{d}r$$

$$\mathrm{d}V_r=4\pi r^2\,\mathrm{d}r$$

$$\frac{\mathrm{d}A_r}{\mathrm{d}V_r}=\frac{2}{r}$$

$$\mathrm{d}A_r=\frac{2\mathrm{d}V_r}{r}=\frac{2\,\frac{\mathrm{d}g}{\rho}}{r}=\frac{2\mathrm{d}g}{\rho r}$$

相应的，对于大液滴而言，有：

$$\mathrm{d}A_R=\frac{2\mathrm{d}g}{\rho R}$$

完成这一转移后，表面积的变化为：$\mathrm{d}A=\mathrm{d}A_R+\mathrm{d}A_r=\frac{2\mathrm{d}g}{\rho}\left(\frac{1}{r}-\frac{1}{R}\right)$

表面自由焓的变化为：$\mathrm{d}G=\gamma\mathrm{d}A=\frac{2\gamma\mathrm{d}g}{\rho}\left(\frac{1}{r}-\frac{1}{R}\right)$

设 M 为液体的摩尔质量，$\mathrm{d}g=M\mathrm{d}n$，

$$\frac{\mathrm{d}G}{\mathrm{d}n}=\frac{2M\gamma}{\rho}\left(\frac{1}{r}-\frac{1}{R}\right)$$

上式左边等于 1mol 液体从大液滴转移到小液滴时系统的自由焓变化：

$$\Delta G=G_r-G_R=\frac{2M\gamma}{\rho}\left(\frac{1}{r}-\frac{1}{R}\right)\tag{9-17}$$

ΔG 是小液滴与大液滴的摩尔自由焓之差。

设与大液滴平衡的蒸气压是 P_R，与小液滴平衡的蒸气压是 P_r。

$$G_r=\mu_r=\mu_T^0+RT\ln P_r$$

$$G_R=\mu_R=\mu_T^0+RT\ln P_R$$

$$\Delta G=G_r-G_R=RT\ln\frac{P_r}{P_R}$$

$$RT\ln\frac{P_r}{P_R}=\frac{2M\gamma}{\rho}\left(\frac{1}{r}-\frac{1}{R}\right)$$

$$\ln\frac{P_r}{P_R}=\frac{2M\gamma}{RT\rho}\left(\frac{1}{r}-\frac{1}{R}\right) \tag{9-18}$$

公式（9-18）就是液滴半径与蒸气压的关系式，称为 Kelvin 公式。

若 R 趋于无穷大时，即平面液面，则相应的蒸气压是平时所说的饱和蒸气压 P，这时

$$\ln\frac{P_r}{P}=\frac{2M\gamma}{RT\rho r}\ (R\ \text{为气体常数}) \tag{9-19}$$

在一定温度下的液体，M、g、r 等均是常数，且为正值。所以

$$\ln\frac{\mathrm{P_r}}{P}=\frac{k}{r}\text{，即 } P_r>P\text{。}$$

也就是小液滴的蒸气压恒大于平面液面的蒸气压。而且，小液滴的半径越小，其蒸气压越大。实际上，只有当 $r\leqslant10^{-7}$ m 时，其蒸气压才明显偏离平面液面的蒸气压。对于凹液面，由于其半径中心落在液体的外面，曲率半径为负，

$$\ln\frac{P_r}{P}<0$$

即凹液面的蒸气压要小于平面液面的蒸气压。因此，

对于液滴（$r>0$），半径 R'减小，蒸气压 P'增大。直观地可理解为，表面曲率越大，表面分子受周围吸引分子数目越少，越易从表面脱离。对于蒸气泡（凹面，$r<0$），半径 $|r|$ 减小，液体在泡内的蒸气压也减。直观地可理解为，表面曲率越大，表面分子受周围吸引分子数目增加，不易从表面脱离。

当液滴曲率半径 r 与分子大小接近时（10^{-6} cm），Kelvin 公式不再适用。

9.4　液相界面的性质

9.4.1　溶液表面的吸附现象

溶液看起来非常均匀，实际上并非如此。无论用什么方法使溶液混匀，其表面上一薄层的浓度总是与内部不同。通常把物质在表面上富集的现象称为吸附（adsorption）。

（1）正吸附

能使溶液表面张力下降的现象叫正吸附。发生正吸附现象的溶质主要是可溶性有机化合物，如醇、醛、酸、酯等。

少量溶质的溶入可使溶液的表面张力急剧下降，但降低到一定程度之后变化又趋于

平缓（图 9-4 中出现的最低点往往是由杂质造成的）。这类溶液称为“表面活性剂”，常见的有硬脂酸钠，长碳氢链有机酸盐和烷基磺酸盐，即肥皂和各种洗涤剂等。表面活性剂在结构上都具有双亲性特点，即一个分子包含有亲水的极性基团，如—OH、—COOH、—COO、—SO；同时还包含有憎水的非极性基团，如烷基、苯基。

（2）负吸附

发生负吸附现象的溶质主要是无机电解质，如无机盐和不挥发性无机酸、碱等。

（3）吉布斯吸附公式

1878 年，吉布斯（Gibbs）用热力学方法导出了溶液表面张力随浓度变化率 $d\gamma/dc$ 与表面吸附量 Γ 之间的关系，即著名的吉布斯公式：

$$\Gamma = -\frac{c}{RT}\frac{d\gamma}{dc} \tag{9-20}$$

式中，c 是溶液本体浓度；γ 是溶液表面张力。表面吸附量 Γ 的定义为：单位面积的表面层所含溶质的物质的量比同量溶剂在本体溶液中所含溶质的物质的量的超出值。

当 $d\gamma/dc<0$ 时，即增加浓度使表面张力下降时，$\Gamma>0$，即溶质在表面层发生正吸附；当增加浓度使表面张力上升，即 $d\gamma/dc>0$ 时，$\Gamma<0$ 时，即溶质在表面层发生负吸附。

9.4.2 液-液界面的性质

液体 A 在与其不相容的液体 B 上的铺展，由于界面张力的共同作用，使 A 铺展成“透镜形状”，如图 9-11 所示。

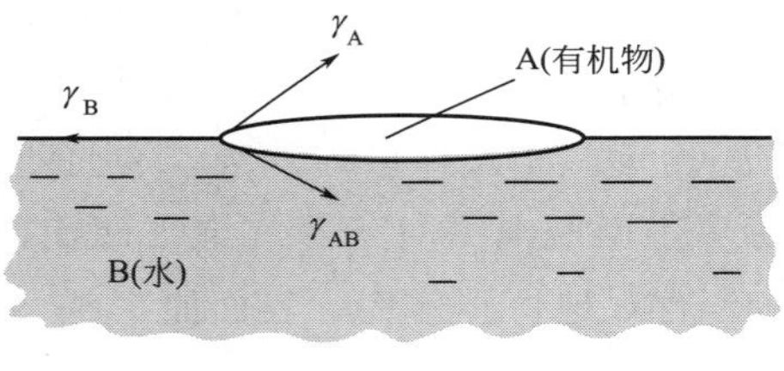

图 9-11 液体的铺展

图中，γ_B 为展开（动力）γ_A 和 γ_{AB} 为收缩（动力）。

当液滴 A 的外表面积增加了 dA，则系统自由能变化：

$$dG = (\gamma_{AB}+\gamma_A-\gamma_B)\ dA$$

若： $\gamma_{AB}+\gamma_A-\gamma_B<0$

则，A 能在 B 上自发铺展开（$dG<0$）。

令 A 在 B 上的展开系数为 $S_{A/B}$

$$S_{A/B}=\gamma_B-\gamma_A-\gamma_{AB} \tag{9-21}$$

若 $S_{A/B}>0$，A 在 B 上自发展开；若 $S_{A/B}<0$，A 在 B 上不能展开。

例 9-1 分析将苯滴到水面上时苯的铺展情况。

已知：$\gamma_{水}=72.8dyn/cm$，$\gamma_{苯}=28.9dyn/cm$，$\gamma_{水,苯}=35.0dyn/cm$（$dyn=10^{-5}N$）

初始时：$S_{0,苯/水}=\gamma_{水}-\gamma_{苯}-\gamma_{水,苯}=8.9$（dyn/cm）

即苯可以在水面上铺展开。苯、水的界面（初始）生成自由能：

$$dG_0^s=(\gamma_{苯水}+\gamma_{苯}-\gamma_{水})\ dA=-S_{0,苯/水}dA<0$$

因而初始时苯/水界面自发扩大。当苯与水接触一段时间后，它们相互饱和（并非完全不互溶），得到：

$$\gamma_{苯} \rightarrow \gamma_{苯(水)(苯被水饱和)} = 28.8\text{dyn/cm}$$

$$\gamma_{水} \rightarrow \gamma_{水(苯)(水被苯饱和)} = 62.2\text{dyn/cm}$$

$$\gamma_{苯,水} \rightarrow \gamma_{苯(水),水(苯)} = 35.0\text{dyn/cm}$$

所以铺展系数：

$$\begin{aligned} S_{苯(水)/水(苯)} &= \gamma_{水(苯)} - \gamma_{苯(水)} - \gamma_{苯(水),水(苯)} \\ &= 62.2 - 28.8 - 35.0 \\ &= -1.6\text{dyn/cm} \end{aligned}$$

即一段时间后，展开系数 $S_{苯(水)/水(苯)}$ 为负值。

实验事实：苯滴加到水面上，初始时苯快速展开，然后由于发生了相互饱和作用，铺展系数 $S_{苯(水)/水(苯)}<0$，已经展开了的苯又缩回形成“透镜状”。但此时的水已被苯所饱和，水面上留下一层苯的单分子吸附膜（此法可用于测苯分子的面积）。其表面张力 $\gamma_{水(苯)}=62.2\text{dyn/cm}$，下降了 10.6dyn/cm。

9.4.3 液-固界面的性质

滴在固体表面上的少许液体，取代了部分固-气界面，产生了新的液-固界面。这一过程称为润湿过程，润湿过程可以分为三类，即粘湿、浸湿和铺展。

（1）粘湿过程

液体与固体从不接触到接触，使部分液-气界面和固-气界面转变成新的固-液界面的过程称为粘湿。

将单位面积的液-固黏附在一起，系统所做的（可逆）功叫液-固黏附功（见图 9-12）。

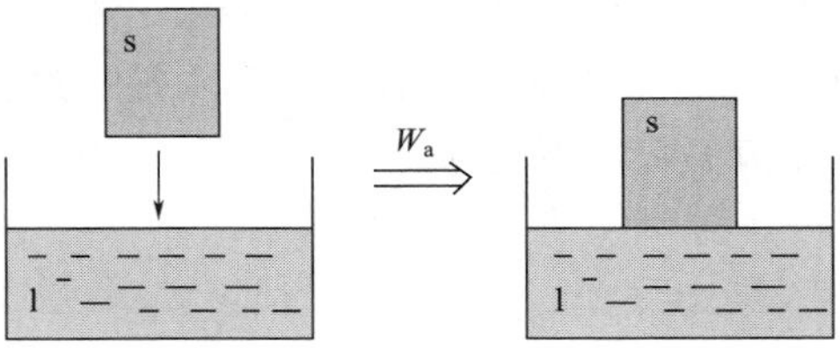

图 9-12 液-固黏附功

系统做功：

$$\begin{aligned} -W_A = -\Delta G = -\Delta G^s &= -(\gamma_{sl} - \gamma_l - \gamma_s) \\ &= \gamma_s + \gamma_l - \gamma_{sl} \end{aligned} \tag{9-22}$$

即外界需做功：

$$W_A = \gamma_{sl} - \gamma_l - \gamma_s \tag{9-23}$$

在等温等压条件下，单位面积的液面与固体表面黏附时，对外所做的最大功称为黏附功，它是液体能否润湿固体的一种量度。黏附功越大，液体越能润湿固体，液-固结合得越牢。

在黏附过程中，消失了单位液体表面和固体表面，产生了单位液-固界面。黏附功就等于这个过程表面吉布斯自由能变化值的负值。

$$-W_a = -\Delta G^\sigma = -(\gamma_{ls} - \gamma_{gl} - \gamma_{gs}) \tag{9-24}$$

式中，“$-W_a$”表示系统对外做功。粘湿功的绝对值愈大，液体越容易粘湿固体，界面粘得越牢。

（2）浸湿过程

在恒温恒压可逆情况下，将具有单位表面积的固体浸入液体中，气-固界面转变为液-固界面的过程称为浸湿过程。

等温、等压条件下，将单位表面积的固体可逆地浸入液体时，系统做的可逆功叫液-固浸湿功（见图 9-13）。它是液体在固体表面取代气体能力的一种量度。

系统做功：

$$-W_i = -\Delta G = -\Delta G^s = -(\gamma_{sl} - \gamma_s)$$
$$= \gamma_S - \gamma_{sl}$$

即外界需做功：$W_i = \gamma_{sl} - \gamma_s$

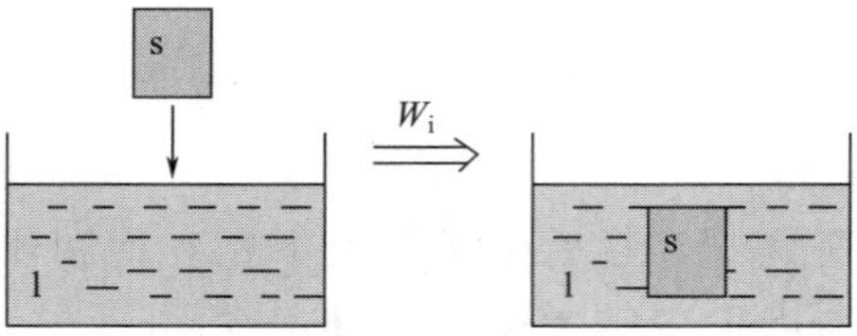

图 9-13　液-固浸湿功

只有浸湿功大于或等于零，液体才能浸湿固体。在浸湿过程中，消失了单位面积的气、固表面，产生了单位面积的液、固界面，所以浸湿功等于该变化过程表面自由能变化值的负值：

$$-W_i = -\Delta G^\sigma = -(\gamma_{ls} - \gamma_{gs})$$

既　$W_i \geqslant 0$ 能浸湿。　(9-25)

（3）内聚功（work of cohesion）

等温、等压条件下，两个单位液面可逆聚合为液柱所做的最大功称为内聚功，是液体本身结合牢固程度的一种量度。

内聚时两个单位液面消失，所以内聚功在数值上等于该变化过程表面自由能变化值的负值：

$$-W_c = -\Delta G^\sigma = -(0 - 2\gamma_{gl}) \tag{9-26}$$

（4）铺展过程

等温、等压条件下，单位面积的液-固界面取代了单位面积的气-固界面并产生了单位面积的气-液界面，这种过程称为铺展过程。

在恒温恒压下可逆铺展一单位面积时，系统吉布斯自由能的变化值为

$$\Delta G = \gamma_{ls} + \gamma_{gl} - \gamma_{sg}$$
$$S = -\Delta G = -\gamma_{gs} - \gamma_{gl} - \gamma_{ls} \tag{9-27}$$

式中，S 称为铺展系数（spreading coefficient），当 $S \geqslant 0$ 时，液体可以在固体表面上自动铺展。如图 9-14 所示。

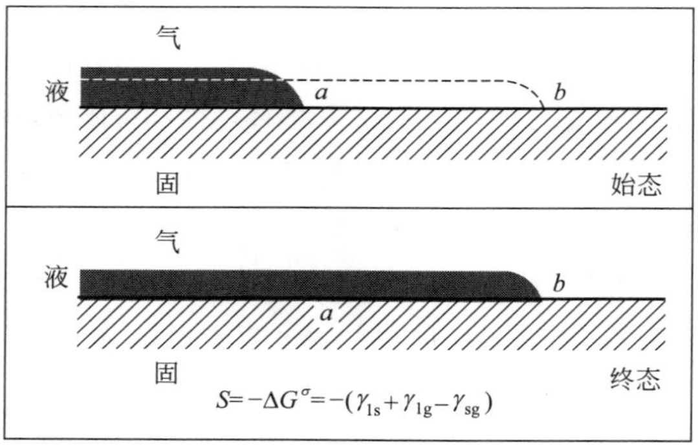

图 9-14　液体在固体表面上的铺展

（5）接触角

在气、液、固三相交界点，气-液与气-固界面张力之间的夹角称为接触角，通常用

θ 表示。

若接触角 θ 大于 90°，说明液体不能润湿固体，如汞在玻璃表面。

若接触角 θ 小于 90°，液体能润湿固体，如水在洁净的玻璃表面。

接触角的大小可以用实验测量，也可以用公式计算：

$$\cos\theta=\frac{\gamma_{sg}-\gamma_{ls}}{\gamma_{lg}} \tag{9-28}$$

式（9-28）称为杨氏方程。

9.5　固体表面的吸附

固体表面与液体表面的共同点是表面层分子受力不对称，因此固体表面也有表面张力及表面吉布斯函数存在。其不同点是，固体表面分子几乎是不能移动的，所以固体不能用收缩表面积的方式来降低表面吉布斯函数。但固体可用从外部空间吸引气体分子到表面，来减小表面分子受力不对称程度，以降低表面张力及表面吉布斯函数。

在恒温恒压下，吉布斯函数降低的过程是自发过程。所以固体表面能自发将气体富集到其表面，使它在表面的浓度与气相中浓度不同。这种在相界面上，某种物质的浓度与体相浓度不同的现象称为吸附。被吸附的物质称为吸附质，例如甲烷、氯气、氢气……具有吸附能力的固体物质称为吸附剂，例如活性炭、分子筛、硅胶……吸附只指表面效应，即气体被吸附后，只停留在固体表面，并不进入固体内部。若气体进入到固体内部，则称为吸收，本节不讨论吸收问题。

固体表面的吸附有广泛的应用。具有高比表面的多孔固体，如活性炭、硅胶、分子筛等可作为吸附剂、催化剂载体等，应用于气体纯化、反应催化、环境保护等领域。近年来又有应用吸附剂于氢气、甲烷的吸附存储，以及空气、石油气的变压吸附分离等。固-气界面的吸附可提供有关固体的比表面、孔隙率、表面均匀度等许多有用信息。对解决许多重要的理论与实际问题都十分有用。

9.5.1　物理吸附与化学吸附

按吸附质与吸附剂间作用力本质的不同，可将吸附分为物理吸附与化学吸附。物理吸附时，两者分子间以范德华引力相互作用；在化学吸附中，两者分子间发生部分或全部的电子转移，是以化学键相结合。由于这两种吸附分子间的作用力有本质上的不同，所以表现出许多不同的吸附性质。

由于物理吸附是范德华力的作用，所以其特点如下。

① 它对所有分子起作用，选择性差。

② 被吸附的分子可以再吸附气体分子，所以可以是多层的，无饱和性。

③ 被吸附分子在表面上的状态与由气体凝结成的液体一样，所以吸附热与气体凝结热在同一数量级，比化学吸附小得多。容易液化的气体，就容易被吸附。例如，氯气的临界温度为－144℃，氧气临界温度为－118.57℃，所以活性炭可从空气中吸附氯气而作为防毒面具。

④ 由于吸附力弱，容易解吸，容易达到吸附平衡。

化学吸附的情况正好与物理吸附形成对比，其特点如下。

（1）由于吸附剂与吸附质之间发生化学反应，所以选择性强；在气相反应中，若反应物间可发生多种反应，使用选择性强的催化剂即可使所需要的反应更容易进行。

（2）吸附剂表面与吸附质之间形成化学键后，不会再与其他气体分子成键，所以吸附是单分子层的，有饱和性。

（3）被吸附分子在表面上与吸附剂分子发生键的断裂与生成，所以吸附热与化学反应热有同一数量级，比物理吸附热大得多。

（4）由于键的破坏与生成比较困难，所以不容易达到吸附平衡。

9.5.2 吸附量与吸附曲线

（1）吸附量

吸附量是指当吸附平衡时，单位质量吸附剂吸附的气体的物质的量 n，或标准状况（0°C，101.325kPa）下的体积 V。

吸附量通常有两种表示方法：

$$n^a=\frac{n\text{（吸附质的物质的量）}}{m\text{（吸附剂的质量）}} \tag{9-29}$$

$$V^a=\frac{V\text{（吸附质在℃，101.325kPa 下的体积）}}{m\text{（吸附剂的质量）}} \tag{9-30}$$

（2）吸附曲线

固体对气体的吸附量是温度与压力的函数。所以在研究中常常固定一个变量，研究其他两个变量间的关系。经常用的有 3 种方程：

① 压力（P）一定，吸附量与温度关系为 $\Gamma=f(T)$，称为吸附等压式；

② 吸附量一定，平衡压力与温度关系为 $T=f(P)$ 或 $P=f'(T)$，称为吸附等量式。

③ 温度一定，吸附量与压力关系为 $\Gamma=f(P)$，称为吸附等温式。

根据实验数据可得到相应的吸附曲线，其中最常用的是吸附等温线。三组曲线间可互相换算。例如由一组吸附等温线，可算出吸附等压线及等量线。

常见的吸附等温线有如下 5 种类型（P/P_s 称为比压，P_s 是吸附质在该温度时的饱和蒸气压，P 为吸附质的压力）。

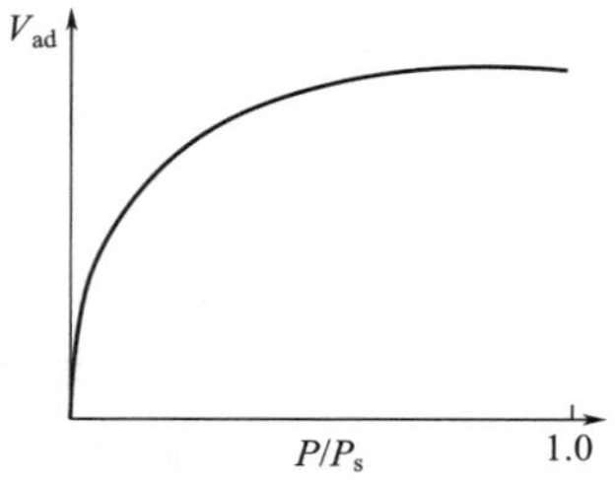

图 9-15 78K 时 N_2 在活性炭上的吸附及水和苯蒸气在分子筛上的吸附

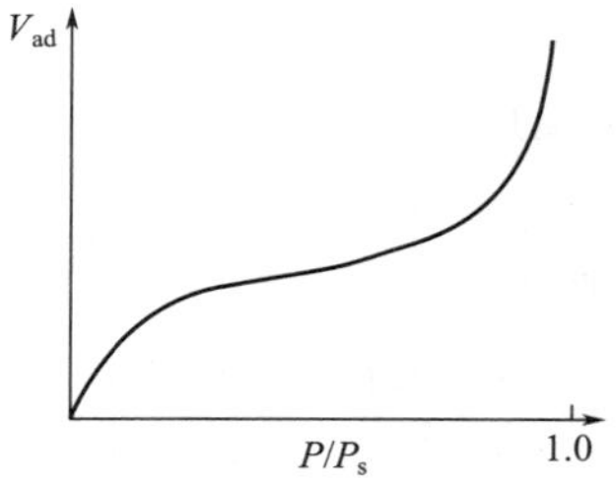

图 9-16 78K 时 N_2 在硅胶或铁催化剂上的吸附

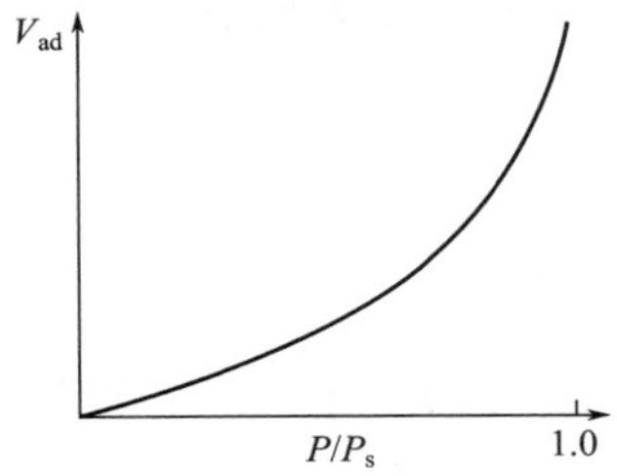

图 9-17　352K 时 Br_2 在硅胶上的吸附

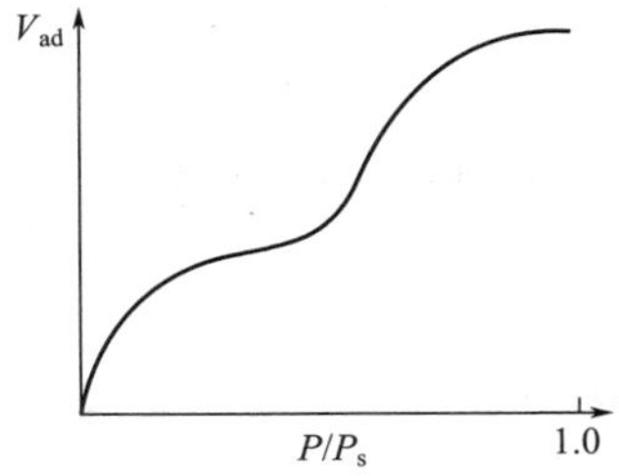

图 9-18　323K 时苯在氧化铁凝胶上的吸附

① 在 2.5nm 以下微孔吸附剂上的吸附等温线。例如，78K 时 N_2 在活性炭上的吸附及水和苯蒸气在分子筛上的吸附属于此类型，如图 9-15 所示。

② S 型等温线，吸附剂孔径大小不一，发生多分子层吸附。在比压接近 1 时，发生毛细管凝聚现象。例如，78K 时 N_2 在硅胶或铁催化剂上的吸附属于此类型，如图 9-16 所示。

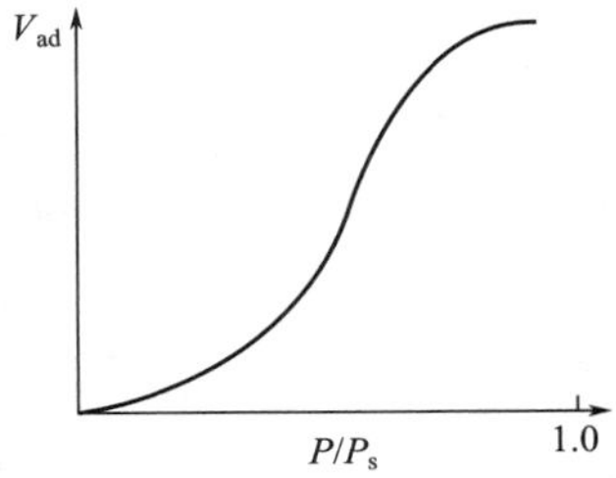

图 9-19　373K 时水汽在活性炭上的吸附

③ 这种类型较少见。当吸附剂和吸附质相互作用很弱时会出现这种等温线。例如，352K 时，Br_2 在硅胶上的吸附属于此类型，如图 9-17 所示。

④ 多孔吸附剂发生多分子层吸附时会有这种等温线。在比压较高时，有毛细凝聚现象。例如，在 323K 时，苯在氧化铁凝胶上的吸附属于此类型，如图 9-18 所示。

⑤ 发生多分子层吸附，有毛细凝聚现象时会有这种等温线。例如，373K 时，水汽在活性炭上的吸附属于此类型，如图 9-19 所示。

五种类型的吸附等温线，反映了吸附剂的表面性质有所不同，孔分布及吸附质和吸附剂的相互作用不同。因此，由吸附等温线的类型可以了解一些关于吸附剂表面性质、孔的分布性质和吸附剂相互作用的有关信息。

9.5.3　朗缪尔单分子层吸附理论及吸附等温式

（1）朗缪尔单分子层吸附理论

1916 年，朗缪尔（Langmuir）根据大量实验事实，从动力学观点出发，提出了固体对气体的吸附理论，即朗缪尔单分子层吸附理论，该理论的基本假定如下。

① 固体具有吸附能力是因为吸附剂表面的原子力场没有饱和，有剩余价力。当气体分子碰撞到固体表面上时，其中一部分就被吸附并放出吸附热。但是气体分子只有碰撞到尚未被吸附的空白表面上才能够发生吸附作用。当固体表面上已铺满一层吸附分子之后，这种力场得到了饱和，因此吸附是单分子层的。

② 固体表面均匀，各个晶格位置的吸附能力相同，每个位置吸附一个分子，吸附热为常数，与覆盖率 θ（表面被覆盖的分数）无关。被吸附在固体表面的相邻分子间无作用力，在各晶格位置上吸附与解吸难易程度与周围有无被吸分子无关。

③ 吸附和解吸（脱附）呈动态平衡。当吸附速率等于解吸速率时，从表观看，气

体不再被吸附或解吸，实际上两者仍不断地进行，这时达到了吸附平衡。

（2）朗缪尔吸附等温式

假设吸附和解析过程如下：

$$\mathrm{A(g)}+\mathrm{M}(表面)\underset{k_{-1}}{\overset{k_1}{\rightleftharpoons}}\mathrm{AM}$$

式中，k_1 为吸附速率常数；k_{-1}为解吸速率常数；A 为气体；M 为固体表面；AM 为吸附状态。

以 θ 表示在任一瞬间固体表面被覆盖的分数，即表面覆盖率。则：

$$\theta=\frac{已被吸附质覆盖的固体表面积}{固体总表面积}$$

设固体表面上具有吸附能力的总的晶格位置数（吸附位置数）为 N。吸附速率与 A 的压力 P 及固体表面上的空位数（$1-\theta$）N 成正比，则吸附速率 $r_{吸附}$ 为：

$$r_{吸附}=k_1P(1-\theta)N \tag{9-31}$$

被吸附的气体分子脱离固体表面重新回到气相中的速率称为解吸速率（有时也称为脱附）。解吸速率与固体表面上被覆盖的吸附位置数成正比，则解吸速率 $r_{解吸}$ 为：

$$r_{解吸}=k_{-1}\theta N$$

在等温下达到动态平衡时，吸附速率与解吸速率相等，即 $\gamma_{吸附}=\gamma_{解吸}$。则有：

$$k_1P(1-\theta)N=k_{-1}\theta N$$

若设 $b=\frac{k_1}{k_{-1}}$，b 为吸附作用平衡常数（也叫做吸附系数）。可得：

$$\theta=\frac{bP}{1+bP} \tag{9-32}$$

式中，b 值的大小代表了固体表面吸附气体能力的强弱程度。

公式（9-32）称为朗缪尔吸附等温式。

如以 V^{a}代表压力为 P 时的实际平衡吸附量，在压力足够高的情况下，固体表面的吸附位置完全被气体分子占据，$\theta=1$。达到吸附饱和状态，此时的吸附量称为饱和吸附量，用 V_m^a表示。

因为每一个吸附位置上只能吸附一个气体分子。自然有：$\theta=\frac{V^a}{V_m^a}$

再联系式（9-32），可得：

$$\theta=\frac{bP}{1+bP}=\frac{V^a}{V_m^a} \tag{9-33}$$

因此，朗缪尔吸附等温式还可写成以下形式：

$$V^a=V_m^a\frac{bP}{1+bP} \tag{9-34}$$

$$\frac{1}{V^a}=\frac{1}{V_m^a}+\frac{1}{V_m^a b}\times\frac{1}{P} \tag{9-35}$$

由式（9-35）可知，若以$\frac{1}{V^a}$对$\frac{1}{P}$作图，应得一条直线，由其斜率及截距，可求得 V^a 和 b。

若已知每个被吸附分子的截面积 a_m 及饱和吸附量 V_m^a

可用下式计算吸附剂的比表面积：

$$A_s=\frac{V_m^a}{V_0}La_m \qquad (9\text{-}36)$$

式中，为 V_0 为 1mol 气体在标准态（0℃，101.325kPa）下的体积；L 为阿伏伽德罗常数；A_s 为单位质量吸附剂的总吸附表面积；V_m^a 为吸附饱和量，m^3/kg。

① 朗缪尔公式的特点

当压力很低时，$bP \ll 1$，式（9-34）简化为：

$$V^a=V_m^a bP \qquad (9\text{-}37)$$

吸附量与压力成正比，反映在吸附等温线的起始段，曲线几乎是直线的情况。

当压力很高时，$bP \gg 1$，则有：

$$V^a=V_m^a$$

吸附量几乎达到饱和，反映在吸附等温线上为水平段的情况。

当压力适中时，吸附量与平衡压力呈曲线关系。

② 朗缪尔公式的优缺点：若固体表面比较均匀，吸附只限于单分子层，该式能较好代表实验结果。对一般化学吸附及低压高温物理吸附，该式均取得很大成功。

当表面覆盖率不是很低时，被吸附分子间的相互作用不可忽视。实际上，固体表面并不均匀，吸附热随覆盖率 θ 而变，该公式与实验发生偏差。此外，对多分子层吸附也不适用。

人们曾提出许多描述吸附的物理模型及等温线方程，以下介绍两种比较重要、应用广泛的吸附等温线方程。

（3）吸附经验式——弗罗因德利希公式

弗罗因德利希提出，用含有两个常数的指数经验方程来描述中压范围内，第一类吸附等温线：

$$\lg V^a=\lg k+n\lg P \qquad (9\text{-}38)$$

式中，k 为单位压力时的吸附量，随温度升高而降低；n 在 0～1 之间，描述压力对吸附量影响大小。

式（9-38）也可变形为：

$$V^a=KP^n \qquad (9\text{-}39)$$

该式的优点是：形式简单使用方便，应用广泛。缺点是经验常数 k 与 n 没有明确物理意义，不能说明吸附作用的机理。

这种形式的方程，也可用于溶液中的吸附，如活性炭对乙酸的吸附。

（4）多分子层吸附理论——BET 公式

朗缪尔等温式仅能较好地说明第一种类型吸附等温线图 9-15。对于其他四种类型等温线却无法解释。布鲁诺尔（Brunauer）、埃米特（Emmett）和特勒（Teller）三人在 1938 年提出的多分子层吸附理论（BET 理论），较成功地解释了其他类型的吸附等温线。

当吸附质的温度接近正常沸点（如液 N_2 温度下的 N_2 吸附）即发生多分子层吸附。

如图 9-20。

第一层：气体与固体表面直接发生联系（单层满吸附量为 V_m）。

第二层及以后各层：相同分子之间的相互作用。各层吸附热都相同，接近于气体的凝聚热

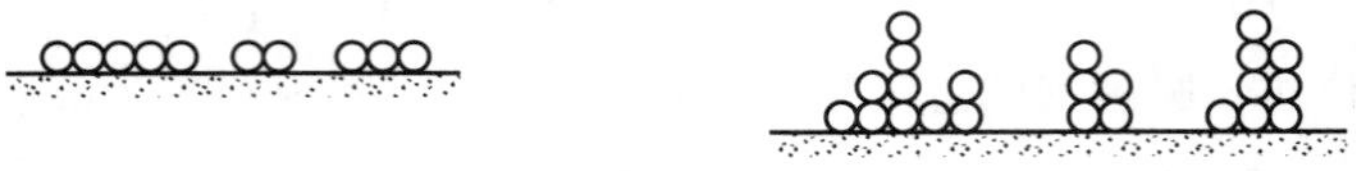

图 9-20　多分子层吸附示意

当吸附达到平衡以后，气体的吸附量（V^a）等于各层吸附量的总和，可以证明在等温下有如下关系：

$$\frac{V^a}{V_m^a}=\frac{c\left(\frac{P}{P^*}\right)}{\left(1-\frac{P}{P^*}\right)\left\{1+\frac{(c-1)P}{P^*}\right\}} \tag{9-40}$$

上式称为 BET 吸附公式。式中，V^a 为平衡压力 P 下的吸附量；V_m^a 为单分子层的饱和吸附量；P^* 为吸附质液体在吸附温度下的饱和蒸气压；c 为与吸附热有关的吸附常数。

BET 公式可写成直线形式：

$$\frac{P}{V^a(P^*-P)}=\frac{1}{V_m^a}+\frac{c-1}{cV_m^a}\frac{P}{P^*} \tag{9-41}$$

在测定不同压力 P 下的吸附量 V^a 后，若以 $\frac{P}{V^a(P^*-P)}$ 对 P/P^* 作图，可得一直线。

BET 公式被广泛应用于比表面的测定，吸附质是低温惰性气体。当第一层吸附热远远大于被吸附气体的凝结热时，$c\gg1$，简化为：

$$\frac{V^a}{V_m^a}\approx\frac{1}{1-P/P^*} \tag{9-42}$$

这时只要测定一个平衡压力 P 下的吸附量 V^a，即可求出饱和吸附量 V_m^a。所以式（9-42）又称为“一点法”公式。

BET 两参数公式只适用于 $P/P^*=0.05\sim0.35$ 的范围。在压力较低或较高的情况下，均产生较大偏差。

产生偏差原因：

a. 固体表面实际是不均匀的，各点吸附能力不同，最初吸附总是发生在能量最有利的位置上；b. 假定同一吸附层的分子间无相互作用力，上下层分子间却存在吸引力，这本身就是矛盾的；c. 在低温、高压下，在吸附剂的毛细孔中，可能发生毛细凝结效应等因素未考虑在内。

虽然至今为止，许多人想建立一个能解决表面不均匀性与分子间有相互作用的吸附理论，但均未成功。所以，BET 理论仍然是迄今为止应用最广、最成功的理论。

BET 公式应用于液氮温度下 N_2 吸附法比表面测定。

BET 理论与朗缪尔理论的异同点见表 9-1。

表 9-1　BET 理论与朗缪尔理论的异同点对照

	Langmuir 理论	BET 理论
1	单分子层吸附。只有碰撞到固体空白表面上，进入吸附力场作用范围的气体分子才有可能被吸附	多分子层吸附。被吸附的分子可以吸附碰撞在它上面的气体分子；也不一定等待第一层吸附满了再吸附第二层，而是从一开始就表现为多层吸附
2	固体表面是均匀的，各晶格位置处吸附能力相同，每个位置吸附一个分子。吸附热是常数，与覆盖率无关	固体表面是均匀的，各晶格位置处吸附能力相同。因第二层以上各层位相同分子间的相互作用，所以除第一层外，其余各层吸附热都相等，为被吸附气体凝结热
3	被吸附在固体表面上的分子相互之间无作用力	被吸附在固体表面上的分子横向相互之间无作用力
4	吸附平衡是动态平衡，当吸附速率与解吸速率相等时达到吸附平衡	当吸附达到平衡时，每一层上的吸附速率与解吸速率都相等

9.6　表面活性剂及其作用

9.6.1　表面活性剂

通常，我们把能显著降低水的表面张力，降低水的表面自由能的物质称为表面活性剂。其在表面相中的排列如下：

亲水的极性基团──→朝里
憎水的非极性基团──→朝外（8～18 个 C 的直链烃）

（1）表面活性剂的结构特征

一般表面活性剂分子都由亲水性的极性基团（亲水基）和憎水（亲油）性的非极性基团（憎水基或亲油基）两部分构成，如图 9-21 所示。

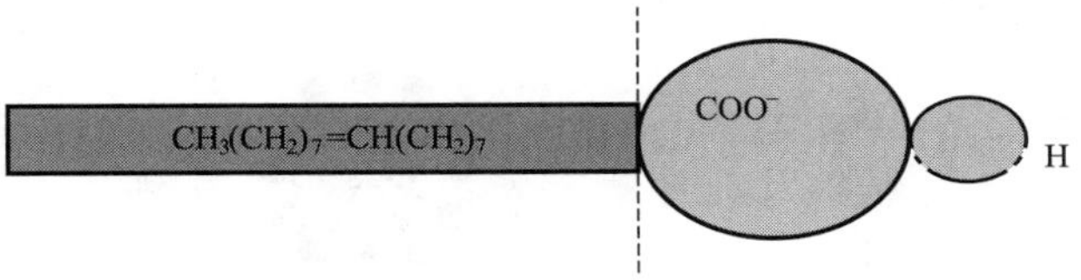

图 9-21　表面活性剂的结构特征

（2）表面活性剂的分类

表面活性剂通常按化学结构分为离子型和非离子型两大类如图 9-22 所示。离子型中又可分为阳离子型（如烷基三甲氯化铵）、阴离子型（如脂肪醇硫酸钠）和两性表面活性剂（如甜菜碱型表面活性剂）。

显然，阳离子型和阴离子型的表面活性剂不能混用，否则可能会发生沉淀而失去活性作用。

9.6.2　表面活性剂的结构对其效率、有效值的影响

表面活性剂的效率：使水的表面张力明显降低所需的表面活性剂的浓度。效率越

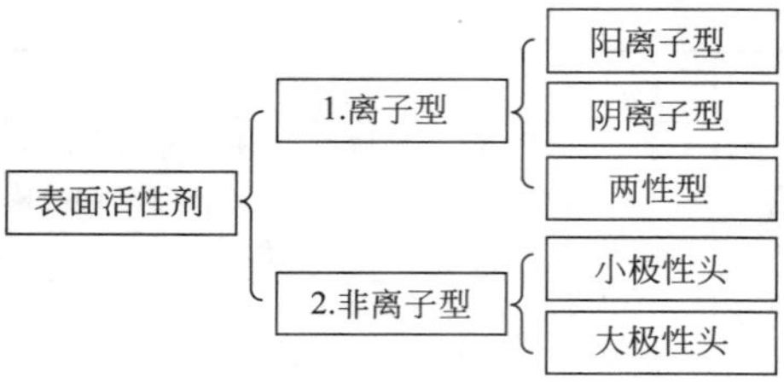

图 9-22　表面活性剂结构分类

高，水溶液表面张力明显降低所需活性剂越少。表面活性剂效率，等于 $\left(\frac{\mathrm{d}\gamma}{\mathrm{d}c}\right)_{低浓时}$ 的绝对值。

表面活性剂有效值：把水的表面张力降低到的最小值叫表面活性剂的有效值。有效值越小，溶液最终表面张力越小。

表面活性剂有效值，等于 γ-c 曲线的最小值。

不同结构的表面活性剂的效率和有效值变化见表 9-2。

表 9-2　不同结构的表面活性剂的效率和有效值变化

表面活性剂结构	效率	有效值
（憎水）长链增长（链长达一定长后）	增	减
有（憎水）支链或不饱和	减	减
（亲水）基团由末端移至中央	减	减

脂肪长链、亲水基团在末端的表面活性剂效率高，在相同碳链链长下，有效值也较高。

表面活性剂是两亲分子。溶解在水中达一定浓度时，其非极性部分会自相结合，形成聚集体，使憎水基向里、亲水基向外。这种多分子聚集体称为胶束。

形成胶束的最低浓度称为临界胶束浓度。超过临界胶束浓度后，由于表面相已被活性分子占满，只能增加溶液中胶束的数量和大小，而胶束不具备活性（憎水基团在胶束内部），所以表面张力不再下降。例如：在用洗衣粉（活性剂）去污时，当浓度达到临界胶束浓度后，即使再增加浓度，其去污力也不再增加，所以浓度适当即可。

随着亲水基不同和浓度不同，形成的胶束可呈现棒状、层状或球状等多种形状。以憎水基的相互靠拢方式的不同分类，如图 9-23 所示。

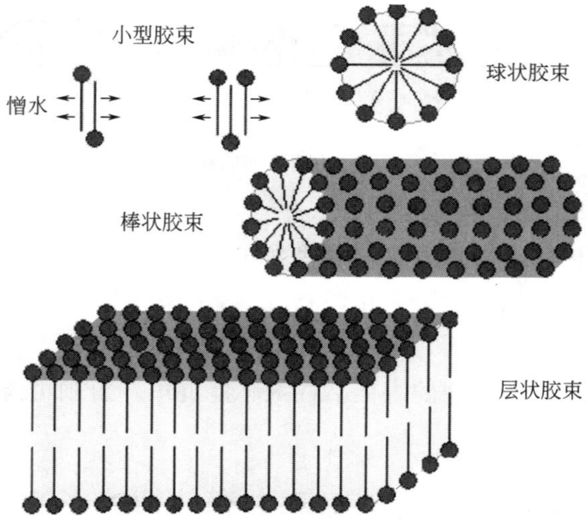

图 9-23　胶束的类型

9.6.3 表面活性剂的重要作用及其应用

表面活性剂的用途极广，主要有以下几个方面。

(1) 润湿作用

表面活性剂可以降低液体表面张力，改变接触角的大小，从而达到所需的目的。

例如，使农药润湿带蜡的植物表面，要在农药中加表面活性剂；如果要制造防水材料，就要在表面涂憎水的表面活性剂，使接触角大于 90°。

(2) 起泡作用

表面活性剂降低表面张力，有助于大量界面的产生，即形成泡沫。“泡”就是由液体薄膜包围着气体。有的表面活性剂和水可以形成一定强度的薄膜，包围着空气而形成泡沫，用于浮游选矿、泡沫灭火和洗涤去污等，这种活性剂称为起泡剂。

有时要使用消泡剂，在制糖、制中药过程中泡沫太多，要加入适当的表面活性剂降低薄膜强度，消除气泡，防止事故。

起泡剂所起的主要作用有：

a. 降低表面张力；b. 使泡沫膜牢固，有一定的机械强度和弹性；c. 使泡沫有适当的表面黏度。

(3) 增溶作用

非极性有机物如苯在水中溶解度很小，加入油酸钠等表面活性剂后，苯在水中的溶解度大大增加，这称为增溶作用。增溶作用与普通的溶解概念是不同的，增溶的苯不是均匀分散在水中，而是分散在油酸根分子形成的胶束中。

经 X 射线衍射证实，增溶后各种胶束都有不同程度的增大，而整个溶液的依数性变化不大。

增溶作用的特点：

a. 增溶作用可以使被溶物的化学势大大降低，是自发过程，使整个系统更加稳定；b. 增溶作用是一个可逆的平衡过程；c. 增溶后不存在两相，溶液是透明的。

(4) 乳化作用

一种或几种液体以大于 10^{-7} m 直径的液珠分散在另一不相混溶的液体之中形成的粗分散系统称为乳状液。

要使乳状液稳定存在必须加乳化剂。根据乳化剂结构的不同可以形成以水为连续相的水包油乳状液（O/W），或以油为连续相的油包水乳状液（W/O）。

有时为了破坏乳状液需加入另一种表面活性剂，称为破乳剂，将乳状液中的分散相和分散介质分开。例如原油中需要加入破乳剂将油与水分开。

简单的乳状液通常分为两大类。习惯上将不溶于水的有机物称油，将不连续以液珠形式存在的相称为内相，将连续存在的液相称为外相。

① 水包油乳状液　用 O/W 表示。内相为油，外相为水，这种乳状液能用水稀释，如牛奶等。

② 油包水乳状液　用 W/O 表示。内相为水，外相为油，如油井中喷出的原油。

(5) 助磨作用

从实践经验中我们知道，水磨比干磨效率高。如米粉、豆粉之类，水磨要比干磨的细得多。干磨效率低的原因是，当磨细到几十微米以下时，颗粒很微小，比表面很大，系统具有很大的表面吉布斯函数，处于热力学的高度不稳定状态。在没有表面活性物质存在的情况下，有颗粒变大、表面积变小、以降低系统表面吉布斯函数的自发趋势。因此，若想提高粉碎效率，将物料磨得更细，必须加入适量助磨剂，如水、油酸等。

而在固体粉碎过程中，若有表面活性物质存在，它将很快自动吸附到固体颗粒表面，定向排列在固体颗粒表面上，使固体颗粒表面张力明显降低，使系统表面吉布斯函数减小。表面活性物质在颗粒表面的覆盖率越高，系统表面吉布斯函数越小。此外，表面活性物质还可自动渗入到细微裂缝中，并扩展到深处，如同在裂缝中打入一个“楔子”，起一种“劈裂”作用，使颗粒裂缝加大或颗粒分裂。多余的表面活性物质分子，很快吸附在这些新生的表面上，以防止裂缝的愈合或颗粒相互间黏聚。

此外，由于表面活性物质定向排列在颗粒表面上，非极性碳氢基朝外，使颗粒不易接触、表面光滑、易于滚动……这些都有利于粉碎效率的提高。

(6) 洗涤作用（去污作用）

肥皂是用动、植物油脂和 NaOH 或 KOH 皂化制得的，肥皂在酸性溶液中会形成不溶性脂肪酸，在硬水中会与钙、镁等离子生成不溶性的脂肪酸盐，不但降低了去污性能，而且污染了织物表面。

用烷基硫酸盐、烷基芳基磺酸盐及聚氧乙烯型非离子表面活性剂等作原料制成的合成洗涤剂去污能力比肥皂强，且克服了肥皂的上述缺点。

去污过程是带有污垢的固体，浸入水中，在洗涤剂的作用下，降低污垢与固体表面的粘湿功，使污垢脱落而达到去污目的。

洗涤剂中通常要加入多种辅助成分，增加对被清洗物体的润湿作用，还要有起泡、增白、占领清洁表面不被再次污染等功能。

在合成洗涤剂中除了加某些起泡剂、乳化剂等表面活性物质外，往往还要加入一些硅酸盐、焦磷酸盐等非表面活性物质，使溶液有一定的碱性，增强去污能力，同时也可防止清洁固体表面重新被污物沉积。

由于焦磷酸盐随废水排入江湖中会引起藻类疯长，破坏水质，危及鱼虾生命。现在已禁止使用含磷洗涤剂，目前主要用铝硅酸盐等一类分散度很好的白色碱性非表面活性物质代替焦磷酸盐，能达到同样的洗涤效果。

习　题

9.1　请回答下列问题

(1) 常见的亚稳定状态有哪些？为什么会产生亚稳定状态？如何防止亚稳定状态的产生？

(2) 在一个封闭的钟罩内，有大小不等的两个球形液滴，问长时间恒温放置后会出现什么现象？

(3) 物理吸附和化学吸附最本质的区别是什么？

(4) 在一定温度、压力下，为什么物理吸附都是放热过程？

9.2　在 293.15K 及 101.325kPa 下，把半径为 1×10^{-3} m 的汞滴分散成半径为 1×10^{-9}

m小汞滴，试求此过程系统的表面吉布斯函数变为多少？已知汞的表面张力为0.4865N/m。

9.3 计算373.15K时，下列情况下弯曲液面承受的附加压。已知373.15K时水的表面张力为58.91×10^{-3}N/m。

(1) 水中存在的半径为0.1μm的小气泡；

(2) 空气中存在的半径为0.1μm的小液滴；

(3) 空气中存在的半径为0.1μm的小气泡。

9.4 293.15K时，将直径为0.1mm的玻璃毛细管插入乙醇中。问需要在管内加入多大的压力才能防止液面上升？如不加任何压力，平衡后毛细管内液面高度为多少？已知该温度下乙醇的表面张力为22.3×10^{-3}N/m，密度为789.4kg/m^3，重力加速度为9.8m/s^2。假设乙醇能很好地润湿玻璃。

9.5 水蒸气迅速冷却至298.15K时可达过饱和状态。已知该温度下的表面张力为71.97×10^{-3}N/m，密度为997kg/m^3。当过饱和水蒸气压力为平液面水的饱和蒸汽压的4倍时，计算：

(1) 开始形成水滴的半径；

(2) 每个水滴中所含水分子的个数。

9.6 已知$CaCO_3$（s）在773.15K时的密度为3900kg/m^3，表面张力为1210×10^{-3}N/m，分解压力为101.325Pa。若将$CaCO_3$（s）研磨成半径为30nm（1nm＝10^{-9}m）的粉末，求其在773.15K时的分解压力。

9.7 在351.15K时，用焦炭吸附NH_3气测得如下数据，设V^a-P关系符合$V^a=kP^n$方程。

P/kPa	0.7224	1.307	1.723	2.898	3.931	7.528	10.102
V^a/(dm^3/kg)	10.2	14.7	17.3	23.7	28.4	41.9	50.1

试求方程$V^a=kP^n$中k及n的数值。

9.8 已知273.15K时，用活性炭吸附$CHCl_3$，其饱和吸附量为93.8dm^3/kg，若$CHCl_3$的分压为13.375kPa，其平衡吸附量为82.5dm^3/kg。试求：

(1) 朗缪尔吸附等温式的b值；

(2) $CHCl_3$的分压为6.6672kPa时，平衡吸附量为多少？

9.9 在473.15K时，测定氧气某催化剂表面上的吸附作用。当平衡压力分别为101.325kPa及1013.25kPa时，每千克催化剂的表面吸附氧的体积分别为2.5×10^{-3}m^{3}及4.2×10^{-3}m^3（已换算为标准状况下的体积）。假设该吸附作用服从朗缪尔公式，试计算当氧的吸附量为饱和吸附量的一半时，氧的平衡压力为多少？

9.10 在291.15K的恒温条件下，用骨炭从乙酸水溶液中吸附乙酸。在不同的平衡浓度下，每千克骨炭吸附乙酸的物质的量如下：

C/(10^{-3}mol/dm^3)	2.02	2.46	3.05	4.10	5.81	12.8	100	200	300
n^a/(mol/kg)	0.202	0.244	0.299	0.394	0.541	1.05	3.38	4.03	4.57

将上述数据关系用朗缪尔吸附等温式关系表示，并求出式中的常数n_m^a及b。(n_m^a为以物质的量表示的饱和吸附量)

9.11 在 1373.15K 时向某固体表面涂银。已知该温度下固体材料的表面张力 $\gamma_s=965mN/m$，Ag（l）的表面张力 $\gamma_l=878.5mN/m$，固体材料与 Ag（l）的表面张力 $\gamma_{sl}=1364mN/m$。计算接触角，并判断液体银能否润湿该材料表面。

9.12 293.15K 时，水的表面张力为 72.75mN/m，汞的表面张力 486.5mN/m，而汞和水之间的表面张力为 375mN/m，试判断：

（1）水能否在汞的表面上铺展开；

（2）汞能否在水的表面上铺展开。

9.13 298.15K 时，将少量的某表面活性剂物质溶解在水中，当溶液的表面吸附达到平衡后，实验测得该溶液的浓度为 0.20mol/m。用一很薄的刀片快速地刮去已知面积的该溶液的表面薄层，测得在表面薄层中活性物质的吸附量为 $3\times10^{-6}mol/m^2$。已知 298.15K 时纯水的表面张力为 71.97mN/m。假设在很稀的浓度范围溶液的表面张力与溶液浓度呈线性关系，试计算上述溶液的表面张力。

附录 物理化学常用数据表

附录一 国际原子量表

原子序数	名称	符号	原子量	原子序数	名称	符号	原子量
1	氢	H	1.0079	38	锶	Sr	87.62
2	氦	He	4.00260	39	钇	Y	88.9059
3	锂	Li	6.941	40	锆	Zr	91.22
4	铍	Be	9.01218	41	铌	Nb	92.9064
5	硼	B	10.81	42	钼	Mo	95.94
6	碳	C	12.011	43	锝	Tc	[97][99]
7	氮	N	14.0067	44	钌	Ru	101.07
8	氧	O	15.9994	45	铑	Rh	102.9055
9	氟	F	18.99840	46	钯	Pd	106.4
10	氖	Ne	20.179	47	银	Ag	107.868
11	钠	Na	22.98977	48	镉	Cd	112.41
12	镁	Mg	24.305	49	铟	In	114.82
13	铝	Al	26.98154	50	锡	Sn	118.69
14	硅	Si	28.0855	51	锑	Sb	121.75
15	磷	P	30.97376	52	碲	Te	127.60
16	硫	S	32.06	53	碘	I	126.9045
17	氯	Cl	35.453	54	氙	Xe	131.30
18	氩	Ar	39.948	55	铯	Cs	132.9054
19	钾	K	39.098	56	钡	Ba	137.33
20	钙	Ca	40.08	57	镧	La	138.9055
21	钪	Sc	44.9559	58	铈	Ce	140.12
22	钛	Ti	47.90	59	镨	Pr	140.9077
23	钒	V	50.9415	60	钕	Nd	144.24
24	铬	Cr	51.996	61	钷	Pm	[145]
25	锰	Mn	54.9380	62	钐	Sm	150.4
26	铁	Fe	55.847	63	铕	Eu	151.96
27	钴	Co	58.9332	64	钆	Gd	157.25
28	镍	Ni	58.70	65	铽	Tb	158.9254
29	铜	Cu	63.546	66	镝	Dy	162.50
30	锌	Zn	65.38	67	钬	Ho	164.9304
31	镓	Ga	69.72	68	铒	Er	167.26
32	锗	Ge	72.59	69	铥	Tm	168.9342
33	砷	As	74.9216	70	镱	Yb	173.04
34	硒	Se	78.96	71	镥	Lu	174.967
35	溴	Br	79.904	72	铪	Hf	178.49
36	氪	Kr	83.80	73	钽	Ta	180.9479
37	铷	Rb	85.4678	74	钨	W	183.85

续表

原子序数	名称	符号	原子量	原子序数	名称	符号	原子量
75	铼	Re	186.207	92	铀	U	238.029
76	锇	Os	190.2	93	镎	Np	237.0482
77	铱	Ir	192.22	94	钚	Pu	[239][244]
78	铂	Pt	195.09	95	镅	Am	[243]
79	金	Au	196.9665	96	锔	Cm	[247]
80	汞	Hg	200.59	97	锫	Bk	[247]
81	铊	Tl	204.37	98	锎	Cf	[251]
82	铅	Pb	207.2	99	锿	Es	[254]
83	铋	Bi	208.9804	100	镄	Fm	[257]
84	钋	Po	[210][209]	101	钔	Md	[258]
85	砹	At	[210]	102	锘	No	[259]
86	氡	Rn	[222]	103	铹	Lr	[260]
87	钫	Fr	[223]	104		Unq	[261]
88	镭	Ra	226.0254	105		Unp	[262]
89	锕	Ac	227.0278	106		Unh	[263]
90	钍	Th	232.0381	107			[261]
91	镤	Pa	231.0359				

附录二　国际单位制中具有专用名称导出单位

量的名称	单位名称	单位符号	其他表示式例
频率	赫[兹]	Hz	s^{-1}
力	牛[顿]	N	$kg \cdot m/s^2$
压力、应力	帕[斯卡]	Pa	N/m^2
能、功、热量	焦[耳]	J	$N \cdot m$
电量、电荷	库[仑]	C	As
功率	瓦[特]	W	J/s
电位、电压、电动势	伏[特]	V	W/A
电容	法[拉]	F	C/V
电阻	欧[姆]	Ω	V/A
电导	西[门子]	S	A/V
磁通量	韦[伯]	Wb	Vs
磁感应强度	特[斯拉]	T	Wb/m^2
电感	亨[利]	H	Wb/A
摄氏温度	摄氏度	C	

附录三　国际单位制的基本单位

量	单位名称	单位符号
长度	米	M
质量	千克(公斤)	Kg
时间	秒	s
电流	安[培]	A
热力学温度	开[尔文]	K
物质的量	摩[尔]	mol
光强度	坎[德拉]	ed

附录四　用于构成十进倍数和分数单位的词头

倍数	词头名称	词头符号	分数	词头名称	词头符号
10^{18}	艾[可萨](exa)	E	10^{-1}	分(deci)	d
10^{15}	拍[它](peta)	P	10^{-2}	厘(centi)	c
10^{12}	太[拉](tera)	T	10^{-3}	毫(milli)	m
10^{9}	吉[咖](giga)	G	10^{-6}	微(micro)	μ
10^{6}	兆(mega)	M	10^{-9}	纳[诺](nano)	n
10^{3}	千(kilo)	k	10^{-12}	皮[可](pico)	p
10^{2}	百(hecto)	h	10^{-15}	飞[母托](femto)	f
10^{1}	十(deca)	da	10^{-18}	阿[托](atto)	a

附录五　不同温度下水的表面张力 γ

t/℃	$\gamma/(10^{-3}N/m)$	t/℃	$\gamma/(10^{-3}N/m)$
0	75.64	21	72.59
5	74.92	22	72.44
10	74.22	23	72.28
11	74.07	24	72.13
12	73.93	25	71.97
13	73.78	26	71.82
14	73.64	27	71.66
15	73.49	28	71.50
16	73.34	29	71.35
17	73.19	30	71.18
18	73.05	35	70.38
19	72.90	40	69.56
20	72.75	45	68.74

附录六　甘汞电极的电极电势与温度的关系

甘汞电极	φ/V
饱和甘汞电极	$0.2412-6.61\times10^{-4}(t-25)-1.75\times10^{-6}(t-25)^2-9\times10^{-10}(t-25)^3$
标准甘汞电极	$0.2801-2.75\times10^{-4}(t-25)-2.50\times10^{-6}(t-25)^2-4\times10^{-9}(t-25)^3$
甘汞电极 0.1mol/L	$0.3337-8.75\times10^{-5}(t-25)-3\times10^{-6}(t-25)^2$

附录七　一些常见物质的标准摩尔生成焓、标准摩尔生成吉布斯函数、标准摩尔熵和摩尔热容（100kPa）

物质	$\Delta_f H_m^{\ominus}$(298.15K) /(kJ/mol)	$\Delta_f G_m^{\ominus}$ (298.15K) /(kJ/mol)	$S_m^{\ominus}$ (298.15K) /[J/(K·mol)]	$C_{p,m}^{\ominus}$ (298.15K) /[J/(K·mol)]
Ag(s)	0	0	42.712	25.48
Ag_2CO_3(s)	−506.14	−437.09	167.36	

续表

物质	$\Delta_f H_m^{\ominus}$(298.15K) /(kJ/mol)	$\Delta_f G_m^{\ominus}$ (298.15K) /(kJ/mol)	$S_m^{\ominus}$ (298.15K) /[J/(K·mol)]	$C_{p,m}^{\ominus}$ (298.15K) /[J/(K·mol)]
Ag_2O(s)	−30.56	−10.82	121.71	65.57
Al(s)	0	0	28.315	24.35
Al(g)	313.80	273.2	164.553	
α-Al_2O_3	−1669.8	−2213.16	0.986	79.0
$Al_2(SO_4)_3$(s)	−3434.98	−3728.53	239.3	259.4
Br_2(g)	111.884	82.396	175.021	
Br_2(g)	30.71	3.109	245.455	35.99
Br_2(l)	0	0	152.3	35.6
C(g)	718.384	672.942	158.101	
C(金刚石)	1.896	2.866	2.439	6.07
C(石墨)	0	0	5.694	8.66
CO(g)	−110.525	−137.285	198.016	29.142
CO_2(g)	−393.511	−394.38	213.76	37.120
Ca(s)	0	0	41.63	26.27
CaC_2(s)	−62.8	−67.8	70.2	62.34
$CaCO_3$(方解石)	−1206.87	−1128.70	92.8	81.83
$CaCl_2$(s)	−795.0	−750.2	113.8	72.63
CaO(s)	−635.6	−604.2	39.7	48.53
$Ca(OH)_2$(s)	−986.5	−896.89	76.1	84.5
$CaSO_4$(硬石膏)	−1432.68	−1320.24	106.7	97.65
Cl^-(aq)	−167.456	−131.168	55.10	
Cl_2(g)	0	0	222.948	33.9
Cu(s)	0	0	33.32	24.47
CuO(s)	−155.2	−127.1	43.51	44.4
α-Cu_2O	−166.69	−146.33	100.8	69.8
F_2(g)	0	0	203.5	31.46
α-Fe	0	0	27.15	25.23
$FeCO_3$(s)	−747.68	−673.84	92.8	82.13
FeO(s)	−266.52	−244.3	54.0	51.1
Fe_2O_3(s)	−822.1	−741.0	90.0	104.6
Fe_3O_4(s)	−117.1	−1014.1	146.4	143.42
H(g)	217.94	203.122	114.724	20.80
H_2(g)	0	0	130.695	28.83
D_2(g)	0	0	144.884	29.20
HBr(g)	−36.24	−53.22	198.60	29.12
HBr(aq)	−120.92	−102.80	80.71	
HCl(g)	−92.311	−95.265	186.786	29.12
HCl(aq)	−167.44	−131.17	55.10	
H_2CO_3(aq)	−698.7	−623.37	191.2	
HI(g)	−25.94	−1.32	206.42	29.12
H_2O(g)	−241.825	−228.577	188.823	33.571
H_2O(l)	−285.838	−237.142	69.940	75.296
H_2O(s)	−291.850	(−234.03)	(39.4)	
H_2O_2(l)	−187.61	−118.04	102.26	82.29
H_2S(g)	−20.146	−33.040	205.75	33.97
H_2SO_4(l)	−811.35	(−866.4)	156.85	137.57
H_2SO_4(aq)	−811.32			
HSO_4(aq)	−885.75	−752.99	126.86	

续表

物质	$\Delta_f H_m^\ominus$(298.15K)	$\Delta_f G_m^\ominus$ (298.15K)	$S_m^\ominus$ (298.15K)	$C_{p,m}^\ominus$ (298.15K)
	/(kJ/mol)	/(kJ/mol)	/[J/(K·mol)]	/[J/(K·mol)]
l_2(g)	0	0	116.7	55.97
I_2(g)	62.242	19.34	260.60	36.87
N_2(g)	0	0	191.598	29.12
NH_3(g)	−46.19	−16.603	192.61	35.65
NO(g)	89.860	90.37	210.309	29.861
NO_2(g)	33.85	51.86	240.57	37.90
N_2O(g)	81.55	103.62	220.10	38.70
N_2O_4(g)	9.660	98.39	304.42	79.0
N_2O_5(g)	2.51	110.5	342.4	108.0
O(g)	247.521	230.095	161.063	21.93
O_2(g)	0	0	205.138	29.37
O_3(g)	142.3	163.45	237.7	38.15
OH^-(aq)	−229.940	−157.297	−10.539	
S(单斜)	0.29	0.096	32.55	23.64
S(斜方)	0	0	31.9	22.60
(g)	124.94	76.08	227.76	32.55
S(g)	222.80	182.27	167.825	
SO_2(g)	−296.90	−300.37	248.64	39.79
SO_3(g)	−395.18	−370.40	256.34	50.70
SO_4^{2-}(aq)	−907.51	−741.90	17.2	

附录八　标准电极电势（298.16K）

1. 在酸性溶液中

电极反应	E/V	电极反应	E/V
$Ag^+ + e^- = Ag$	0.7996	$Cd^{2+} + 2e^- = Cd(Hg)$	−0.3521
$Ag^{2+} + e^- = Ag^+$	1.980	$Ce^{3+} + 3e^- = Ce$	−2.483
$AgAc + e- = Ag + Ac^-$	0.643	$Cl_2(g) + 2e^- = 2Cl^-$	1.35827
$AgBr + e^- = Ag + Br^-$	0.07133	$HClO + H^+ + e^- = 1/2Cl_2 + H_2O$	1.611
$Ag_2BrO_3 + e^- = 2Ag + BrO_3^-$	0.546	$HClO + H^+ + 2e^- = Cl^- + H_2O$	1.482
$Ag_2C_2O_4 + 2e^- = 2Ag + C_2O_4^{2-}$	0.4647	$ClO_2 + H^+ + e^- = HClO_2$	1.277
$AgCl + e^- = Ag + Cl^-$	0.22233	$HClO_2 + 2H^+ + 2e^- = HClO + H_2O$	1.645
$Ag_2CO_3 + 2e^- = 2Ag + CO_3^{2-}$	0.47	$HClO_2 + 3H^+ + 3e^- = 1/2Cl_2 + 2H_2O$	1.628
$Ag_2CrO_4 + 2e^- = 2Ag + Cr_4^{2-}$	0.4470	$HClO_2 + 3H^+ + 4e^- = Cl^- + 2H_2O$	1.570
$AgF + e^- = Ag + F^-$	0.779	$ClO_3^- + 2H^+ + e^- = ClO_2 + H_2O$	1.152
$AgI + e^- = Ag + I^-$	−0.15224	$ClO_3^- + 3H^+ + 2e^- = HClO_2 + H_2O$	1.214
$Ag_2S + 2H + 2e^- = 2Ag + H_2S$	−0.0366	$ClO_3^- + 6H^+ + 5e^- = 1/2Cl_2 + 3H_2O$	1.47
$AgSCN + e^- = Ag + SCN^-$	0.08951	$ClO_3^- + 6H^+ + 6e^- = Cl^- + 3H_2O$	1.451
$Ag_2SO_4 + 2e^- = 2Ag + S_4^{2-}$	0.654	$ClO_4^- + 2H^+ + 2e^- = ClO3^- + H_2O$	1.189
$Al3^+ + 3e^- = Al$	−1.662		
$AlF_6^{3-} + 3e^- = Al + 6F^-$	−2.069	$ClO_4^- + 8H^+ + 7e^- = 1/2Cl_2 + 4H_2O$	1.39
$As_2O_3 + 6H^+ + 6e^- = 2As + 3H_2O$	0.234		
$HAsO_2 + 3H^+ + 3e^- = As + 2H_2O$	0.248	$ClO_4^- + 8H^+ + 8e^- = Cl^- + 4H_2O$	1.389
$H_3AsO_4 + 2H^+ + 2e^- = HAsO_2 + 2H_2O$	0.560	$Co^{2+} + 2e^- = Co$	−0.28
$Au^+ + e^- = Au$	1.692	$Co^{3+} + e^- = Co_2^+$ (2molL 1H_2SO_4)	1.83
$Au^{3+} + 3e^- = Au$	1.498	$CO_2 + 2H^+ + 2e^- = HCOOH$	−0.199

续表

电极反应	E/V	电极反应	E/V
$AuCl_4^- + 3e^- = Au + 4Cl^-$	1.002	$Cr^{2+} + 2e^- = Cr$	−0.913
$Au^{3+} + 2e^- = Au^+$	1.401	$Cr^{3+} + e- = Cr^{2+}$	−0.407
$H_3BO_3 + 3H^+ + 3e^- = B + 3H_2O$	−0.8698	$Cr^{3+} + 3e^- = Cr$	−0.744
$Ba^{2+} + 2e^- = Ba$	−2.912	$Cr_2O + 14H^+ + 6e^- = 2Cr^{3+} + 7H_2O$	1.232
$Ba^{2+} + 2e^- = Ba(Hg)$	−1.570	$HCrO_4^- + 7H^+ + 3e^- = Cr3^+ + 4H_2O$	1.350
$Be^{2+} + 2e^- = Be$	−1.847	$Cu^+ + e^- = Cu$	0.521
$BiCl_4^- + 3e^- = Bi + 4Cl^-$	0.16	$Cu^{2+} + e^- = Cu^+$	0.153
$Bi_2O_4 + 4H^+ + 2e^- = 2BiO^+ + 2H_2O$	1.593	$Cu^{2+} + 2e^- = Cu$	0.3419
$BiO^+ + 2H^+ + 3e^- = Bi + H_2O$	0.320	$CuCl + e^- = Cu + Cl^-$	0.124
$BiOCl + 2H^+ + 3e^- = Bi + Cl^- + H_2O$	0.1583	$F_2 + 2H^+ + 2e^- = 2HF$	3.053
$Br_2(aq) + 2e^- = 2Br^-$	1.0873	$F_2 + 2e^- = 2F^-$	2.866
$Br_2(l) + 2e^- = 2Br^-$	1.066	$Fe^{2+} + 2e^- = Fe$	−0.447
$HBrO + H^+ + 2e^- = Br^- + H_2O$	1.331	$Fe^{3+} + 3e^- = Fe$	−0.037
$HBrO + H^+ + e^- = 1/2Br_2(aq) + H_2O$	1.574	$Fe^{3+} + e^- = Fe^{2+}$	0.771
$HBrO + H^+ + e^- = 1/2Br^2(l) + H_2O$	1.596	$[Fe(CN)_6]^{3-} + e^- = [Fe(CN)_6]^{4-}$	0.358
$BrO_3^- + 6H^+ + 5e^- = 1/2Br_2 + 3H_2O$	1.482	$FeO_4^{2-} + 8H^+ + 3e^- = Fe^{3+} + 4H_2O$	2.20
$BrO_3^- + 6H^+ + 6e^- = Br- + 3H_2O$	1.423	$Ga^{3+} + 3e^- = Ga$	−0.560
$Ca^{2+} + 2e^- = Ca$	−2.868	$2H^+ + 2e^- = H_2$	0.00000
$Cd^{2+} + 2e^- = Cd$	−0.4030	$H_2(g) + 2e^- = 2H^-$	−2.23
$CdSO_4 + 2e^- = Cd + SO_4^{2-}$	−0.246	$HO_2 + H^+ + e^- = H_2O_2$	1.495
$H_2O_2 + 2H^+ + 2e^- = 2H_2O$	1.776	$O_2 + 4H^+ + 4e^- = 2H_2O$	1.229
$Hg^{2+} + 2e^- = Hg$	0.851	$O(g) + 2H^+ + 2e^- = H_2O$	2.421
$2Hg^{2+} + 2e^- = Hg$	0.920	$O_3 + 2H^+ + 2e^- = O_2 + H_2O$	2.076
$Hg + 2e^- = 2Hg$	0.7973	$P(red) + 3H^+ + 3e^- = PH_3(g)$	−0.111
$Hg^2Br^2 + 2e^- = 2Hg + 2Br^-$	0.13923	$P(white) + 3H^+ + 3e^- = PH_3(g)$	−0.063
$Hg_2Cl_2 + 2e^- = 2Hg + 2Cl^-$	0.26808	$H_3PO_2 + H^+ + e^- = P + 2H_2O$	−0.508
$Hg_2I_2 + 2e^- = 2Hg + 2I^-$	−0.0405	$H_3PO_3 + 2H^+ + 2e^- = H_3PO_2 + H_2O$	−0.499
$Hg_2SO_4 + 2e^- = 2Hg + SO_4^{2-}$	0.6125	$H_3PO_3 + 3H^+ + 3e^- = P + 3H_2O$	−0.454
$I_2 + 2e^- = 2I^-$	0.5355	$H_3PO_4 + 2H^+ + 2e^- = H_3PO_3 + H_2O$	−0.276
$I^{3-} + 2e^- = 3I^-$	0.536	$Pb^{2+} + 2e^- = Pb$	−0.1262
$H_5IO_6 + H^+ + 2e^- = IO_3^- + 3H_2O$	1.601	$PbBr^2 + 2e^- = Pb + 2Br^-$	−0.284
$2HIO + 2H^+ + 2e^- = I_2 + 2H_2O$	1.439	$PbCl_2 + 2e^- = Pb + 2Cl^-$	−0.2675
$HIO + H^+ + 2e^- = I^- + H_2O$	0.987	$PbF_2 + 2e^- = Pb + 2F^-$	−0.3444
$2IO_3^- + 12H^+ + 10e^- = I_2 + 6H_2O$	1.195	$PbI_2 + 2e^- = Pb + 2I^-$	−0.365
$IO_3^- + 6H^+ + 6e^- = I^- + 3H_2O$	1.085	$PbO_2 + 4H^+ + 2e^- = Pb^{2+} + 2H_2O$	1.455
$In^{3+} + 2e^- = In^+$	−0.443	$PbO_2 + SO_4^{2-} + 4H^+ + 2e^- = PbSO_4 + 2H_2O$	1.6913
$In^{3+} + 3e^- = In$	−0.3382	$PbSO_4 + 2e^- = Pb + SO_4^{2-}$	−0.3588
$Ir^{3+} + 3e^- = Ir$	1.159	$Pd^{2+} + 2e^- = Pd$	0.951
$K^+ + e^- = K$	−2.931	$PdCl_4^{2-} + 2e^- = Pd + 4Cl^-$	0.591
$La^{3+} + 3e^- = La$	−2.522	$Pt^{2+} + 2e^- = Pt$	1.118
$Li^+ + e^- = Li$	−3.0401	$Rb^+ + e^- = Rb$	−2.98
$Mg^{2+} + 2e^- = Mg$	−2.372	$Re^{3+} + 3e^- = Re$	0.300
$Mn^{2+} + 2e^- = Mn$	−1.185	$S + 2H^+ + 2e^- = H_2S(aq)$	0.142
$Mn^{3+} + e^- = Mn^{2+}$	1.5415	$S_2O_4^{2-} + 4H^+ + 2e^- = 2H_2SO_3$	0.564
$MnO_2 + 4H^+ + 2e^- = Mn^{2+} + 2H_2O$	1.224	$S_2O_4^{2-} + 2e^- = 2SO_4^{2-}$	2.010
$Mn_4^- + e^- = MnO_4^{2-}$	0.558	$S_2O_4^{2-} + 2H^+ + 2e^- = 2HSO_4^-$	2.123
$MnO_4^- + 4H^+ + 3e^- = MnO_2 + 2H_2O$	1.679	$2H_2SO_3 + H^+ + 2e^- = H_2SO_4^- + 2H_2O$	−0.056
$MnO_4^- + 8H^+ + 5e^- = Mn^{2+} + 4H_2O$	1.507	$H_2SO_3 + 4H^+ + 4e^- = S + 3H_2O$	0.449
$MO^{3+} + 3e^- = MO$	−0.200	$SO_4^{2-} + 4H^+ + 2e^- = H_2SO_3 + H_2O$	0.172
$N_2 + 2H_2O + 6H^+ + 6e^- = 2NH_4OH$	0.092	$2SO_4^{2-} + 4H^+ + 2e^- = S_2O_4^{2-} + 2H_2O$	−0.22

续表

电极反应	E/V	电极反应	E/V
$3N_2+2H^++2e^-=2NH_3(aq)$	−3.09	$Sb+3H^++3e^-=2SbH_3$	−0.510
$N_2O+2H^++2e^-=N_2+H_2O$	1.766	$Sb_2O_3+6H^++6e^-=2Sb+3H_2O$	0.152
$N_2O_4+2e^-=2NO_2^-$	0.867	$Sb_2O_5+6H^++4e^-=2SbO^++3H_2O$	0.581
$N_2O_{4+}2H^++2e^-=2HNO_2$	1.065	$SbO^++2H^++3e^-=Sb+H_2O$	0.212
$N_2O_4+4H^++4e^-=2NO+2H_2O$	1.035	$Sc^{3+}+3e^-=Sc$	−2.077
$2NO+2H^++2e^-=N_2O+H_2O$	1.591	$Se+2H^++2e^-=H_2Se(aq)$	−0.399
$HNO_2+H^++e^-=NO+H_2O$	0.983	$H_2SeO_3+4H^++4e^-=Se+3H_2O$	0.74
$2HNO_2+4H^++4e^-=N_2O+3H_2O$	1.297	$SeO_4^{2-}+4H^++2e^-=H_2SeO_3+H_2O$	1.151
$NO+3H^++2e^-=HNO_2+H_2O$	0.934	$SiF_4^{2-}+4e^-=Si+6F^-$	−1.24
$NO_3^-+4H^++3e^-=NO+2H_2O$	0.957	$(quartz)SiO_2+4H^++4e^-=Si+2H_2O$	0.857
$2NO_3^-+4H^++2e^-=N_2O_4+2H_2O$	0.803	$Sn^{2+}+2e^-=Sn$	−0.1375
$Na^++e^-=Na$	−2.71	$Sn^{4+}+2e^-=Sn^{2+}$	0.151
$Nb^{3+}+3e^-=Nb$	−1.1	$Sr^++e^-=Sr$	−4.10
$Ni^{2+}+2e^-=Ni$	−0.257	$Sr^{2+}+2e^-=Sr$	−2.89
$NiO_2+4H^++2e^-=Ni^{2+}+2H_2O$	1.678	$Sr^{2+}+2e^-=Sr(Hg)$	−1.793
$O_2+2H^++2e^-=H_2O_2$	0.695	$Te+2H^++2e^-=H2Te$	−0.793
$Te^{4+}+4e^-=Te$	0.568	$V^{3+}+e^-=V^{2+}$	−0.255
$TeO_2+4H^++4e^-=Te+2H_2O$	0.593	$VO^{2+}+2H^++e^-=V_3{}^++H_2O$	0.337
$TeO_4^-+8H^++7e^-=Te+4H_2O$	0.472	$VO_2^-+2H^++e^-=VO^{2+}+H_2O$	0.991
$H_6TeO_6+2H^++2e^-=TeO_2+4H_2O$	1.02	$V(OH)_4^-+2H^++e_-=VO^{2+}+3H_2O$	1.00
$Th^{4+}+4e^-=Th$	−1.899	$V(OH)_4^-+4H^++5e^-=V+4H_2O$	−0.254
$Ti^{2+}+2e^-=Ti$	−1.630	$W_2O_5+2H^++2e^-=2WO_2+H_2O$	−0.031
$Ti^{3+}+e^-=TiI^{2+}$	−0.368	$WO_2+4H^++4e^-=W+2H_2O$	−0.119
$TiO^{2+}+2H^++e^-=Ti^{3+}+H_2O$	0.099	$WO_3+6H^++6e^-=W+3H_2O$	−0.090
$TiO_2+4H^++2e^-=Ti^{2+}+2H_2O$	−0.502	$2WO_3+2H^++2e^-=W_2O_5+H_2O$	−0.029
$Tl^++e^-=Tl$	−0.336	$Y^{3+}+3e^-=Y$	−2.37
$V_2++2e^-=V$	−1.175	$Zn^{2+}+2e^-=Zn$	−0.7618

2. 在碱性溶液中

电极反应	E/V	电极反应	E/V
$AgCN+e^-=Ag+CN^-$	−0.017	$Cu(OH)_2+2e^-=Cu+2OH^-$	−0.222
$[Ag(CN)_2]^-+e-=Ag+2CN^-$	−0.31	$2Cu(OH)_2+2e^-=Cu_2O+2OH^-+H_2O$	−0.080
$Ag_2O+H_2O+2e^-=2Ag+2OH^-$	0.342	$[Fe(CN)_6]^{2-}+e^-=[Fe(CN)_6]^{4-}$	0.358
$2AgO+H_2O+2e^-=Ag_2O+2OH^-$	0.607	$Fe(OH)_3+e^-=Fe(OH)_2+OH^-$	−0.56
$Ag_2S+2eI-=2Ag+S_2^-$	−0.691	$H_2GaO_3^-+H_2O+3e^-=Ga+4OH^-$	−1.219
$H_2AlO_3^-+H_2O+3e^-=Al+4OH^-$	−2.33	$2H_2O+2e^-=H_2+2OH^-$	−0.8277
$As_2^-+2H_2O+3e^-=As+4OH^-$	−0.68	$Hg_2O+H_2O+2e^-=2Hg+2OH^-$	0.123
$As_2^-+2HM2O+2e^-=AsO_2^-+4OH^-$	−0.71	$HgO+H_2O+2e^-=Hg+2OH^-$	0.0977
$H_2BO+5H_2O+8e^-=BH_4^-+8OH^-$	−1.24	$H_3ID_4^{2-}+2e^-=IO_3^-+3OH^-$	0.7
$H_2BO+H_2O+3e^-=B+4OH^-$	−1.79	$IO^-+H_2O+2e^-=I^-+2OH^-$	0.485
$Ba(OH)_2+2e^-=Ba+2OH^-$	−2.99	$IO_3^-+2H_2O+4e^-=IO^-+4OH^-$	0.15
$Be_2O_3^{2-}+3H_2O+4e^-=2Be+6OH^-$	−2.63	$IO_3^-+3H_2O+6e^-=I^-+6OH^-$	0.26
$Bi_2O_3+3H_2O+6e^-=2Bi+6OH^-$	−0.46	$Ir_2O_3+3H_2O+6e^-=2Ir+6OH^-$	0.098
$BrO^-+H_2O+2e^-=Br^-+2OH^-$	0.761	$La(OH)_3+3e^-=La+3OH^-$	−2.90
$BrO_3^-+3H_2O+6e^-=Br^-+6OH^-$	0.61	$Mg(OH)_2+2e^-=Mg+2OH^-$	−2.690
$Ca(OH)_2+2e^-=Ca+2OH^-$	−3.02	$MnO_4^-+2H_2O+3e^-=MnO_2+4OH^-$	0.595
$Ca(OH)_2+2e^-=Ca(Hg)+2OH^-$	−0.809	$MnO_4^{2-}+2H_2O+2e^-=MnO_2+4OH^-$	0.60
$ClO-+H_2O+2e^-=ClI^-+2OH^-$	0.81	$Mn(OH)_2+2e^-=Mn+2OH^-$	−1.56
$Cl_2^-+H_2O+2e^-=ClO^-+2OH^-$	0.66	$Mn(OH)_3+e^-=Mn(OH)_2+OH^-$	0.15

续表

电极反应	E/V	电极反应	E/V
$ClO_2^- + 2H_2O + 4e^- = Cl^- + 4OH^-$	0.76	$2NO + H_2O + 2e^- = N_2O + 2OH^-$	0.76
$ClO_3^- + H_2O + 2e^- = Cl + 2OH^-$	0.33	$NO + H_2O + e^- = NO + 2OH^-$	−0.46
$ClO_3^- + 3H_2O + 6e^- = Cl^- + 6OH^-$	0.62	$2NO_6^- + 2H_2O + 4e^- = N_3^{2-} + 4OH^-$	−0.18
$ClO_4^- + H_2O + 2e^- = Cl + 2OH^-$	0.36	$2NO_3^- + 3H_2O + 4e^- = N_2O + 6OH^-$	0.15
$[Co(NH_3)_6]^{3+} + e^- = [Co(NH_3)_6]^{2+}$	0.108	$NO_3^- + H_2O + 2e^- = NO_2^- + 2OH^-$	0.01
$Co(OH)_2 + 2e^- = Co + 2OH^-$	−0.73	$2NO_3^- + 2H_2O + 2e^- = N_2O_4 + 4OH^-$	−0.85
$Co(OH)_3 + e^- = Co(OH)_2 + OH^-$	0.17	$Ni(OH)_2 + 2e^- = Ni + 2OH^-$	−0.72
$CrO_2^- + 2H_2O + 3e^- = Cr + 4OH^-$	−1.2	$NiO_2 + 2H_2O + 2e^- = Ni(OH)_2 + 2OH^-$	−0.490
$CrO_4^{2-} + 4H_2O + 3e^- = Cr(OH)_3 + 5OH^-$	−0.13	$O_2 + H_2O + 2e^- = HO_2^- + OH^-$	−0.076
$Cr(OH)_3 + 3e^- = Cr + 3OH^-$	−1.48	$O_2 + 2H_2O + 2e^- = H_2O_2 + 2OH^-$	−0.146
$Cu_2 + 2CN^- + e^- = [Cu(CN)_2]^-$	1.103	$O_2 + 2H_2O + 4e^- = 4OH^-$	0.401
$[Cu(CN)_2]^- + e^- = Cu + 2CN^-$	−0.429	$O_3 + H_2O + 2e^- = O_2 + 2OH^-$	1.24
$Cu_2O + H_2O + 2e^- = 2Cu + 2OH^-$	−0.360	$HO_2^- + H_2O + 2e^- = 3OH^-$	0.878
$P + 3H_2O + 3e^- = PH_3(g) + 3OH^-$	−0.87	$2SO_3^{2-} + 3H_2O + 4e^- = S_2 + 6OH^-$	−0.571
$H_2PO_2^- + e^- = P + 2OH^-$	−1.82	$SO_4^{2-} + H_2O + 2e^- = SO_3^{2-} + 2OH^-$	−0.93
$HPO_3^{2-} + 2H_2O + 2e^- = H_2PO_2^- + 3OH^-$	−1.65	$SbO_2^- + 2H_2O + 3e^- = Sb + 4OH^-$	−0.66
$HPO_3^{2-} + 2H_2O + 3e^- = P + 5OH^-$	−1.71	$SbO_3^- + H_2O + 2e^- = SbO_2^- + 2OH^-$	−0.59
$PO_3^{2-} + 2H_2O + 2e^- = HPO_3^{2-} + 3OH^-$	−1.05	$SeO_3^{2-} + 3H_2O + 4e^- = Se + 6OH^-$	−0.366
$PbO + H_2O + 2e^- = Pb + 2OH^-$	−0.580	$SeO_3^{2-} + H_2O + 2e^- = SeO_3^{2-} + 2OH^-$	0.05
$HPbO_2^- + H_2O + 2e^- = Pb + 3OH^-$	−0.537	$Si + 3H_2O + 4e^- = Si + 6OH^-$	−1.697
$PbO_2 + H_2O + 2e^- = PbO + 2OH^-$	0.247	$HSnO_2^- + H_2O + 2e^- = Sn + 3OH^-$	−0.909
$Pd(OH)_2 + 2e^- = Pd + 2OH^-$	0.07	$Sn(OH)_3^{2-} + 2e^- = HSnO_2^- + 3OH^- + H_2O$	−0.93
$Pt(OH)_2 + 2e^- = Pt + 2OH^-$	0.14	$Sr(OH) + 2e^- = Sr + 2OH^-$	−2.88
$ReO_4^- + 4H_2O + 7e^- = Re + 8OH^-$	−0.584	$Te + 2e^- = Te^{2-}$	−1.143
$S + 2e^- = S^{2-}$	−0.47627	$TeO_3^{2-} + 3H_2O + 4e^- = Te + 6OH^-$	−0.57
$S + H_2O + 2e^- = HS^- + OH^-$	−0.478	$Th(OH)_4 + 4e^- = Th + 4OH^-$	−2.48
$2S + 2e^- = SO_2^{2-}$	−0.42836	$Tl_2O_3 + 3H_2O + 3e^- = 2Tl^+ + 6OH^-$	0.02
$S_4O_4^{2-} + 2e^- = 2S_2O_3^{2-}$	0.08	$ZnO_3^{2-} + 2H_2O + 2e^- = Zn + 4OH^-$	−1.215
$2SO_3^{2-} + 2H_2O + 2e^- = S_2O_4^{2-} + 4OH^-$	−1.12		

参考文献

[1] 傅献彩，沈文霞，姚天扬等．物理化学．第五版．北京：高等教育出版社，2005.
[2] 胡英．物理化学．第六版．北京：高等教育出版社，2014.
[3] 韩德刚，高执棣，高盘良．物理化学．北京：高等教育出版社，2001.
[4] 化学方法论编委会．化学方法论：杭州：浙江教育出版社，1989.
[5] 程兰征．物理化学．第三版．上海：科学技术出版社，2007.
[6] 赵匡华．化学通史．北京：高等教育出版社，1990.
[7] 朱志昂．近代物理化学．北京：科学出版社，2004.
[8] 傅玉普，郝策，蒋山．物理化学简明教程．大连：大连理工大学出版社，2003.
[9] 刘俊吉，周亚平，李松林，物理化学．第五版、北京：高等教育出版社，2009.